図解

第二次世界大戦

1939.9〜1943.9

堀場 亙

1941年11月18日、北アフリカ・トブルクから出撃するイギリス軍の歩兵戦車Mk.Ⅱマチルダ

目次

※本書は季刊「ミリタリー・クラシックス」VOL.40（2013年3月号）～VOL.75（2021年12月号）に掲載された「第二次大戦全戦史」を、大幅な加筆・修正の上でまとめたものです。第3章第3節は書き下ろしです。

【主要参考文献】

『第二次世界大戦通史』ピーター・ヤング原著／加登川幸太郎監修　原書房
『第2次世界大戦』ジョン・ピムロット　河出書房新社
『第二次世界大戦ヨーロッパ戦線ガイド』青木茂　新紀元社
『第二次世界大戦欧州海戦ガイド』青木茂　新紀元社
『第二次大戦海戦事典 1943 ～ 1945』福田誠編著　株式会社光栄
『第二次大戦作戦名事典 1943 ～ 1945』福田誠・松代守弘編著　株式会社光栄
『マッカーサーと戦った日本軍』田中宏巳　ゆまに書房
『ガダルカナル』グレイム・ケント　サンケイ新聞社出版局
佐々木春隆『長沙作戦―緒戦の栄光に隠された敗北』光人社
『日本の戦歴　南方進攻作戦』森山康平　学研M文庫
『歴史と旅臨時増刊　連隊旗でつづる太平洋戦史』秋田書店

「戦史叢書」各巻
「ミリタリー・クラシックス」各号
「コマンドマガジン」各号
「歴史群像」各号
「丸」各号
「PANZER」各号

本文／堀場 亙
図版作成／おぐし篤、田村紀雄、ミリタリー・クラシックス編集部
写真提供／U.S.Army、USN、USAF、National Archives、IWM、Bundesarchiv、
SA-kuva、wikimedia commons、イカロス出版 etc.
写真・図版解説／ミリタリー・クラシックス編集部

第1章

第二次欧州大戦の勃発

1940年6月、対独戦において放棄された、フランス軍のソミュアS35騎兵戦車。長砲身47mm砲、最大装甲厚47mm、最大速度41km/hと、スペック上は当時ドイツ最強の戦車であるⅢ号戦車を上回っていたが、砲塔が一人乗りであるなどの欠点があった

1940年5月、ドイツ軍による西方戦役において、占領したフランスの市街地を走行するⅢ号突撃砲A型

1-1 第二次世界大戦前夜

◆新たなる戦《たたか》いへの序曲

1918年、史上類を見ないほどの人的・物的被害をもたらして第一次世界大戦は終った。

敗戦国であるドイツは領土を割譲され、植民地を失い、そして多額の賠償金を支払うことを余儀なくされた。いわゆるヴェルサイユ体制と呼ばれる、戦勝国主導による戦後の国際秩序がはじまったわけだが、これこそが第二次大戦へと繋がる遠因だったともいえる。

戦争は終わったが、敗戦《はいせん》国ドイツでは大量の失業者が発生し、ドイツ国民は弱腰の政府を非難した。そして戦勝国である英仏も、戦争による人的損失とアメリカに対する多額の戦債から、経済の立ち直りは思うように進まなかった。

いきおい、ドイツに対する賠償金の取り立てが厳しくなる。すると、さらにドイツの経済はいよいよ破綻へと向かう。そのためフランスはドイツの賠償金不払いを理由として、ルール工業地帯を軍事的に占領して「現物」を得てしまった。

しかしヴェルサイユ条約によって武装解除させられたドイツは、その暴挙に対して文句すら言うことができなかったのである。

そのような状況で現れたのがヒトラーだった。

ヒトラーは、このドイツ国民の声を代弁する形で、一方的にヴェルサイユ条約を破棄し、1935年3月に再武装を宣言したのだった。

◆ファシズムの嵐

一方、イタリアは第一次大戦では（一応）戦勝国だったが、折りからの世界大恐慌は例外なくイタリアにも襲いかかって来た。それは必然的に、海外植民地の確保を希求する方向へと向かう。

現代の倫理観で歴史を見てはいけない。当時は弱肉強食の時代であり、食い物にされたくなければ強くなるしかなかったのである。富国強兵とは国家のスローガンであると同時に、国民の願いそのものでもあったのだ。

そして、そのような願望を叶える存在として、颯爽と登場したのがファシスト党を率いるムッソリーニだった。

ムッソリーニは、アビシニア（エチオピア）へと目を向けると、23万名にものぼる兵力を派遣、1935年10月にエチオピア侵攻を開始する。飛行機や（豆）戦車を擁するイタリア軍相手にエチオピア軍は善戦し、7カ月にわたって敢闘するが、所詮槍と戦車では戦いにならない。結局、エチオピアの首都アジスアベバは陥落し、エチオピア皇帝はイギリスへと亡命した。

そしてこの直後、今度はドイツがラインラントへの武力進駐を断行した。この行動に対して英仏はドイツと対峙することを嫌い、結果的にラインラント進駐を事実上認めてしまった。これはドイツの再軍備を認めたことと併せて、事実上ヴェルサイユ体制を自ら放棄したに等しかった。

◆コンドル軍団、西へ

この頃、政治的混迷の渦中にあったスペインではクーデターが勃発する。時のスペイン政府は左派の人民戦線政府だったが、度重なる政争に国内は疲弊し、国民の不満は日に日に増大していた。

そこへスペイン領モロッコの駐屯軍が叛旗を翻したのである。司令官はフランシス・フランコ将軍。時に1936年7月のことである。

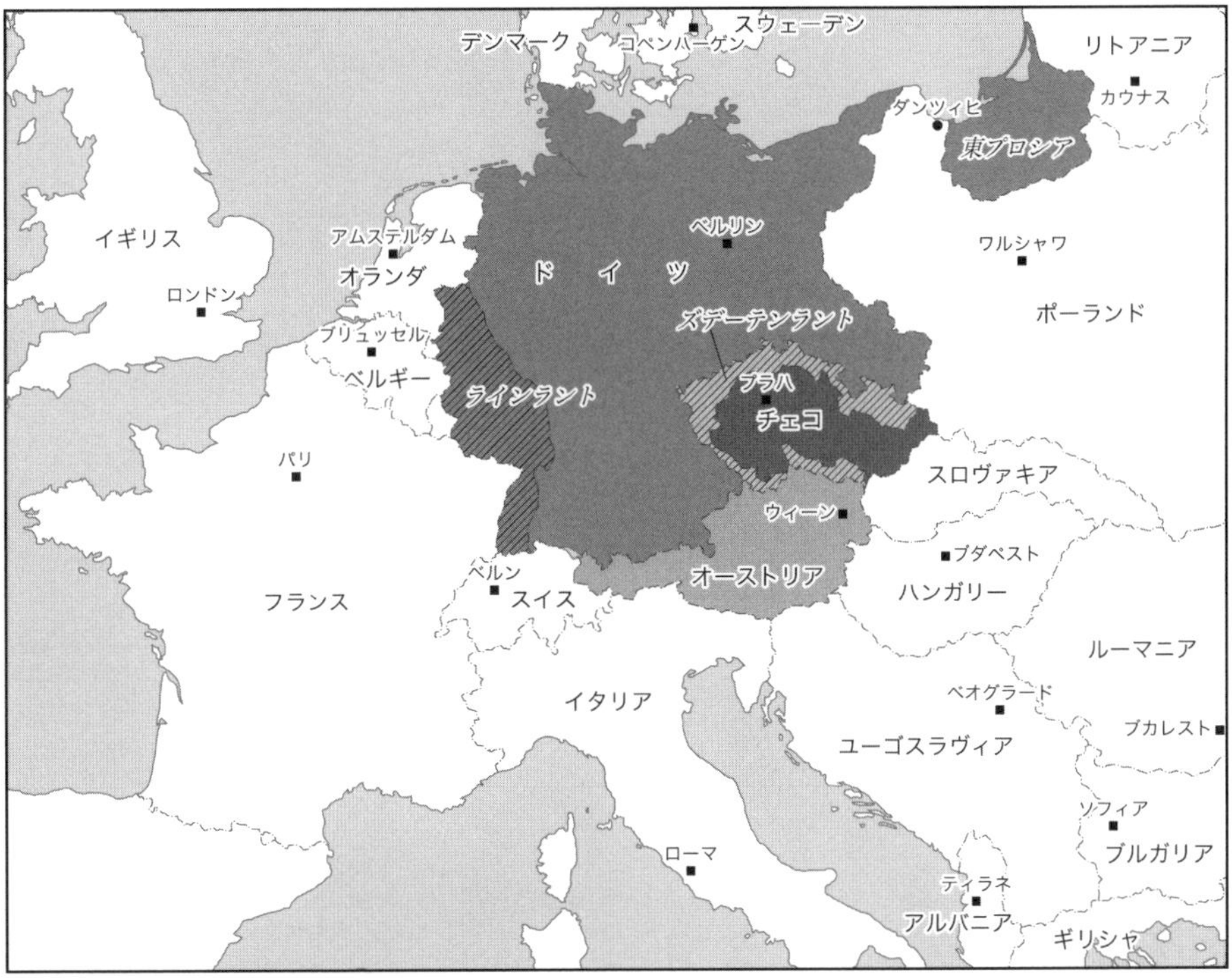

ナチス・ドイツは1936年3月に非武装地帯だったはずのラインラントに進駐、1938年3月にはオーストリアを併合。1938年10月にはズデーテンラントに進駐、1939年3月にはチェコにも進駐し領土を増やしていった

当初、叛乱を起したものの、フランコ将軍の部隊はスペイン本土へ進撃することはできなかった。海空軍は未だ政府に忠誠を誓っていたからだ。そこへ手を差し伸べたのがドイツとイタリアである。

ドイツは輸送機を派遣してフランコ将軍の反乱軍を空輸する一方、ムッソリーニはエチオピアから凱旋途中の部隊をそのままスペインに差し向けた。さらに、ドイツはコンドル軍団と呼ばれる義勇軍を送り込んだ。その内実は事実上のドイツ正規軍であり、最新兵器であるBf109戦闘機やI号戦車が含まれていた。

反対に、人民戦線政府にはソ連が肩入れした。新鋭戦闘機I-16をはじめ、T-26軽歩兵戦車やBT-5快速戦車などの戦車も送り込む。

こうして欧州各国の代理戦争としての側面と、新兵器の実験場としての側面を持ちつつ、戦いは一進一退をくり返すが、フランコ軍は首都攻略に向かう途中のグアダラハラの戦闘に敗北してしまった。このためフランコは首都マドリードの攻略を後回しにして北部全域の掌握を優先する。

この方針転換は功を奏した。じり貧となった人民戦線軍は1938年7月、10万以上の兵力でエブロ河を渡っ

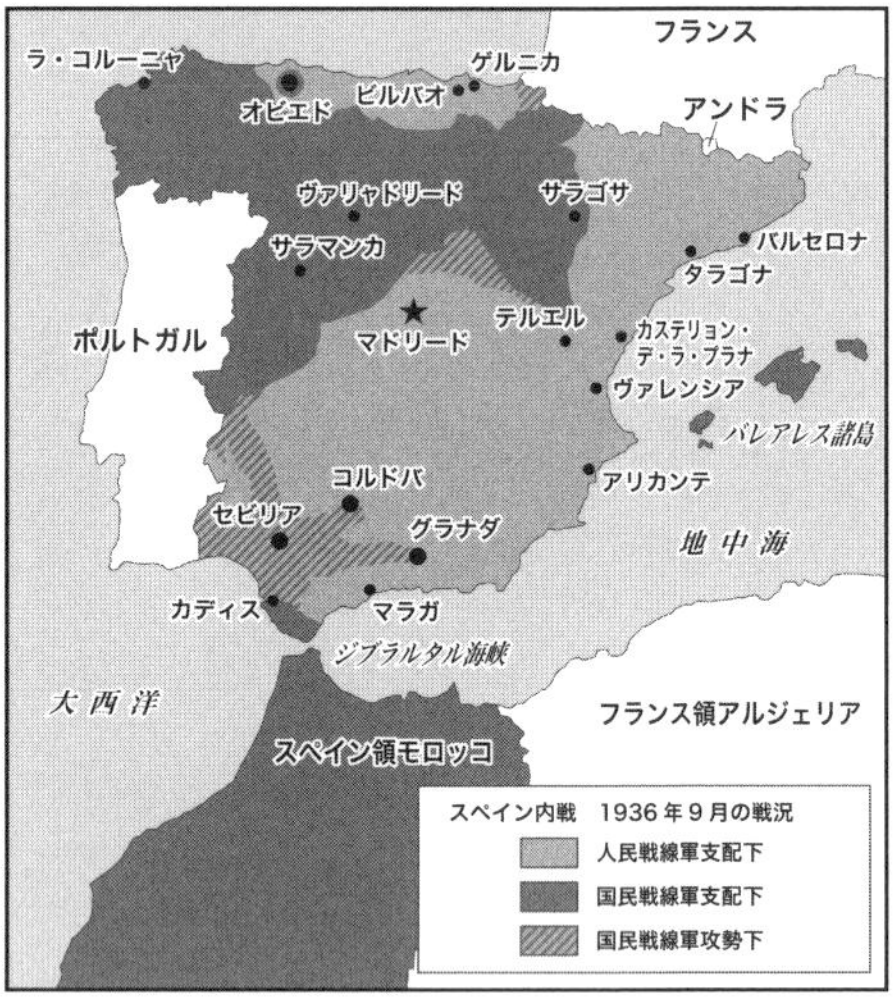

スペイン内戦開戦2カ月後の状況。フランコ軍（国民戦線軍）は南部と北西部から占領地を広げていった

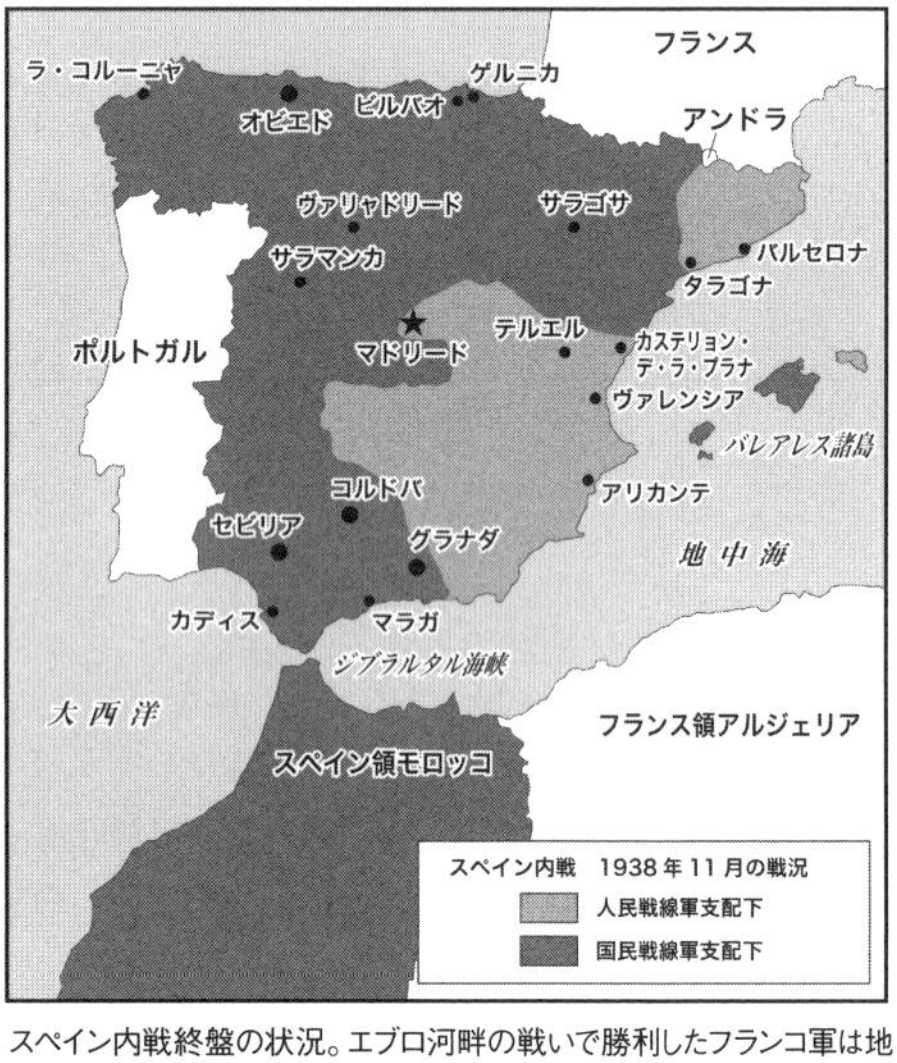

スペイン内戦終盤の状況。エブロ河畔の戦いで勝利したフランコ軍は地中海側に達し、残る共和国側の根拠地は首都マドリードのみとなった

コンドル軍団のBf109。優れた空戦性能でI-16などを圧倒した

て決戦を挑んだが、フランコ軍は10月には30万の兵力を集めて反撃。人民戦線軍がエブロ河で大敗すると、戦勢はほぼ固まった。翌1939年4月、スペイン内戦はフランコ軍の勝利によってその幕を閉じたのである。

このスペイン内戦は参加各国、ことにドイツに貴重な戦訓をもたらし、その基幹部隊の練成に大きく貢献したのだった。

◆恫喝外交

1938年、ドイツは大きな一歩を踏み出した。先の再武装宣言とラインラントへの進駐に続き、今度は隣国のオーストリアを手に入れたのだ。もともと自国領であったラインラントへの進駐とは異なり、曲がりなりにもオーストリアは独立国である。すなわち、これはあからさまなヴェルサイユ条約違反であった。

ところが、英仏はただたんに形式的な抗議を行なったにすぎなかった。これでヒトラーが図に乗らないと考えるほうがどうかしているだろう。そしてヒトラーはこれ以後、驚くべきスピードで周辺諸国を併合していくのである。

オーストリアに続いてその槍玉に挙がったのがチェコスロヴァキアだった。もともとチェコのドイツ国境付近にはドイツ系の住民が数多く居住していたのだが、オー

ソ連が人民戦線政府を支援するために派遣したT-26軽歩兵戦車

スペイン内戦で破壊されたドイツのI号戦車を調査する人民戦線側の共和党員。1937年撮影

ミュンヘン会談での各国首脳。左から英の首相チェンバレン、仏の首相ダラディエ、独の総統ヒトラー、伊の首相ムッソリーニ、伊の外相チャーノ

ストリアの併合を目の当たりにしたこれらズデーテンラントの住民が、政府に対して強硬な自治要求を突きつけはじめたのだ。無論、その背後にドイツがいることは明白である。

丁々発止の末にヒトラーはズデーテンラントの割譲を期限付きでチェコ大統領のベネシュに突きつけた。

そして、英独仏伊によるミュンヘン国際会議によって、この問題はあっさりとカタが付いた。一言でいえば、英仏はドイツに譲歩し、ドイツはズデーテンラントを手に入れたのである。これに味を占めたヒトラーはさらに恫喝外交を進め、ベネシュに代わって大統領となったハーハに対して軍隊の進出をほのめかし、チェコを「献上」させたのである。

こうして、ヒトラーはただの一滴の血を流すこともなく、多くの土地を手に入れた（チェコの西半分。東半分はスロヴァキアとして独立）。そしてドイツ国民はこの壮挙に沸き返った。

しかしその一方で、英仏は己の不明にいい加減気が付かざるをえなかった。このままヒトラーを野放しにしていたら、欧州はすべてドイツのものになってしまうのではないか。

その恐怖感から、ドイツに対する姿勢は次第に強硬になっていった。そして、ドイツが次なる目標――ポーランドに触手を伸ばすに至って、ついに爆発することになるのである。

◆ノモンハン事件

一方ちょうどその頃、欧州から見て世界の裏側にある極東地域でも、ボヤが大火事に発展しつつあった。

昭和6年（1931年）9月、関東軍の謀略によって満州事変が発生し、これは最終的に満州国の成立へと向かう。そしてこれに対して国際連盟は反発、リットン調査団を派遣した。さらに国際連盟において満州国の承認が否決されるや、日本はこの結果を不満として国際連盟を脱退。自ら孤立の道を歩みはじめるのである。

そして昭和12年（1937年）7月、盧溝橋において発生した発砲事件がきっかけとなって、日本と中国は戦争状態へ突き進んでいく。事態は拡大の一途を続け、戦火は北支だけでなく、中支にまで波及した。

上海で一進一退の攻防が繰り広げられた後、杭州湾に上陸した日本軍はそのまま北上し、国民党政府の首都である南京を占領してしまった。

日本はこれで戦いは終わると考えていたが、国民党政府の総統である蒋介石は中国奥地の重慶に政府を移し、徹底抗戦の構えであった。

日本はその後も中国を席捲し、徐州、武漢と主要拠点をほぼすべて押えたと

ノモンハン事件において、撃破されたBA-10装輪装甲車の前で九二式重機関銃を構える日本兵たち

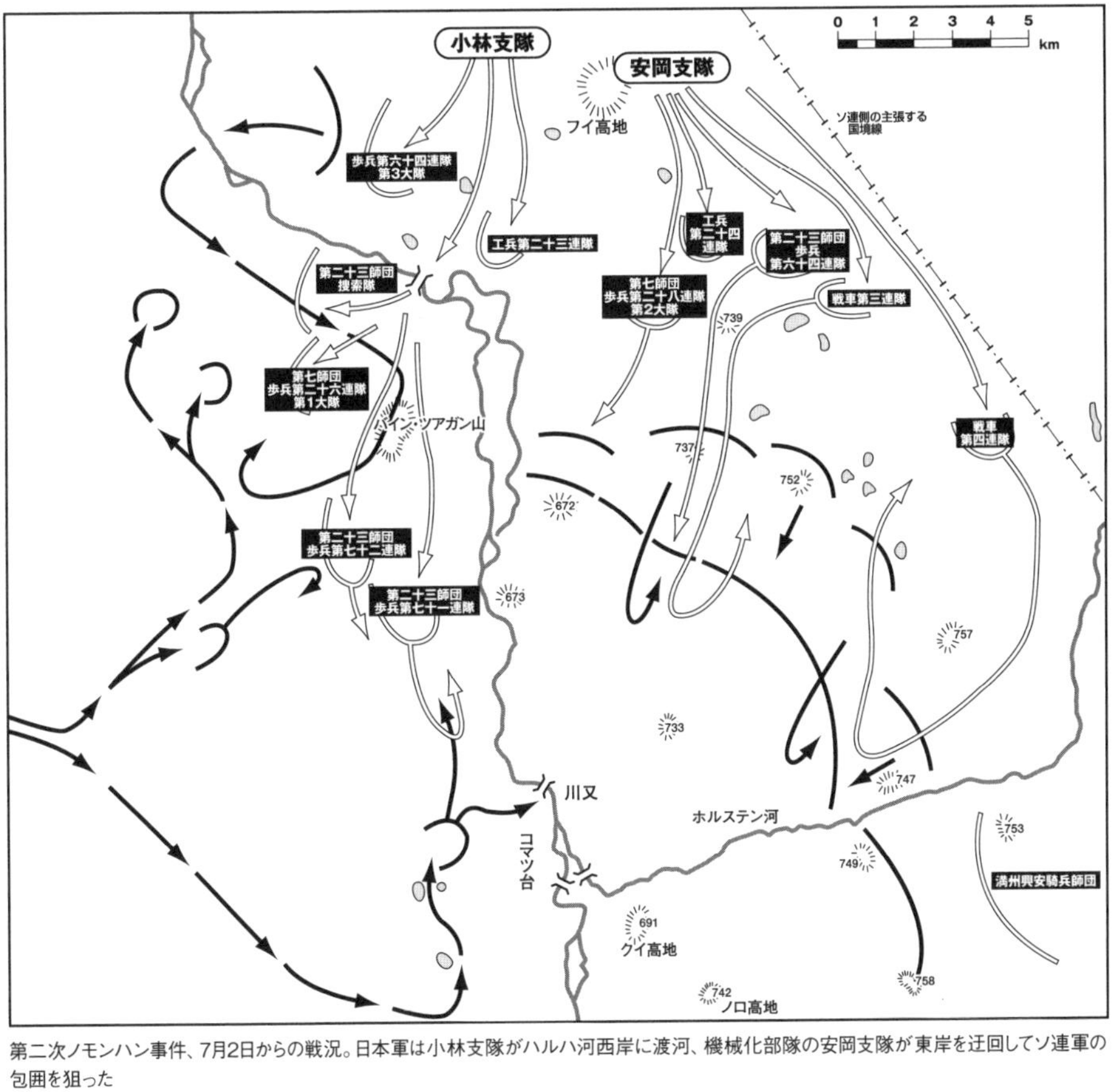

第二次ノモンハン事件、7月2日からの戦況。日本軍は小林支隊がハルハ河西岸に渡河、機械化部隊の安岡支隊が東岸を迂回してソ連軍の包囲を狙った

ころで手詰まりとなってしまった。

そんな状況下で起こったのがノモンハン事件だ。

中国で泥沼の戦いを続けている最中だというのに、満州と外蒙古（モンゴル）の国境付近においてソ連軍と戦闘をはじめたのだ。大規模な戦闘は2カ月におよび、敵にも相応の損害を与えはしたものの、日本は一個師団が壊滅的な損害を被るという敗北を喫する。

このノモンハン事件は昭和14年（1939年）5月に勃発し、日ソ両軍が本腰を入れて戦った第二次ノモンハン事件は同年7月から9月にかけて行なわれた。つまり、ドイツによるポーランド侵攻の直前にあたる。

そして、世界の裏側で発生したこのノモンハン事件は、欧州における状況とも無関係ではなかったのであった。

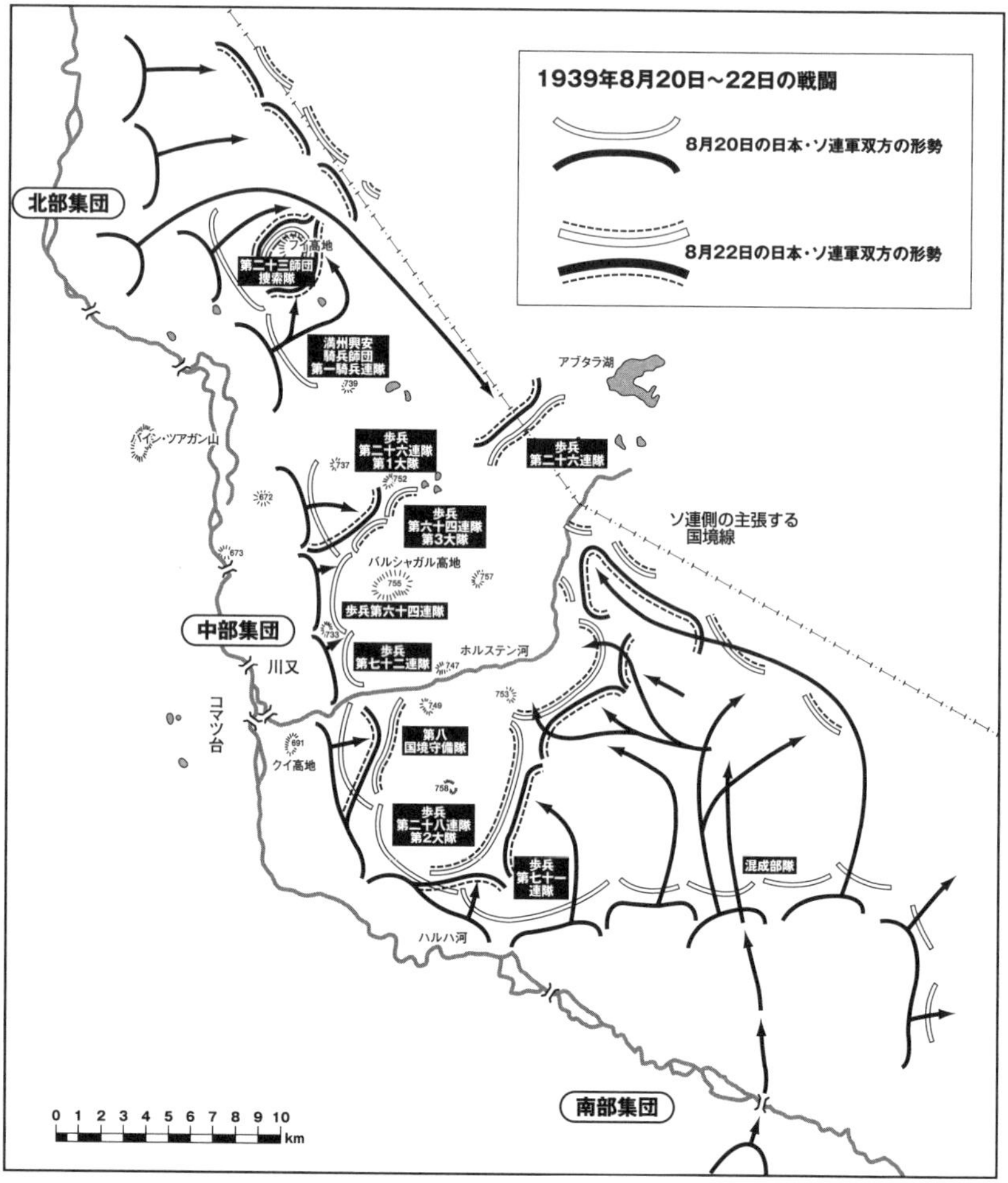

第二次ノモンハン事件、8月下旬の戦況。多数の砲兵、戦車を集結させたソ連軍は、8月20日から大攻勢を発起し、各戦線で日本軍を破って進撃した。停戦交渉ではソ連軍の主張する国境線が大部分認められた

1-2 ポーランド電撃戦

◆狐と狸の化かし合い

日本とソ連がノモンハンにおいて争っていたちょうどその頃、地球の裏側ではドイツとソ連が接近を図っていた。本来、宿敵同士ともいえるヒトラーとスターリンが手を結んだのだ。いわゆる「独ソ不可侵条約」である。

そもそも、ヒトラーが不倶戴天《ふぐたいてん》のスターリンと手を結んだのは、友情でも、宥和《ゆうわ》でもない。欧州の地図を見ればわかるように、ドイツは地政学的に見て、つねに腹背に敵を抱える位置にある。それゆえに、第一次大戦でも両面作戦を強いられたのだ。したがって、一時的とはいえソ連と手を結ぶことは、一正面の不安を取り除くことに繋がる。

一方のソ連も、いずれはドイツと戦うことになるかもしれないが、今は時期尚早と判断していた。そのため、まずは時間稼ぎを行なうこと、そして東方の安定化を優先したのである。つまり、小癪《こしゃく》な日本がこれ以上蠢動《しゅんどう》しないように一度大きく叩いて、その芽を潰しておこうというわけだ。こうした理由から、独ソ両国の思惑が一致して不可侵条約は締結されたのである。

そして、この「独ソ不可侵条約」には秘密議定書も盛り込まれていた。すなわち、ソ連によるバルト諸国に対する侵攻を黙認することと、ポーランドを分割統治することである。

この「独ソ不可侵条約」が締結されたのが１９４１年8月23日である。そしてその直前の20日からジューコフは攻勢を開始して、損害を省《かえり》みずに日本軍を猛攻した。なぜなら、この戦いにはタイムリミットがあったからだ。

ドイツによるポーランド侵攻が間近に迫っていたのである。もしノモンハンの戦いが長引くようなことがあれば、ドイツは約束を反故にしてポーランド全土を占領してしまうかもしれない。

むろん、日本はそのような独ソの事情など知る由もない。しかし、そもそも日本との全面戦争を望んでいたわけではないソ連は、むしろ強引すぎるくらいの強攻によって日本軍を圧迫し、結果的にソ連側の主張を飲ませる形でノモンハン事件を終結させたのである。

一方で、独ソの電撃的な条約締結に対抗するかのように、英仏とポーランドは8月24日に相互援助条約を締結したが、すべては遅すぎた。

1939年9月1日、ドイツは「白の場合（ファル・ヴァイス）」作戦を発動。ポーランドに対する侵攻を開始して、第二次大戦はついに勃発したのである。

◆夜明けの一撃

ところで、ドイツがポーランドに対して戦争を行なった理由は何だったのか。

それは、ダンツィヒの奪還にあった。

1939年9月1日、ポーランドのヴェステルプラッテに向けて艦砲射撃を行うドイツ戦艦「シュレスヴィヒ・ホルシュタイン」

国境の検問所の遮断機を開けるドイツ兵。ポーランド進攻を象徴する一枚だ

ポーランドを進撃するドイツ軍のI号戦車。ドイツ軍の3,500輌の戦車のうち、III号戦車は約100輌、IV号戦車は約200輌に過ぎなかった。当時の数の上での主力戦車は7.92mm機関銃装備のI号戦車や、20mm機関砲装備のII号戦車だったのだ

ダンツィヒは第一次大戦の結果、ポーランドがドイツから得た港湾都市である。このダンツィヒと併せて手に入れたバルト海へ出るための湾曲した土地、いわゆるダンツィヒ回廊のために、ドイツはドイツ本国と東プロイセンが分断された状態になっていた。

それゆえ、ヒトラーはポーランドに対してダンツィヒの返還と、回廊部分の割譲を要求したのだ。

だが、ポーランドとしてはそんな要求を受け入れられ

精強さで知られたポーランド騎兵部隊は、決して対戦車戦闘を軽視していたわけではなく、対戦車砲や対戦車ライフルなども有していた。1930年代の演習時の写真

1939年時のポーランド軍歩兵

るはずがない。しかも、この点については英仏の支持も得ている。当然、ヒトラーの要求を突っぱねた。

ところが、ポーランドが要求を飲むはずがないことを百も承知のヒトラーは、これを開戦の口実としたのである。

そしてポーランドに対する戦争を見越して、あらかじめダンツィヒに旧式戦艦「シュレスヴィヒ・ホルシュタイン」を親善のために派遣していた。

開戦の狼煙《のろし》は、この旧式戦艦による艦砲射撃であった。この砲撃によって市街は大混乱に陥り、これに乗じてSS義勇兵部隊や警察部隊などの少数精鋭が重要拠点を電撃的に占拠してしまう。

さらに国境を超えて突進してきたドイツ第4軍に回廊を切断されると、ダンツィヒのポーランド軍は孤立無援のまま、抵抗も虚しく開戦から5日目にはついに降伏した。

その二日前の9月3日、同盟条約に基づいて英仏両国はドイツに対して宣戦を布告したものの、国境を接していないポーランドに対する援助は限られたものでしかなかった。

◆ポーランド電撃戦

「シュレスヴィヒ・ホルシュタイン」がダンツィヒを砲撃するのとほぼ時を同じくして、ルフトヴァッフェ（ドイツ空軍）の戦爆連合はポーランド各地の飛行場を襲い、瞬く間にその機能を喪失させた。

さらにその直後、満を持して地上軍が動きはじめた。

ドイツ軍は北方軍集団と南方軍集団の二手に分かれ、東プロイセンにも第3軍が配置されていた。

基本的な作戦方針としては、北に配置された第4軍がダンツィヒ回廊を突っ切って東プロイセンとの連絡を確保し、同時に東プロイセンにある第3軍は南下してワルシャワを目指す。

一方、南に配置された第10軍はまっすぐに

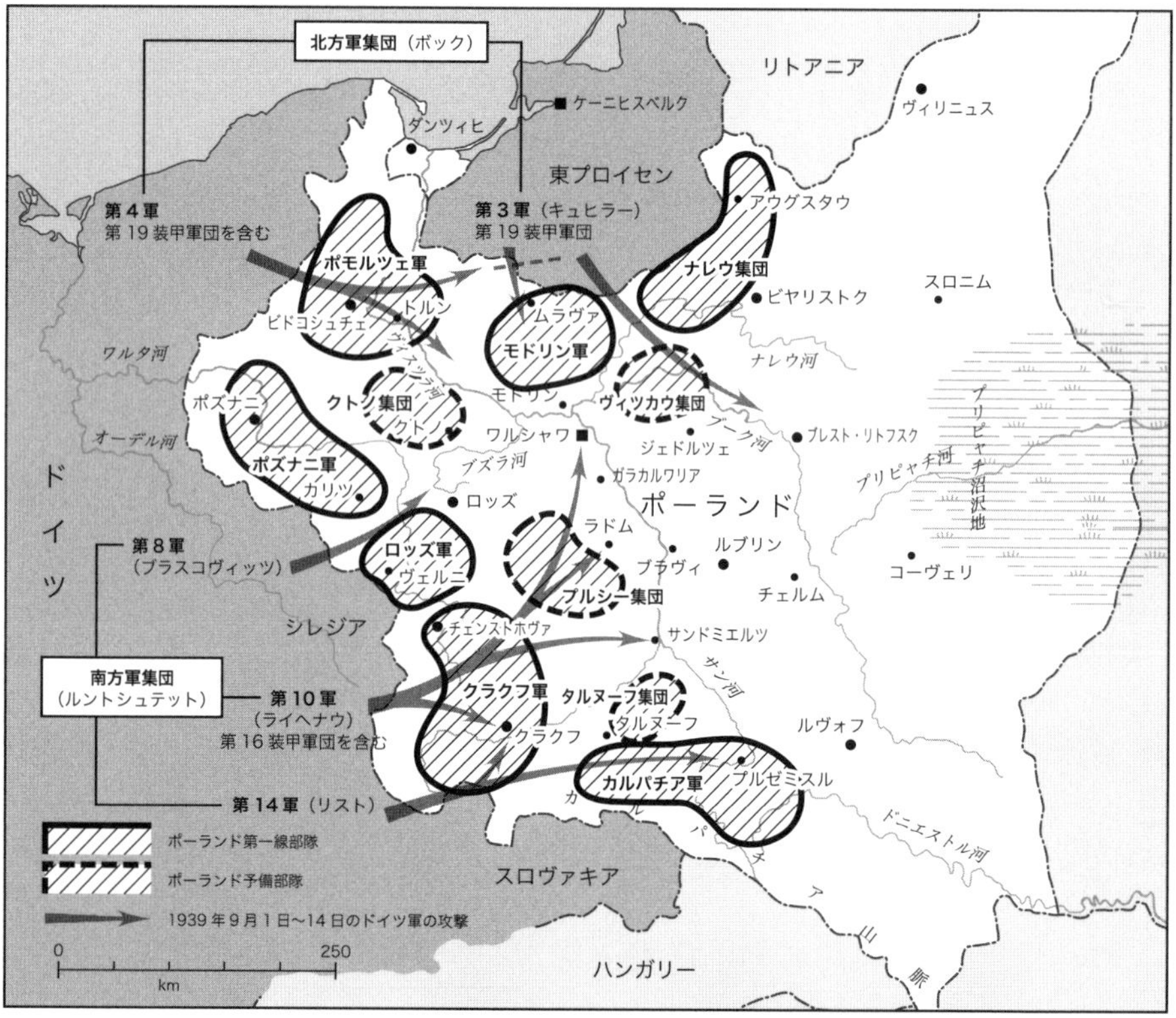

ポーランド進攻戦前半の戦況。ドイツ軍は打撃力と機動力に優れる第16、第19装甲軍団を攻撃の先鋒として突き進んだ

ワルシャワを目指し、その両脇に配置された第8軍および第14軍は第10軍の側面を固めて占領地を拡大する。

これらのうち、戦車を中核とした機甲戦力の大半は北の第4軍と南の第10軍に配備されていた。つまり、この二つの軍が電撃戦の要となる。

一方、ポーランド軍の部隊配置は最初から錯誤に満ちていた。そもそもドイツの戦略目的を見誤っていたのだ。すなわち、ドイツの目的はダンツィヒ回廊およびダンツィヒそのものの占領だと考えていた。そのためには、回廊部を重点的に防御して時間稼ぎに成功すれば、その間に英仏が参戦して西部で攻勢にでてくれるはず……という半ば他力本願的な考えだった。

しかし、この誤った判断に基づく部隊配置によって、ドイツ軍の電撃戦はより大きな成功を収めたともいえる。第4軍および第10軍はポーランド軍の前線に楔《くさび》を打ちこむと、そのまま遮二無二《しゃにむに》前進を続けたのだ。これによってポーランド軍は大混乱に陥り、次々と包囲されていったのである。

とくにひどかったのはポモルツェ軍で、第4軍の突進によって回廊部に閉じ込められてしまった。その先鋒は、グデーリアン装甲兵大将率いる第19装甲軍団である。

追いつめられたポモルツェ軍は、ヨーロッパ中にその名を轟かせた騎兵部隊を中心として包囲網突破を図る

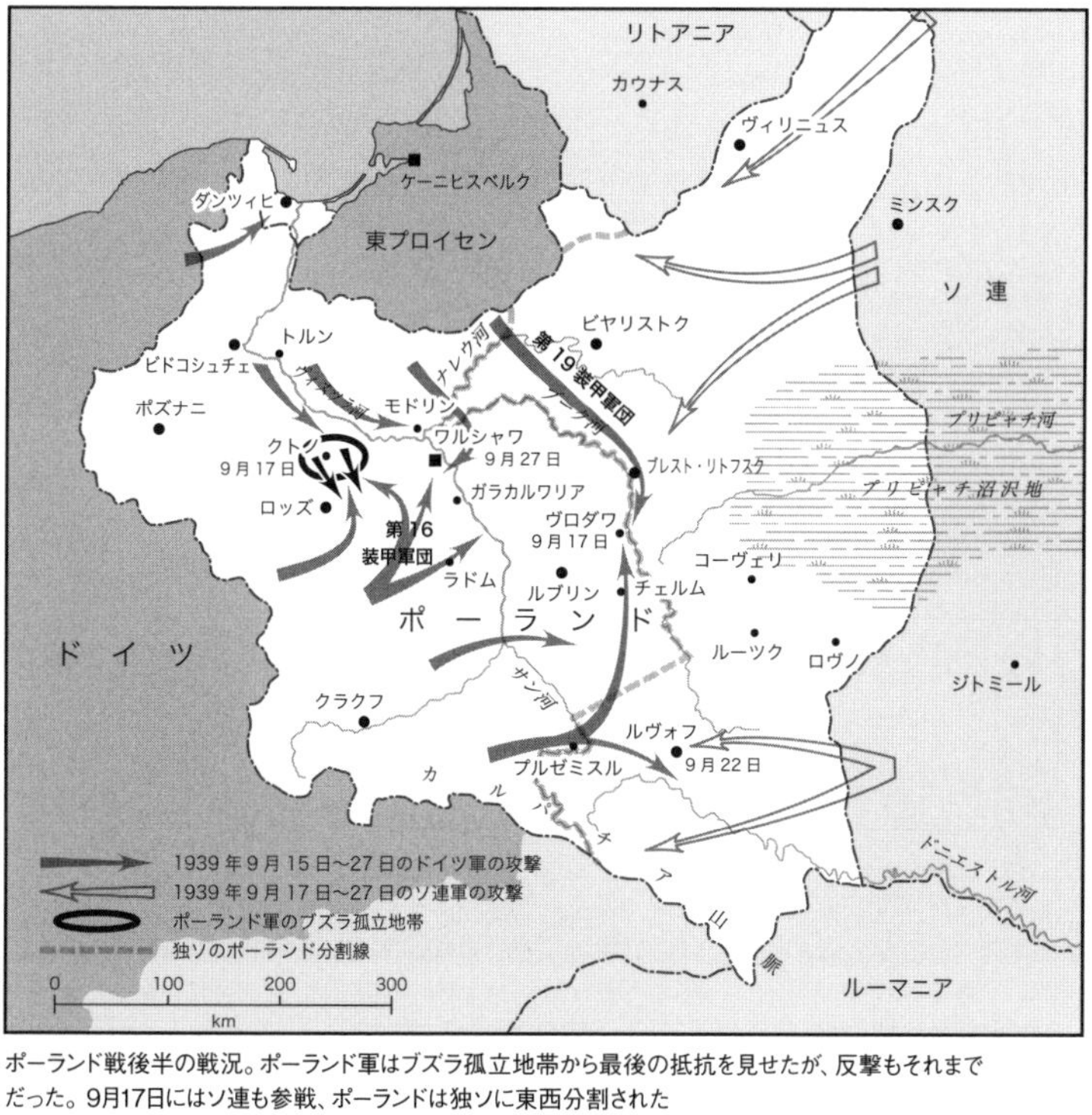

ポーランド戦後半の戦況。ポーランド軍はブズラ孤立地帯から最後の抵抗を見せたが、反撃もそれまでだった。9月17日にはソ連も参戦、ポーランドは独ソに東西分割された

が、ドイツ軍の戦車戦力の前に虚しく敗退する。この時の戦いが、後に「戦車に対して乗馬突撃を行なった」と言われることになるが、事実は少々異なる。騎兵部隊がドイツ軍の歩兵部隊を攻撃していたところへ、あとからドイツ軍の戦車部隊が応援に駆けつけただけで、なにも長槍を担いで戦車に突撃したわけではなかった。いずれにせよ、この戦いでポモルツェ軍は壊滅した。

◆ブズラの反撃

そんななか、唯一ドイツ軍の心胆を寒からしめたのは、

当時ポーランド最強の戦車であった7TP軽戦車。重量9.9t、主砲は45口径37mm砲、最大装甲厚17mm、最大速度32㎞/hと、ドイツのⅢ号戦車にも匹敵する性能だった

ポーランドの主力戦車は3トン弱のTKS豆戦車などだった。写真は20mm機関砲を装備して対戦車戦闘能力を高めたタイプ。ポーランド軍のオルリック見習士官は、20mm砲装備のTKSで13両のドイツ戦車を撃破・あるいは行動不能にしたといわれている

9月9日から22日まで続いたワルシャワの西でのブズラの戦い（ブズラの反撃）では、ドイツ軍の歩兵師団12個、機械化・装甲師団5個計425,000名と、ポーランド軍の歩兵師団8個、騎兵旅団2～4個計225,000名が激突。ポーランド軍の反撃で始まったが、最終的にはドイツ軍の前にポズナニ軍とポモルツェ軍が壊滅し、戦役の帰趨は決した。写真はポーランド軍のヴィエルコポルスカ騎兵旅団とポドルスカ騎兵旅団。両旅団は一時、ドイツ第8軍に対する反撃に成功した

南方軍集団において第10軍の左翼を進んでいた第8軍に対する反撃だろう。

もともと第8軍は歩兵のみで構成されていたために、どうしても進撃は遅れがちであったが、そこへ開戦劈頭に敗退したポズナニ軍と、包囲を免れたポモルツェ軍の残余部隊が襲いかかったのである。

しかしこの反撃も、南方軍集団司令官のルントシュテット上級大将の迅速な対応で失敗に終わった。ルントシュテットはワルシャワ前面に到達していた第10軍に対し、転進して救援に向かうことを命じる。これを受けて第4装甲師団は急行し、あっという間に包囲の体勢を作ってしまったのである。

ワルシャワ西方におけるポーランド軍のこの反撃を「ブズラの反撃」と呼ぶが、ポーランド軍の抵抗もここまでであった。

乾坤一擲《けんこんいってき》の戦いに敗れたポーランド軍は、貴重な戦力の多く（歩兵12個師団、騎兵3個旅団）を包囲され、壊滅していった。時に9月16日のことである。

この頃には北方から南下した3軍と、南から進んだ第10軍によってワルシャワはほぼ包囲状態となり、さらにその外側を4軍および第14軍によっても包囲されるという、二重包囲の状況に陥った。

そして9月17日、ついにソ連軍が国境を超えて進撃を開始した。先に述べたノモンハン事件終結の翌日のことだ。ここに至って、ポーランド軍はついに観念した。ソ連に捕まるよりは……とドイツ軍に投降する部隊も日に日に増えていった。

最後まで抵抗を続けていたワルシャワに対して、ドイツ軍が9月25日に総攻撃を開始すると、ポーランド軍は28日に降伏し、ついにポーランド戦は終結したのだった。

ポーランド軍がブズラ川の河畔に遺棄した火砲など

1-3 冬戦争と大西洋の戦い

◆フォニー・ウォー

ポーランドがドイツと死闘を繰り広げていた頃、同盟国である英仏は何をしていたのだろうか?

じつは、開戦から二日後の9月3日に、英仏はドイツに対して宣戦布告はしていた。

そしてフランス軍はドイツのザール地方に対して攻勢をおこなってはいる。ガストン・プレトレー将軍率いるフランス軍第2軍集団(9個師団)がそれで、対するはフォン・リーベ将軍のドイツC軍集団である。

ところがフランス軍は戦意に乏しく、攻撃をしたものの、かえって大損害を被りたちまち後退してしまった。そして損害補充のために次に攻勢に出られるのは9月17日以降、という体たらくであった。つまり、その頃にはもう、ポーランドの命運は尽きていた。

しかもイギリスにいたっては、表立って軍事的な援助はついに行なわなかった。

こうして第二戦線が築かれるよりも前に、英仏の空約束によってポーランドは地図上から抹殺されてしまったのである。

そしてドイツと英仏は戦争状態にありながらも、その後はまったくといっていいほど大規模な戦闘は発生しなかった。これを称して「フォニー・ウォー」と呼ぶ。戦争なのに戦争でない、「いかさま戦争」というわけだ。

この状態は、翌年の5月、ドイツによるフランスへの侵攻まで続くことになる。

◆冬戦争~ソ連軍、フィンランドに侵攻

さて、ドイツがポーランドを席捲する一方、ソ連もその分け前にあずかった。このことで、当然英仏とソ連の関係は悪化する。

しかし、そんなことは意に介さず、スターリンはさらなる野望に邁進し始めた。

すなわち、バルト三国(エストニア・ラトビア・リトアニア)とフィンランドにその触手を伸ばしたのである。

ポーランドにおける戦闘終結後、独ソ不可侵条約を修正する形で「独ソ国境友好条約」が締結され、ポーランドの分割境界線が取り決められる一方、同条約ではバルト三国をソ連の勢力圏としたのである。

これを背景に、スターリンはバルト三国に対してソ連

軍の駐留を強引に認めさせた。そして最終的にはこれらの国々を併合してしまった。

さらにスターリンは、フィンランドに対しても同様に無理な要求を突きつけた。すなわち、ソ連・フィンランドの国境線の一部（カレリア地峡）はソ連第二の都市（旧首都）であるレニングラードに非常に近いので、その地域と、ソ連の別の地域（北カレリア地方）を交換しろと持ちかけたのだ。

当然フィンランドはソ連の要求を拒んだ。その結果、ソ連は「フィンランド軍の一部がソ連を攻撃した」という開戦口実をでっち上げて、大軍を差し向けた。そして１９３９年11月30日、国境線沿いに一斉に攻勢をかけたのである。

冬戦争中、ソ連軍を待ち構えるフィンランド軍のスキー兵

雪の積もった林の中で、マキシムM/09-21重機関銃を構えるフィンランド軍兵士

攻め込んだソ連軍はおよそ60万という大軍である。一方、迎え撃つフィンランド軍の総数は30万に満たず、近代兵器も極端に不足していた。そのうえ、その兵力の過半をカレリア地峡の防衛に充てていた。

ソ連軍のおおよその戦略としては、最北の第14軍がペツァモを占領してバレンツ海への道を封鎖する。第14軍の隣に位置する第9軍はまずスオミッサルミ、クフモを陥落させ、その後ボスニア湾に向かって西進してフィンラ

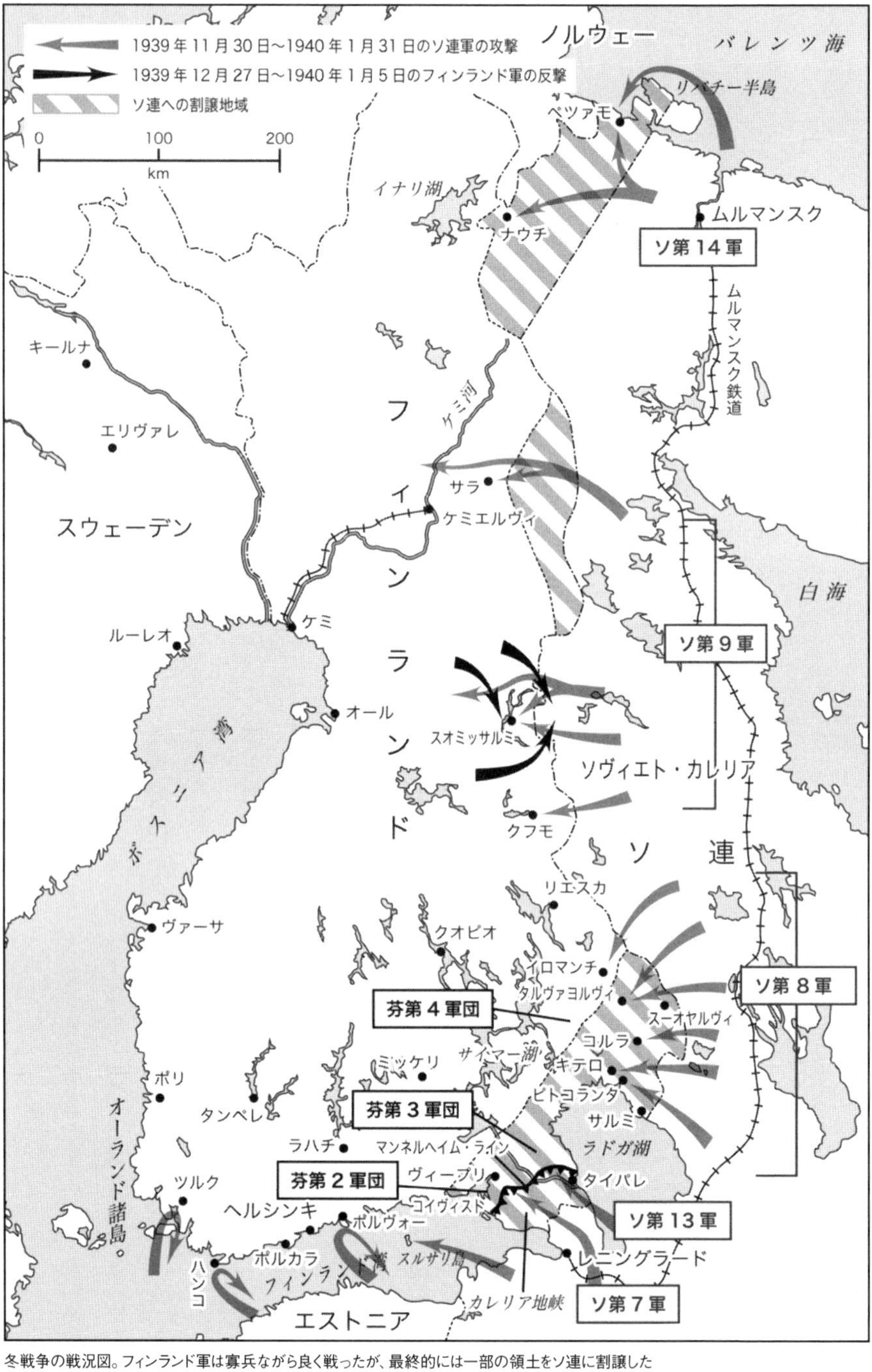

冬戦争の戦況図。フィンランド軍は寡兵ながら良く戦ったが、最終的には一部の領土をソ連に割譲した

ンドを南北に分断する。さらに第8軍はラドガ湖の北側から攻撃してカレリア地峡を攻撃する第7軍を支援する。ソ連軍の主目的はあくまでカレリア地峡一帯の占領ではあったが、あわよくばフィンランドそのものを席捲しようとするものであった。

ラドガ湖北部周辺で戦われたコッラの戦い中に撮影された、ソ連軍のT-26軽歩兵戦車(1937年型)

ソ連軍の攻勢に対して、フィンランド軍はカレリア地峡では遅滞戦闘を繰り返しながら徐々に退き、マンネルヘイム・ラインで持ち堪え、時間稼ぎをしている間に英仏からの援助を待つほかに選択肢はなかった。

ところがいざ戦端が開かれるや、ソ連軍は国境線のすべてにおいて攻勢を仕掛けてきたため、カレリア地峡以外の地域ではたちまち前線が崩壊し、ソ連軍の侵入を許してしまう。フィンランド軍司令官・マンネルヘイム将軍はわずかばかりの予備部隊を北方に送る一方、カレリア地峡では国境線から退いてマンネルヘイム・ラインでの防御に徹した。

もっとも、ソ連軍の攻撃開始は時期が悪かった。この年の冬は、例年になく寒さが厳しかったのだ。ソ連軍の攻勢は初めのうちこそ順調だったが、天候の悪化とともにその勢いは鈍りはじめた。

一方、自国防衛に燃えるフィンランド兵たちは、地の利を活かして奇襲戦法でソ連軍に襲いかかった。雪に覆われた深い森をスキーで踏破し、機動の余地のない隘路をやってくるソ連軍を分断・包囲して次々と殲滅していったのだ。いわゆるモッティ(包囲)戦術である。

それに加えて、フィンランド軍はとくにソ連軍の補給部隊を優先的に攻撃した。このため、冬季戦の準備を怠っていたソ連軍は飢えと寒さに苦しみ、前線の兵士たちは戦わずして凍死していった。

自軍の不甲斐なさと損害の多さに激怒したスターリンは前線指揮官を処刑する一方、大量の増援と冬季装備を送り込み、一気に勝敗を決しようと企んだ。

こうして、1940年2月1日から開始されたソ連軍の大攻勢によって、マンネルヘイム・ラインでの防衛戦も限界に達し、フィンランド軍は最終防衛線へと退却した。

ここに到り、フィンランド政府は外交による解決を模索し、ソ連が出した厳しい条件を飲み、3月13日に停戦に至った。

しかし、戦いに敗れはしたものの、ソ連に与えた損害は驚くべきものだった。僅かな土地を手に入れるために、ソ連は60万名もの死傷者を出す羽目になったのである(33万名程度とする説もある)。そしてフィンランドもまた多くの犠牲を強要されたが、そのおかげで自国の独立だけは保つことに成功したのだった。

◆大西洋の戦い~通商破壊戦

一方、海でも戦いは激しさを増しつつあった。

第一次大戦の時と同様、陸軍国ドイツにおいて、英海軍に対して劣勢なドイツ海軍の役割は「通商破壊戦」にあった。簡単に言えば、水上戦力および潜水艦によって敵国の輸送船などを沈めて経済的な打撃を与え、戦争遂行能力を減じる戦略だ。


ドイツ海軍ではこの通商破壊戦を実行すべく、開戦前から準備に取りかかっていた。その主戦力となるのはUボートと呼ばれる潜水艦であるが、水上戦闘艦もまた敵輸送船団を求めて出撃したのだ。

ドイッチュラント級装甲艦は重巡クラスの船体にド級戦艦並みの28cm砲を持ち、当時の多くの戦艦より速い26ノットを発揮でき、燃費のいいディーゼル主機により長大な航続距離を実現していた。イギリスは本級に「ポケット戦艦」とのあだ名をつけ警戒した。写真の「アドミラル・グラーフ・シュペー」の基準排水量は12,100トン、主武装は28cm3連装砲2基、最大速力は26ノット

英仏が宣戦布告をした9月3日、ドイツのポケット戦艦(正式な艦種は「装甲艦」)「ドイッチュラント」と「アドミラル・グラーフ・シュペー」は獲物を求めて静かに港

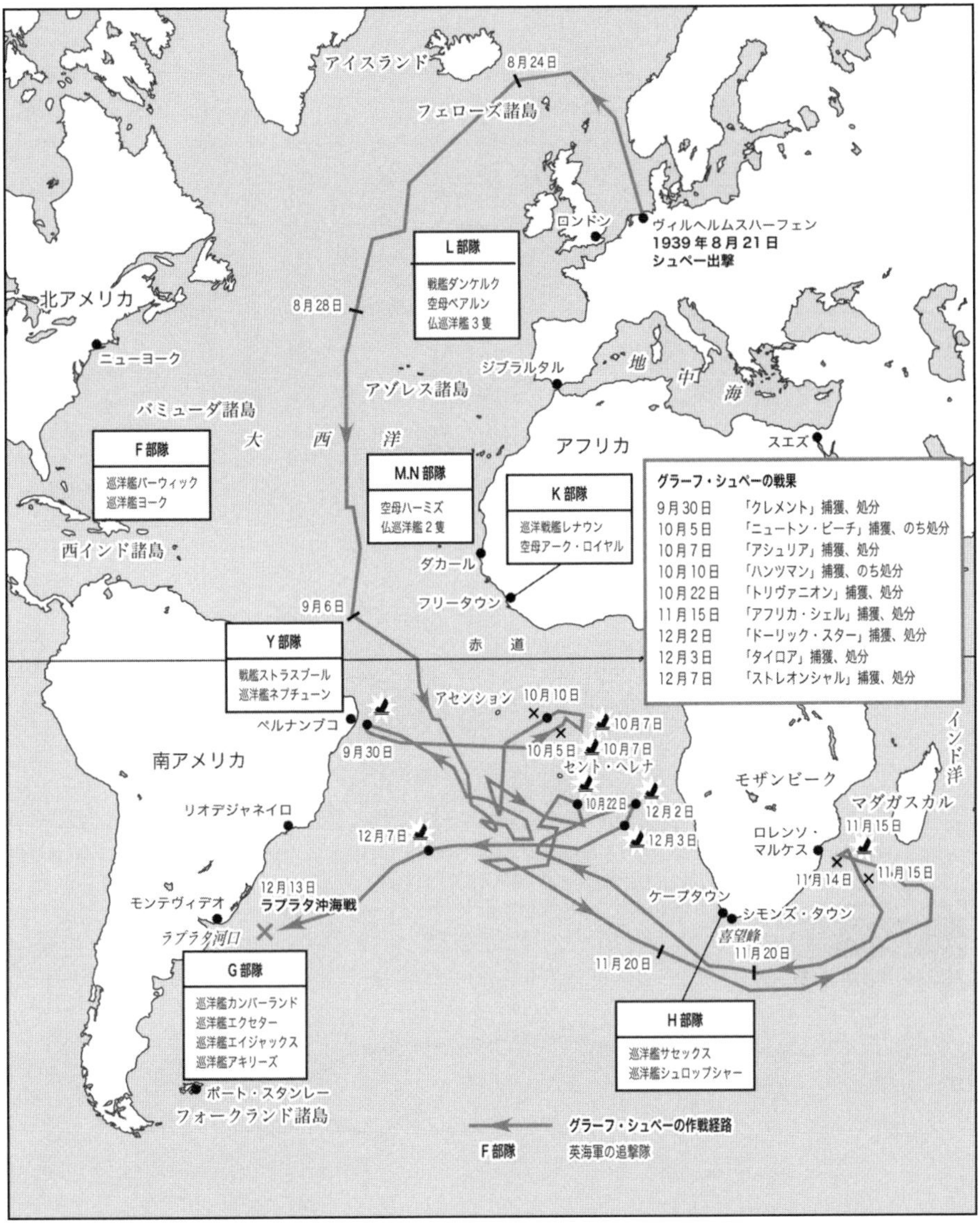

モンテヴィデオ港外で自沈した装甲艦「アドミラル・グラーフ・シュペー」の航海図。「シュペー」は9隻の連合軍の商船を撃沈したが、すべて乗組員を避難させてからであり、一人の死者も出さない紳士的なふるまいを見せた

を離れた。そして「グラーフ・シュペー」は南大西洋において連合国の商船を次々と血祭りに上げたのである。

この事態に英国は即座に反応し、「グラーフ・シュペー」を捕捉撃滅するためにG掃討隊（重巡「カンバーランド」「エクセター」、軽巡「エイジャックス」「アキリーズ」）を派遣した。そして12月13日、両者は南米大陸沿岸のラプラタ川沖において戦火を交えたのである。

海戦の結果、「エクセター」は戦闘不能に陥るほどの大損害を被ったものの、「グラーフ・シュペー」もまた無傷ではいられなかった。そのため、「グラーフ・シュペー」は中立国ウルグアイのモンテヴィデオ港へと逃げ込んだ。

ところが、ウルグアイ政府は「グラーフ・シュペー」に対して早急に立ち去ることを命じる。その一方で、英海

英海軍の重巡洋艦「エクセター」。基準排水量8,390トン、主砲は20.3cm砲6門、速力32ノット。ラプラタ沖海戦では「シュペー」の28cm砲弾を艦前部に7発被弾して大破した

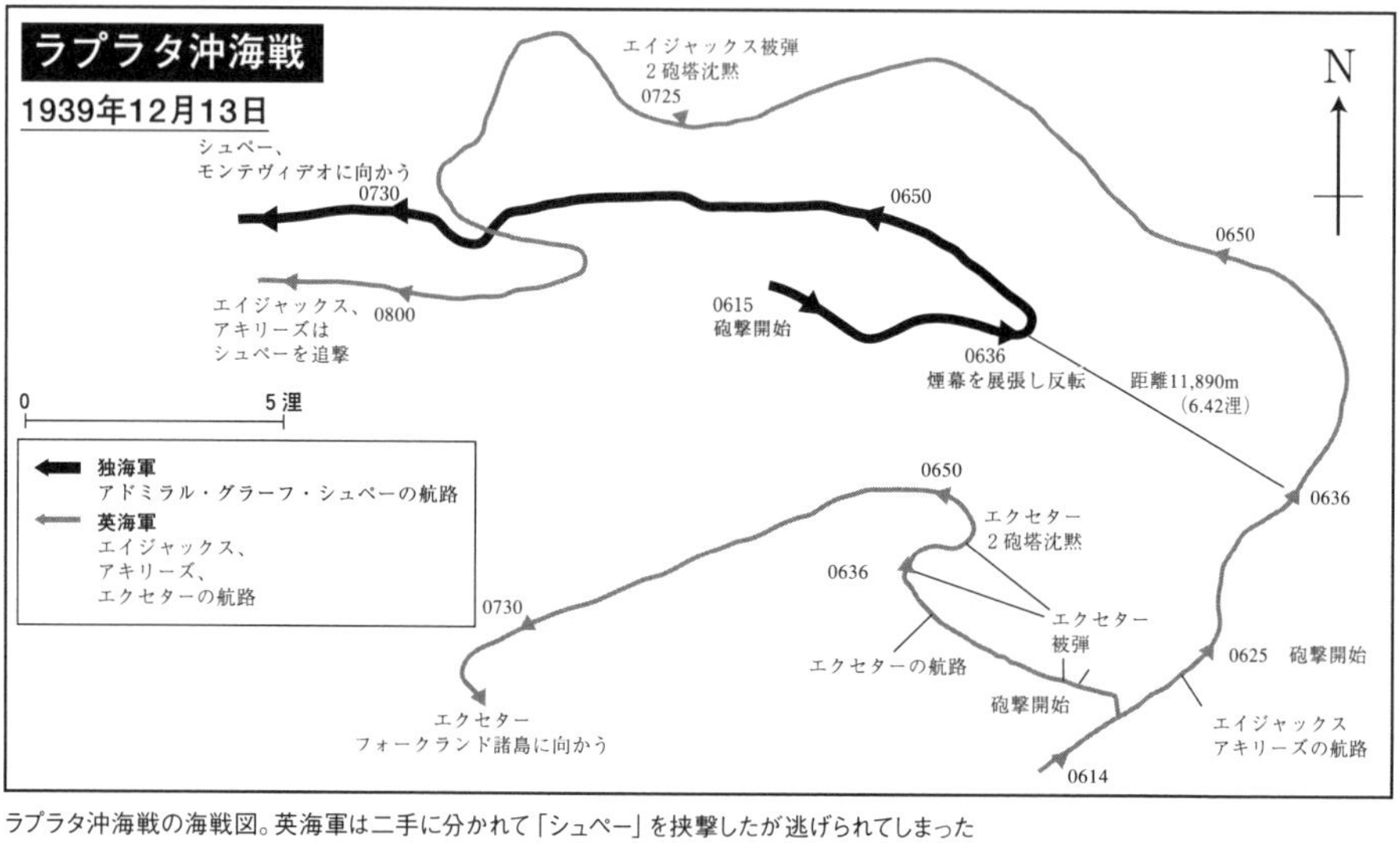

ラプラタ沖海戦の海戦図。英海軍は二手に分かれて「シュペー」を挟撃したが逃げられてしまった

軍は情報戦によってすでに湾外には英艦隊が集結中であるように見せかけた。

進退窮まった艦長のハンス・ラングスドルフ大佐は、モンテヴィデオを出港すると乗組員に退艦を命じ、17日の夕刻、「グラーフ・シュペー」はついに自沈。19日にラングスドルフ艦長は自決したのだった。

その一方で、大戦初期においてUボートはまさに縦横無尽の活躍ぶりだった。Uボート部隊司令官デーニッツの考案した群狼戦術(ウルフパック)によって、開戦から翌年3月までの間に222隻にもおよぶ連合国商船を撃沈している。

1939年12月17日2054時、モンテヴィデオ港で自沈した「シュペー」。その模様が全世界にラジオ中継されたため、「シュペー」の名とその最期は非常に有名なものとなった

さらには、ギュンター・プリーン大尉率いるU-47によるスカパ・フロー襲撃が10月に決行され、英海軍は自らのお膝元で戦艦「ロイヤル・オーク」を撃沈されるという失態を演じたのだった。

こうして陸でも海でも、戦争は確実に進行していた。しかしそれは、これから起きる大戦争の序幕にしかすぎなかった。そしてヨーロッパのみならず、戦火はまさに世界規模へと発展していくのである。

イギリス海軍の戦艦「ロイヤル・オーク(約3万トン)」は、1939年10月14日夜、英海軍の根拠地スカパ・フローに侵入したドイツ潜水艦U-47に撃沈された

1-4 ヴェーゼル演習作戦

◆第2ラウンドの開始

ポーランドを征服したドイツが次に目を向けたのが、北欧だった。フィンランドを除く北欧の三国、ノルウェー・スウェーデン・デンマークはドイツにとって戦略的に重要な国々だったからである。

ドイツが北欧に目をつけた理由の一つが鉄鉱石だ。戦争遂行にあたって鉄は必要不可欠だが、その元となる鉄鉱石の主な輸入先がスウェーデンであった。さらに言えば、鉄鉱石を輸入するためには海路を船で運ぶ必要があり、そのためにはバルト海の制海権を確保しておかねばならない。

また、冬季にはバルト海での航行が難しくなるため、ノルウェーのナルヴィク経由で海輸しなければならず、その航行の安全のためにはノルウェーに航空基地を建設することが必須であった。

それに加えて、ドイツ海軍の基本戦略である通商破壊戦を遂行するために、大西洋の入口としてノルウェーの長大な海岸線は適していた。ドイツ海軍の主要泊地であるヴィルヘルムスハーヘンやキールから大西洋に出るためには北海を経由する必要があり、第一次大戦の時と同様、イギリスが機雷を敷設して封鎖することはわかりきっていたからだ。

しかし、もしノルウェーのトロンヘイムやナルヴィクなどの良港が利用できれば、ドイツ海軍は自由に大西洋へ出ることが可能になる。

逆の見方をすると、連合国にしてみれば北欧からの鉄鉱石の輸入を断ち、ドイツ海軍の行動の自由を制限することができれば、大きなアドバンテージを得ることになる。

つまり、北欧の帰趨を巡って両者の思惑が交錯し、ドイツとイギリスはほとんど同時にノルウェーに対する作戦を発動することになったのだった。

◆「ヴェーゼル演習」発動

先に動いたのはドイツ軍だった。

ドイツ海軍の父と呼ばれる海軍総司令官エーリッヒ・レーダー元帥は、先に挙げた戦略的理由からノルウェー進攻作戦「ヴェーゼル演習」の実施をヒトラーに進言した。1940年2月に発生した「アルトマルク号事件」の影響もあってヒトラーはこれを認め、作戦決行は4月9日と決まった。

「アルトマルク号事件」とは、イギリス人捕虜を乗せてドイツ本国へ向けてノルウェーの領海を航行中だったドイツのタンカー「アルトマルク」号が、イギリス駆逐艦に攻撃されて捕虜を奪還された事件のことである。この事件は中立国であるノルウェーの主権をイギリスが侵害したも同然であったために、ヒトラーとしてはノルウェーを中立のままにしておく意味がないと考えたのだろう。

ともあれ、4月2日~7日にかけてドイツ軍各部隊はそれぞれ泊地を出発、部隊は全部で六つの任務群に分けられていた。

北から順に、第一任務群（目標・ナルヴィク）、第二任務群（目標・トロンヘイム）、第三任務群（目標・ベルゲン）、第四任務群（目標・アレンダール、クリスチャンサン）、第五任務群（目標・オスロ）、第六任務群（目標・エゲルスン）である。それぞれの任務群には陸軍の兵員が1000~2000名程度割り当てられ、駆逐艦などの水上艦艇に分乗する。同時に、空軍は作戦機800機・輸送機500機を投入して制空権を確保し、併せて空挺作戦を実施して主要な飛行場を奇襲・占領する。そして、この作戦にはドイツ海軍の水上艦艇のほとんどすべてがつぎ込まれることになっていた。

ヴェーゼル演習は、陸海空三軍の協調が鍵となる、まさしく立体作戦であった。

一方のイギリス軍もまた、ノルウェーへの上陸を考えていた。当初は冬戦争を遂行していたフィンランドへの増援にかこつけて、ドイツに先んじてスウェーデンを押さえてしまおうという魂胆だったが、冬戦争が終結したことでその口実を失ってしまった。

それでもイギリスのチャーチル海相は諦めず、ノルウェー沿岸の機雷封鎖や、ナルヴィクおよびトロンヘイムへの上陸を試みようと、参加予定の兵員を輸送船に乗船させたまま各基地に待機させていた。そして機雷敷設を予定していた4月8日、ノルウェーに向かって北上す

イギリス駆逐艦「コサック」。ノルウェーのイェッシングフィヨルドでドイツの補給船「アルトマルク号」を臨検し、「アドミラル・グラーフ・シュペー」に拿捕された商船の乗組員たちを奪還した

るドイツ艦隊発見の報に触れることになる。

だが、この情報に接したイギリス本国艦隊司令官であるフォーブス提督は、ドイツ艦隊は通商破壊のために大西洋に向かうものと誤判断、これが結果的にドイツ軍に幸運をもたらすことになった。

◆トロンヘイム沖海戦

ヴェーゼル演習は先に書いたとおり、ドイツ海軍の総力を挙げた作戦である。それゆえ、ドイツ海軍とイギリス海軍は図らずもノルウェー沖で数多くの激闘を演じることになった。その最初の海戦が8日に発生したトロンヘイム沖海戦だ。

「ウィルフレッド作戦（ノルウェー沿岸に対する機雷敷設作戦）」のために出動していた英駆逐艦「グローワーム（日本では「グローウォーム」とも呼ぶ）」は、荒天のために波にさらわれた水兵の救助のために本隊から遅れていた。つまり単艦で航行していたわけだが、まさにその時、ドイツ軍部隊と鉢合わせしてしまった。友軍駆逐隊からの急報を受けたドイツ軍第一任務群のリュッチェンス中将は、後方を航行していた重巡「アドミラル・ヒッパー」に救援を命じる。

現場に到着した「ヒッパー」はただちに砲戦を開始、瞬く間に命中弾を食らった「グローワーム」は観念した。が、ただ観念したのではなく、「ヒッパー」に向かって突進を開始したのだ。そして

トロンヘイム沖海戦でドイツ重巡「アドミラル・ヒッパー」に体当たりし玉砕したイギリス駆逐艦「グローワーム」

「グローワーム」に体当たりされた「アドミラル・ヒッパー」。衝突によって右舷が小破した

トロンヘイム沖海戦時、「ヒッパー」から見た「グローワーム」

全速力で「ヒッパー」に体当たりを敢行し、舷側を40メートルも引き裂いた後に沈没したのである。

翌9日。トロンヘイム沖海戦の報を受けてもイギリス海軍はまだドイツ軍の意図に気付いていなかった。そして、ドイツ軍は各目標地点の上陸にまんまと成功する。海上において上陸を阻止できなかったことは、連合軍の最大の失敗であった。いったん上陸に成功したドイツ軍は鎧袖一触、あっというまにノルウェー軍を蹴散らしてしまう。

また、デンマークにいたっては、ドイツ軍の攻撃開始からわずか二時間たらずで降伏してしまった。

◆ノルウェー戦線の終焉

しかし、遅まきながらようやくドイツ軍のノルウェー侵攻に気付いたイギリス軍は、ただちに増援部隊を派遣、ドイツ軍をノルウェーに閉じ込めて殲滅してしまおうと考えた。その考えはあながち間違いではない。なぜならドイツ海軍の総力をもってしても、質・量ともにイギリス海軍には敵わないからだ。上陸したドイツ軍部隊、とくに最北のナルヴィクに上陸した部隊はドイツ本国から1000キロ彼方にあり、そこに海路補給を送り続けることは難しいと思われた。そのためにドイツ軍はノルウェー全土を電撃的に占領し、鉄道を活用することを想定していたのである。

一方、イギリス軍の反撃は3カ所に対して行なわれた。送り込まれた部隊は、もともとノルウェーに上陸させようとしていた部隊（第24近衛旅団、第146、148旅団）だ。ドイツ軍を分断するためにトロンヘイムを押え、ナルヴィクにも部隊を送ってドイツ軍を締め上げようという作戦である。このためにイギリス軍は4月16日から18日にかけて第146旅団をナムソス、第148旅団をアンナルス

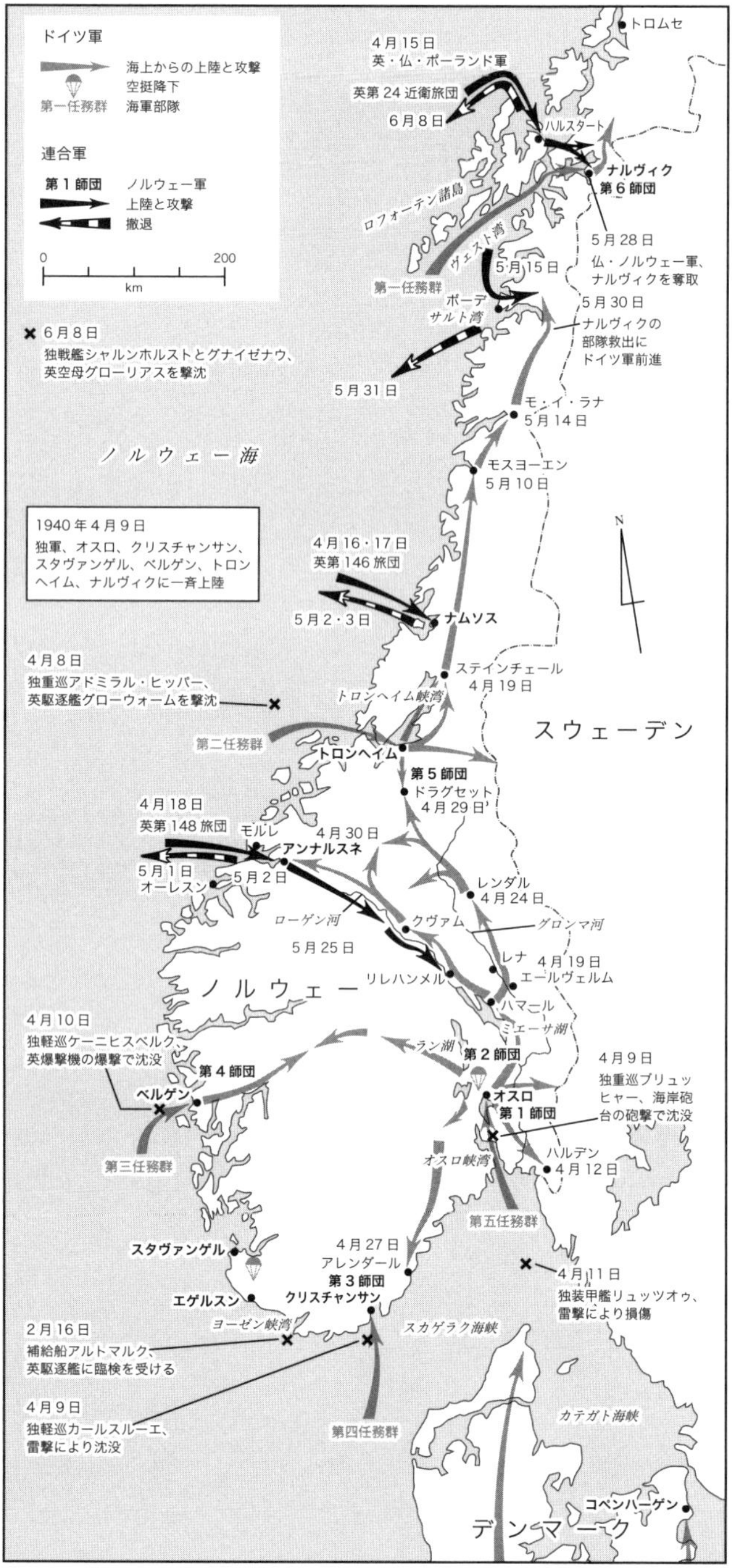

ヴェーゼル演習作戦はドイツ軍の勝利に終わったが、ドイツ海軍は重巡「ブリュッヒャー」、軽巡「ケーニヒスベルク」「カールスルーエ」、駆逐艦多数を失うという大打撃を受けた。特に4月10日の第一次ナルヴィク海戦と13日の第二次ナルヴィク海戦では、英艦隊に10隻の駆逐艦が撃沈される大損害を被っている

ネに上陸させ、トロンヘイムを挟撃しようとした。

しかしイギリス軍の思惑はことごとく外れ、両部隊はそれぞれドイツ軍部隊に撃退されて合流すらできず、あげくに沖合いの支援艦艇群はドイツ空軍からの爆撃を受けて逃げ出してしまった。結局、26日には作戦放棄を決定、5月3日には両地にあったイギリス軍の残存兵は惨めに脱出することになる。

ノルウェー中部における作戦失敗とは逆に、ナルヴィク近くのハルスタートに上陸した連合軍は遥かにマシだった。4月15日に上陸した第24近衛旅団に続き、5月第一週には第1軽師団が上陸、さらに第13フランス外人旅団、ノルウェー第6師団も戦闘に加わり、ドイツ軍は窮地に立たされた。途絶した補給を賄うために空軍が降雪を突いて空輸を行い、また第137山岳兵連隊を空挺降下させるなどして戦力を増強したドイツ軍であったが、兵力に勝る連合軍に押し切られる形で5月28日にナルヴィクを占領されてしまう。

追い込まれたドイツ軍だったが、思わぬところで救われる。援軍は遥か彼方、フランスにあった。5月10日に開始された対仏戦のために英仏軍はノルウェーどころの騒ぎではなくなってしまったのだ。

そのため2万5000名におよぶ連合軍部隊は6月8日にナルヴィクから撤退、ドイツ海軍はそれを阻止すべく攻撃を仕掛けた。「シャルンホルスト」と「グナイゼナウ」の戦艦隊で英空母「グローリアス」ほかを沈める戦果を挙げたものの、肝心の輸送船団は取り逃がしてしまった。

こうして北欧における戦いは終わりを告げ、戦いの焦点は西欧へと移ることになったのである。

ドイツ戦艦「シャルンホルスト」と「グナイゼナウ」に撃沈された英空母「グローリアス」。水上砲戦で撃沈された空母は欧州戦線では「グローリアス」のみである

1-5 西方電撃戦

◆対仏進攻作戦計画

「黄色の場合（ファル・ゲルプ）」。

これが対仏戦のために付けられたドイツ軍の作戦名である。

ポーランドの電撃的占領から半年の期間を経て、ついにドイツ軍は動き出した。

実際にフランス進攻を開始するまでには紆余曲折があり、この半年の間に大規模な作戦変更も実施されている。

もともと対仏進攻作戦の大筋は、第一次大戦時と同様、オランダ・ベルギーを通過してパリを直撃するというものであった。ところが、作戦計画書を持ったドイツ軍の参謀が連絡機の事故のために連合軍側に捕まってしまうという事件が勃発する（メヘレン事件）。この事態を重視したヒトラーは作戦の変更を考えるが、その時にタイミングよく作戦案を提出したのがマンシュタイン将軍であった。実はこれ以前、マンシュタインはドイツ陸軍参謀本部にこの作戦プランを提出しているのだが、その時には一旦拒否されたものであった。

このマンシュタインの考えた「ジッヒェルシュニット作戦」の概要を示すと以下のようになる。

①オランダ・ベルギー国境沿いに配置されたB軍集団が戦闘を開始。フランス・ベルギー国境沿いに展開している連合軍部隊を誘引し、拘束する。

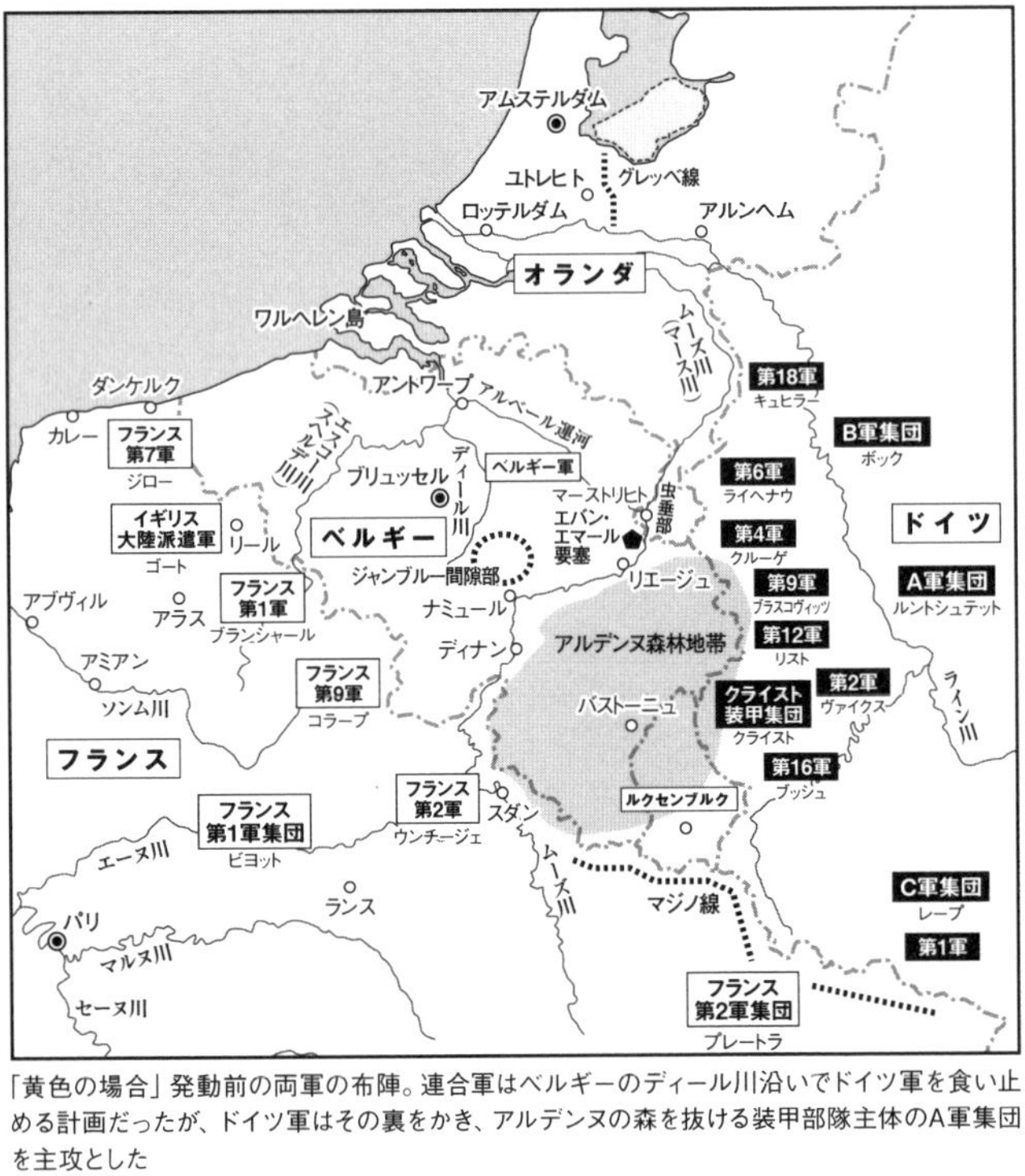

「黄色の場合」発動前の両軍の布陣。連合軍はベルギーのディール川沿いでドイツ軍を食い止める計画だったが、ドイツ軍はその裏をかき、アルデンヌの森を抜ける装甲部隊主体のA軍集団を主攻とした

②全ドイツ軍の中央に位置するA軍集団がアルデンヌ森林地帯を突破、セダン（スダン）付近でミューズ川を渡河してそのまま英仏海峡に向かって急進する。

③右翼のC軍集団はマジノ・ライン前面に展開して前面の敵を拘束する。

全作戦の鍵となるのが「速度」と「衝撃力」であり、それを実現するには機械化部隊の集中が必要である。このため、ドイツ軍の全装甲師団10個のうち、7個師団がA軍集団に配置されることになった。

一方、英仏連合軍側でもいくつかの作戦プランを考案した。その一つがD計画（ディール作戦計画）である。

これはドイツ軍の進攻開始とともに、フランス・ベルギー国境沿いに展開している連合軍を一気に押し上げ、ディール川沿いの陣地帯でドイツ軍を待ち受けるというものだ。そのために、ベルギー軍にはドイツ国境付近で数日間粘ってもらうことが前提となっている。そしてこれが上手くいけば、第一次世界大戦の時と同様、戦線を膠着状態にすることができるはずだった。

つまるところ、戦車や航空機という新しい兵器を駆使して速戦即決で攻め込もうとするドイツ軍と、旧態依然とした兵器運用と戦術で対抗しようとした連合軍との戦いということになる。

はたして、その結果はいかなるものであったか。

◆アルデンヌを進撃するドイツ装甲部隊

１９４０年5月10日午前4時30分、オランダ・ベルギー・ルクセンブルク国境周辺の空はドイツ空軍によって覆われ、戦略目標が次々と爆撃されていく。

それに続いて、今度は各所で空挺作戦が実行された。

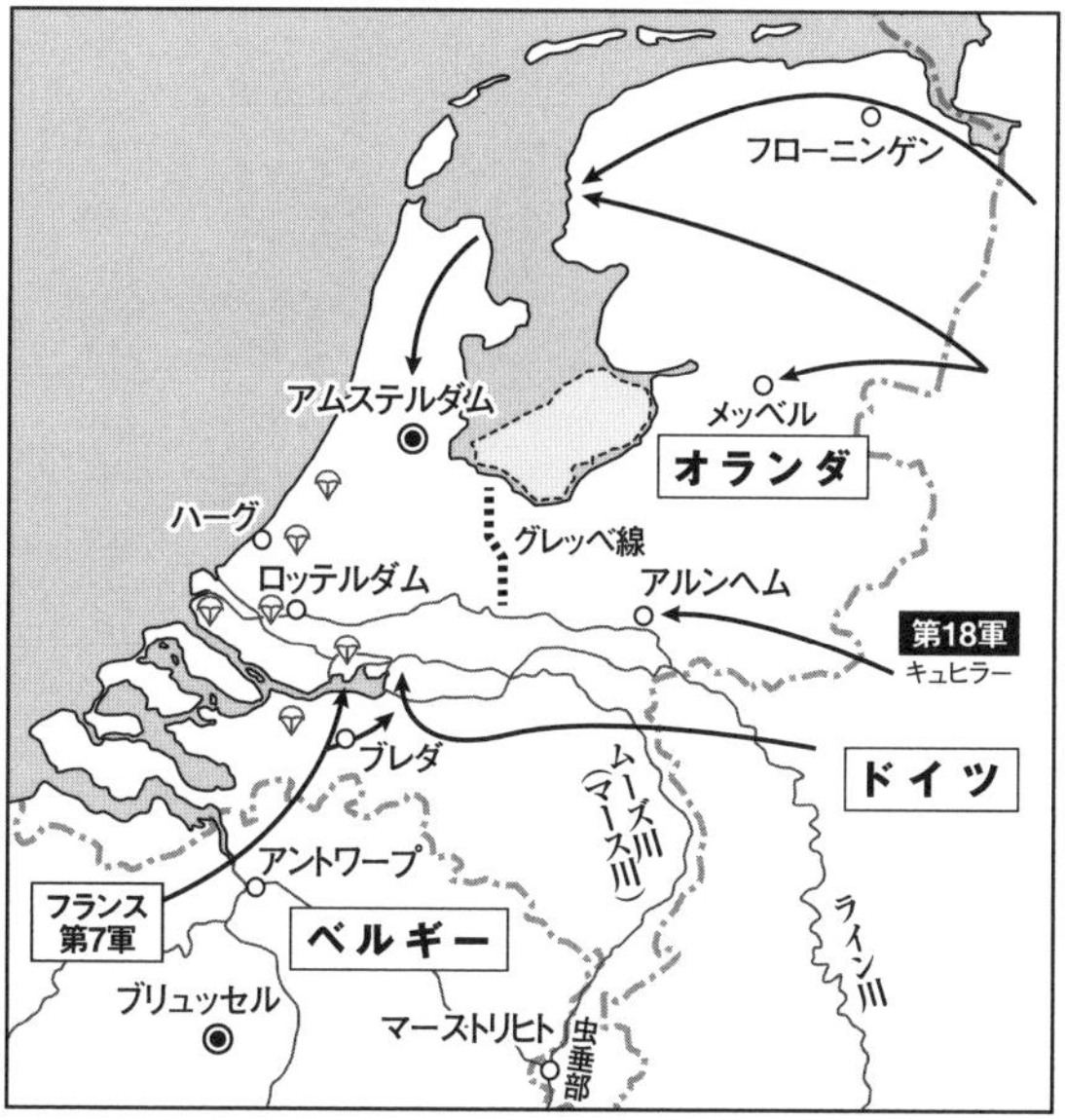

オランダの攻略を担ったのは第18軍を中心とする諸部隊だった。5月10日には空挺部隊がロッテルダムおよびハーグ方面に降下、ムーズ川に架かる橋梁を制圧、地上部隊も4方向から越境して侵攻。オランダは15日に降伏した

マーストリヒト南のエバン・エマール要塞を攻略したドイツ軍の降下猟兵部隊

地上部隊の迅速な進撃を確保するため、敵飛行場や橋梁などに対して空挺降下やグライダーによる進入が行なわれたのだ。

なかでも、エバン・エマール要塞に対するコッホ連隊の攻撃は有名だ。わずか100名にも満たない降下工兵部隊は、要塞地帯のトーチカや砲台を次々と無力化し、占拠してしまう。この降下部隊の活躍のおかげで難攻が予想されたエバン・エマール要塞はあっけなく陥落し、その火力制圧下にあったミューズ川とアルベール運河の渡河にドイツ軍は成功したのだ。

また、それ以外の降下作戦も大同小異で、奇襲効果とあいまって重要地点を奪取し、地上部隊の進撃を大いに助けている。

その地上部隊だが、ボック将軍率いるドイツ軍B軍集団（29個師団）はオランダを席捲してベルギーのリエージュへと向かう。本来はB軍集団こそ対仏戦の主役になるはずだったが、先に述べたとおり直前に作戦変更が行なわれたために隷下部隊の一部をA軍集団へと移し、みずからは連合軍部隊を北方へ釣り上げる役目を担う。

とはいえ、その任務を果たすためには連合軍に対して脅威を与えなければ意味がない。このため、B軍集団隷

Ju87“シュトゥーカ”急降下爆撃機は、西方戦役でも「空飛ぶ砲兵」として近接航空支援を行い大きな戦果を挙げた。写真は1940年5月フランス戦線、第2急降下爆撃航空団のJu87B-2

下の第18軍はオランダへ進攻、開戦から2日目の12日にはオランダ軍をほぼ無力化してしまう(オランダ降伏は15日)。

しかしドイツ軍の真の目的を知る由もないフランス軍は、オランダ救援のためにもっとも海岸寄りに位置していた第7軍を急遽北上させた。また、他の部隊も当初の計画通り、ドイツ軍進攻とともにディール川の防衛戦に向けて前進する。

ところがドイツ軍の進撃速度が速かったことに加え、ベルギー軍が重要な橋梁を爆破しなかったり、あるいは防衛線を予告もなく変更していたりといったことが相次ぎ、連合軍側の防衛体制は大混乱に陥っていた。もはやこの時点で、当初の防衛計画は瓦解していたといえる。

だが、本当の危機はむしろこれからだった。

装甲師団を増加配備されたルントシュテット将軍率いるA軍集団は、マンシュタインの目論見どおり大きな混乱もなくアルデンヌ森林地帯を突破、グデーリアン指揮下の第19軍団(自動車化)がセダンへと迫る。また、その北方(右隣)にはラインハルト将軍の第41軍団(自動車化)がモンテルメを目指し、さらにその北方にはホト将軍率いる第15軍団(自動車化)がディナンに向かう。つまり、アルデンヌを抜けたA軍集団は三本の矢でもってミューズ川を一気に渡河しようと企てた。

そしてドイツ軍は守備にあたっていたフランス軍の二線級部隊を蹴散らすと、ミューズ川を渡河してそのまま右に旋回していく。すなわち、英仏海峡目指して突進を開始したのだ。

このころには連合軍司令部でもドイツ軍主力はアルデンヌにあり、進撃路はパリではなく海峡を目指していることをようやく理解しはじめた。が、時すでに遅かった。機動力に劣るフランス軍は、ドイツ軍の包囲の輪が閉じる前に南方へ退却することすら叶わなかったのだ。

◆ダンケルク撤退作戦

そんな中でも、連合軍部隊はありったけの機械化部隊をかき集めて反撃を試みた。「アラスの戦い」と呼ばれる英軍の反撃がそれだ。

もともと、この反撃はフランス軍とイギリス大陸派遣軍（BEF：British Expeditionary Force）が協同して実施するはずのものだった。ところが直前になってフランス軍が攻撃を延期、結果的にイギリス軍単独（および若干のフランス軍戦車部隊）で攻撃をおこなった。

この反撃は連合軍にとってまさに絶好のタイミングであった。歩兵部隊が追いついていなかったドイツ軍装甲部隊の横腹を突く格好となり、またイギリス軍の戦車（マチルダⅡ）の装甲が厚かったこともあり、ドイ

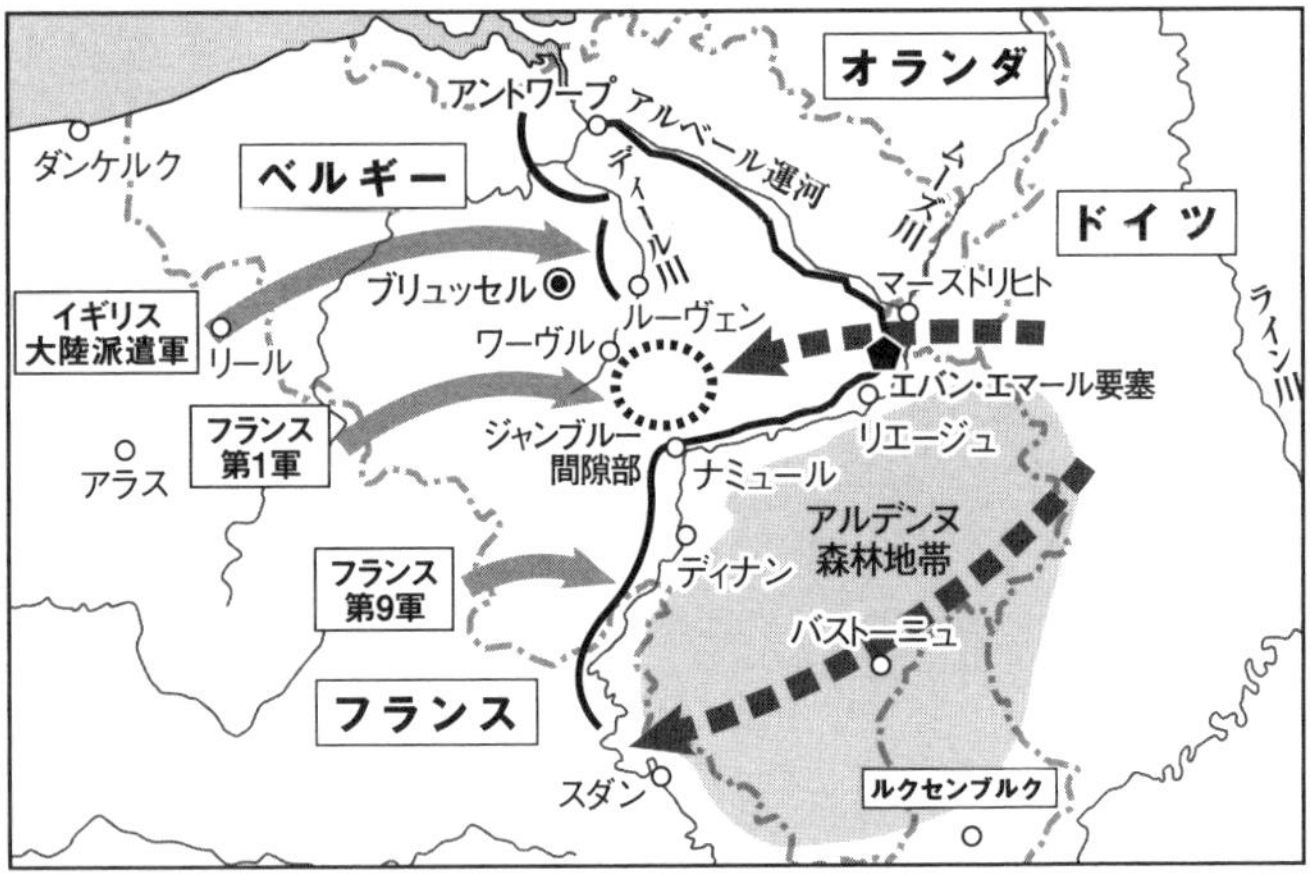

5月12日、ドイツ第6軍第4装甲師団とフランス第1軍のプリオー騎兵軍団は、ミューズ川とディール川に挟まれたジャンブルー間隙部で激突、両軍合わせて1200輌以上の装甲車輌が激突する「ジャンブルー・ギャップの戦い（アニューの戦車戦）」が生起した。被害はほぼ互角で、最終的に仏軍が後退したが、独軍も大打撃をこうむった。だがその頃、アルデンヌの森をドイツ軍主力が通過していた

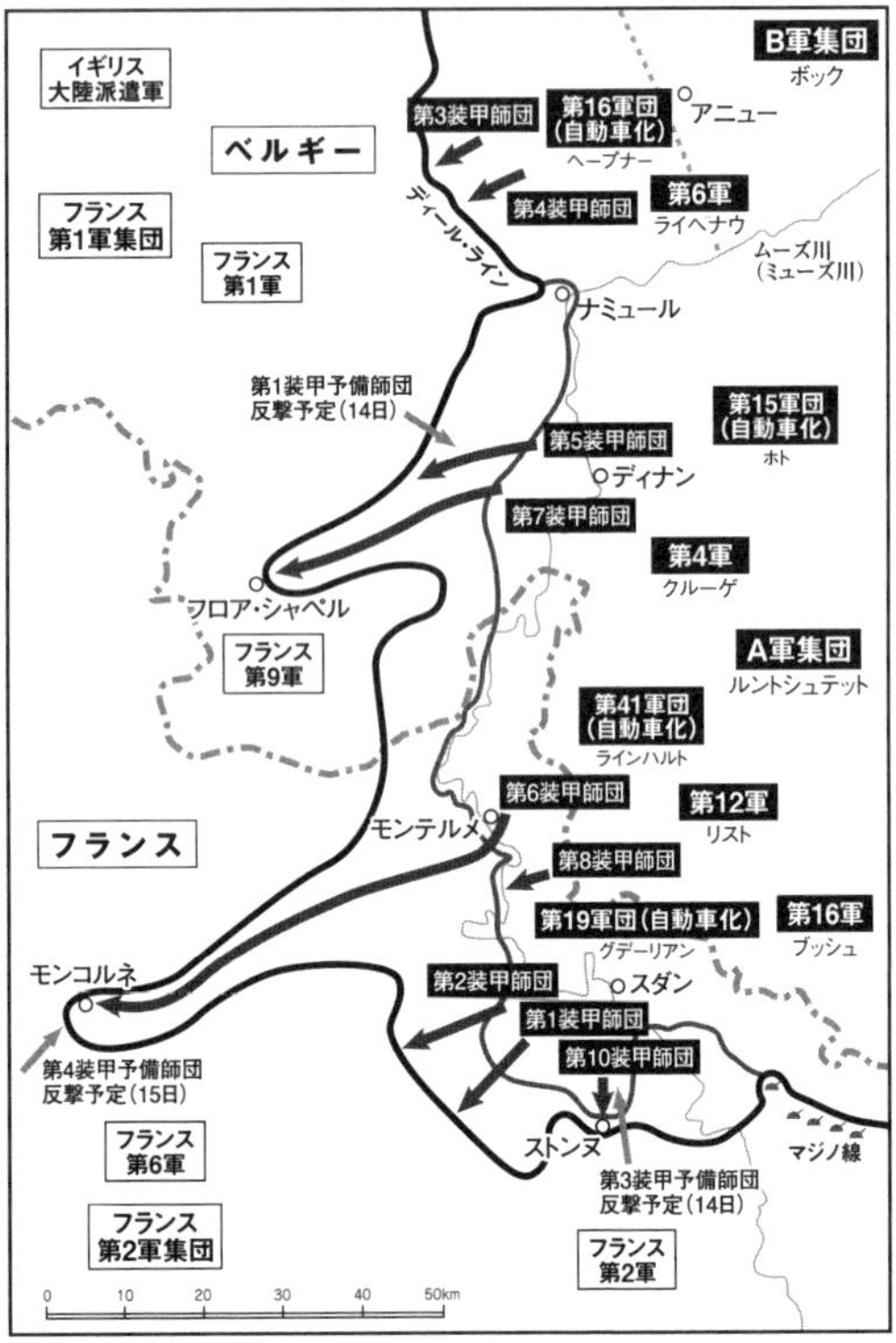

1940年5月12日の戦線
1940年5月14日の戦線
1940年5月15日の戦線
フランス=ベルギー国境

ドイツ軍はアルデンヌ突破後、最大の難所と思われたミューズ川を難なく渡河。そのまま突進し、エルヴィン・ロンメル少将の第7装甲師団がフロア・シャペルまで、ヴェルナー・ケンプフ少将の第6装甲師団がモンコルネまで大突破を成し遂げた

ツ軍は僅か2個大隊ほどの敵に苦戦を強いられることになったのだ。

その後、8・8cm高射砲を対戦車砲代わりに使用して急場をしのいだ結果、ドイツ軍はなんとか事なきを得た。この時、前方にいて急報を聞きつけて現場に取って返し、8・8cm砲の使用を指示したのが、かのロンメル将軍だった。この時、ロンメルは第7装甲師団長である。

だが、このイギリス軍による反撃は思わぬ効果をもたらした。ドイツ装甲部隊の急進撃によって包囲された連合軍は、常識的に考えれば降伏するしかない状況であった。ところが先のアラスにおける反撃を知ったヒトラーは、装甲部隊の損害を恐れ、包囲されてダンケルクに集結中の連合軍に対する地上部隊の攻撃を凍結させたのだ。その背景には「空軍のみで十分殲滅できる」と豪語したゲーリングの存在もあった。ゲーリングはドイツ空軍のトップであり、またヒトラーに次いでナチス・ドイツのナンバー2の

1940年5月、アルデンヌの森を進撃するドイツ軍のⅢ号戦車E型。主砲は長砲身の37mm砲で、重装甲のフランス戦車に対してはやや力不足だったが、3人乗りの砲塔による高い戦闘速度、約40km/hという快速を活かし、実質的な主力戦車として活躍した

遺棄されたフランス軍のルノーR35軽戦車。約10トンの歩兵戦車で、装甲は45mmと厚かったものの主砲は歩兵支援用の短砲身37mm砲で、対戦車能力はほぼ無く、速度も20km /hと鈍足だった

撃破されたフランス軍のシャールB1bis。最大60mmという重装甲と長砲身47mm砲と短砲身75mm砲を兼ね備える、西方戦役最強の重戦車だったが、砲塔は一人乗りで戦闘速度が遅く、速力も最大28km /hに留まり、ドイツ軍戦車隊の連携と錬度の前に敗れた

地位にあった。

しかし、結果的に見てこの判断は間違っていたといえる。連合軍はありったけの船を集めて、ダンケルクから33万名におよぶ将兵をイギリスへと撤退させることに成功したからだ。この連合軍によるダンケルクからの撤退戦を「ダイナモ作戦」と呼ぶ。

ともあれ、大魚を逸したとはいえ、ドイツ軍は対仏戦の第一段階を成功させたといえる。あとはパリへ進撃し、フランスを降伏させるのみ。そして連合軍に防衛戦力が枯渇している以上、これは容易なことだと考えられたのだ。

その後、6月5日になってダンケルクは陥落。そし

ドイツ軍は、アラスの戦いでイギリス軍の重装甲の歩兵戦車マチルダⅡに苦戦したが、8.8cm FlaK18高射砲の水平射撃で撃退することに成功した

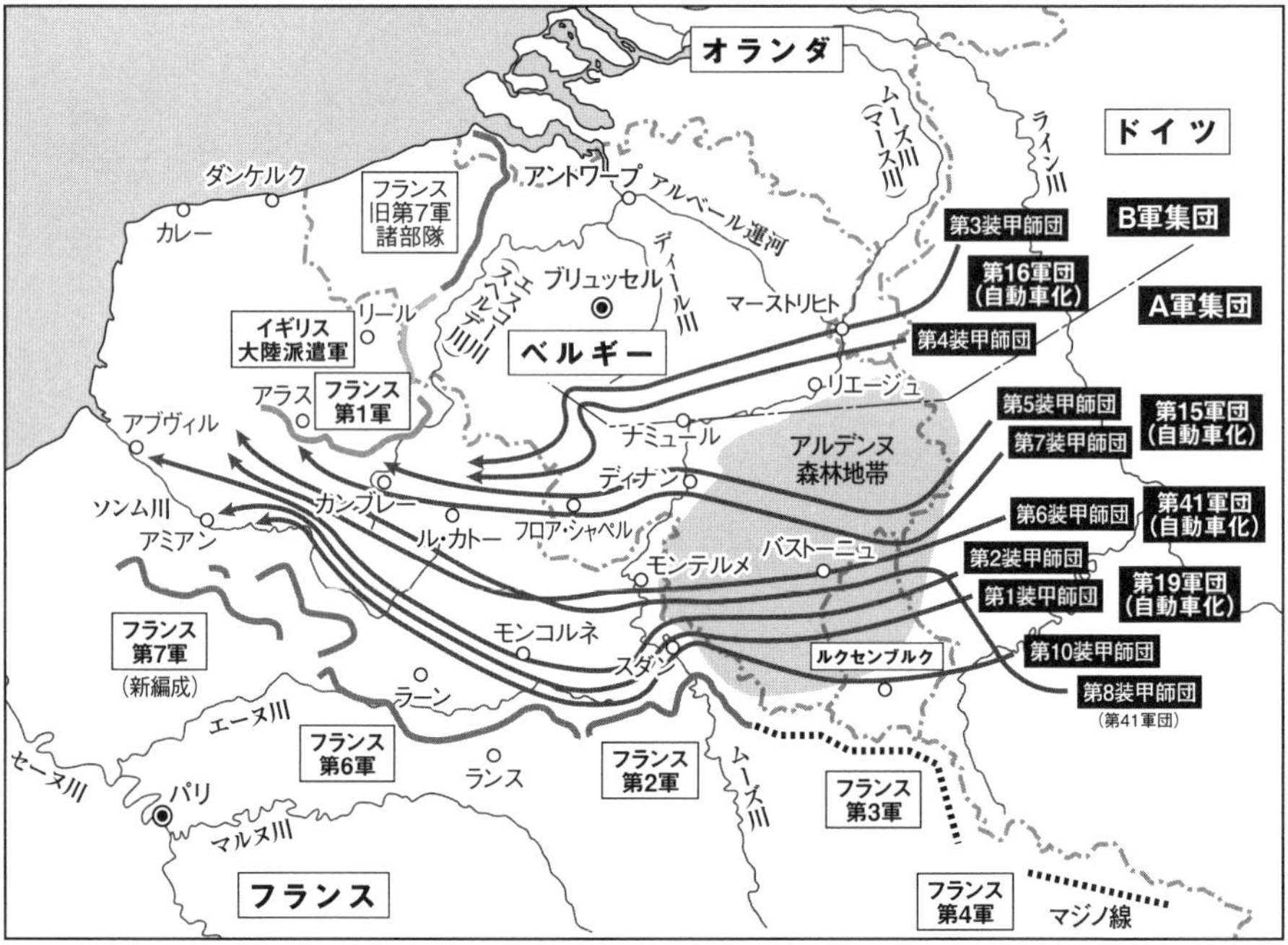

ドイツ軍はA軍集団の装甲部隊を破城槌として突き進み、ついに英仏海峡に到達。仏英連合軍主力は包囲され崩壊状態に陥ったが、少なくない将兵がダンケルクから英本土への脱出に成功した

て同日より「赤の場合（ファル・ロート）」、すなわちパリを目指した第二段作戦が開始された。

総兵力はドイツ軍3個軍集団合計で120個師団。これに加えて予備が22個師団である。対するフランス軍は70個師団に満たない兵力で、これにイギリス大陸派遣軍の1個師団が加わる。兵力差を考えれば絶望的な戦いだ。

そして作戦開始から僅か5日後、6月10日には早くもフランス政府はパリを放棄して無防備都市宣言を行なう。さらに同日、対仏戦の推移を虎視眈々と見つめていたムッソリーニが、フランスに対して宣戦布告をする。

もはやフランスの命運は尽きていた。6月22日にコンピエーニュの森で休戦協定が締結され、6月25日には全戦域において戦闘中止命令が出された。ここに西方戦役は終結した。ドイツ軍の攻撃開始から45日めのことであった。

5月26日〜29日、ダンケルクの海岸で撤退用の船舶を待つイギリス軍の将兵たち

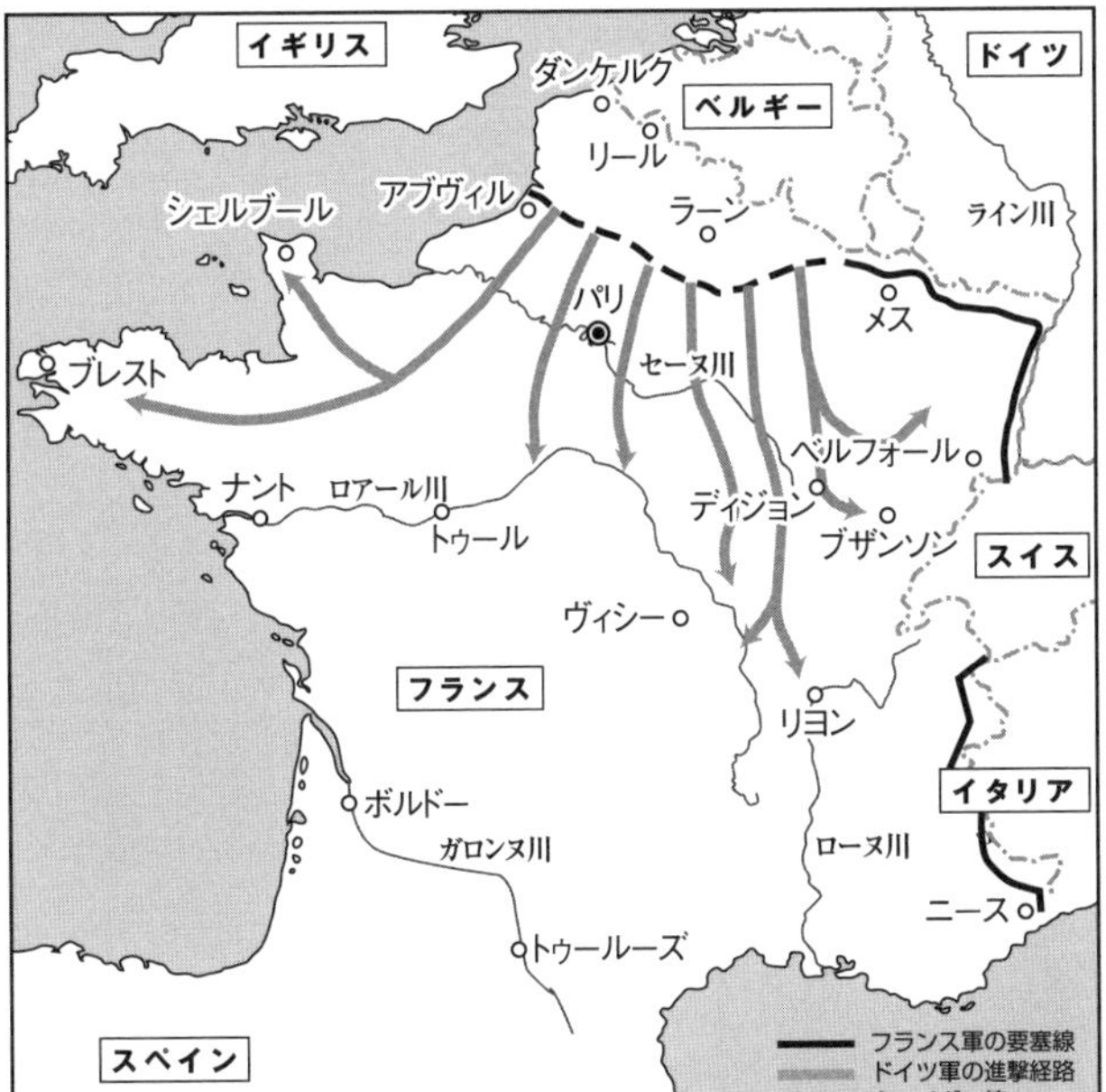

ダンケルク戦後の6月5日、ドイツ軍は防御線「ウェイガン線」を突破してフランス全土への進攻を開始。10日にはパリが無防備都市宣言をして陥落、14日までに仏軍は全面潰走し、「赤の場合」作戦は約10日で成功した

1-6 バトル・オブ・ブリテン

◆イギリス本土上陸作戦

フランスを降したヒトラーが、次に目を向けたのがイギリスだ。というよりも、この時点では残る敵はイギリスしかいなかった。しかし、イギリスを降伏に追いやるためには当然イギリス本土に上陸しなければならない。そしてそれこそが難問だった。

地続きのポーランドやフランスと違い、海を渡っての上陸は、当然のことながら制海権がなければ不可能だ。もちろん、制空権も確保していなければならない。

そこでイギリス本土上陸作戦、いわゆる「あしか（ゼーレーヴェ）作戦」の実施に際しては、まず第一に制空権の確保が絶対条件だった。さらにドイツ海軍の十倍にもおよぶ戦力を保持するイギリス海軍に対して、少なくとも上陸作戦前後に介入されないように牽制しておく必要があった。

この「あしか作戦」実行のための絶対条件、すなわち制空権の確保のために行われたのがイギリス本土上空における戦い、いわゆる「バトル・オブ・ブリテン」だ。ただ、その話の前に「あしか作戦」の概要について触れておこう。

まず、「あしか作戦」には本作戦と欺瞞作戦の両方があった。ちょうど連合軍がのちに行った「オーバーロード作戦」、いわゆるノルマンディー上陸作戦においても大規模な欺瞞作戦が実施されたのと同じだ。

真の「あしか作戦」を実施する予定だったのはA軍集団で、その隷下にある第16軍が主役だった。第16軍は13個歩兵師団と2個装甲師団を擁するが、このうちの6個師団程度が第一波の上陸部隊に予定されていた。上陸海岸はイギリス南部、ドーバー海峡のちょうど反対側付近だ。

最初の上陸を三日間で終えて橋頭堡を確保したら、残りの部隊が引き続き上陸する。また、上陸開始一週間後を目処に、今度は第9軍がル・アブール近郊からその対岸を目指す。さらにその後にはシェルブールからも第6軍が出発する予定だった。

イギリス上陸作戦におけるドイツ軍の基本的な考えは、「規模の大きな渡河作戦」を実施して、ロンドンをはじめとするイギリス南部（政治と経済の中心地）を電撃的に占領して降伏に追い込むというものだった。その意味ではポーランド戦、あるいはフランス戦と同様、首都陥落による降伏を狙った旧来どおりの戦略である。

一方、本当の上陸作戦を成功させるために、二つの欺瞞作戦も計画されていた。一つは北欧に展開していた部隊によるもの、もう一つはフランス南部のB軍集団によるものだ。

イギリス本土上陸作戦は実際に行われることはなかったが、欺瞞工作も含め、これだけ大規模な作戦を実施されていたら、兵力不足に悩んでいたイギリスとしては相当厳しい戦いを強いられたことだろう。

だが、実際にドイツ兵がイギリスの土を踏むことはなく、空の戦いだけでイギリスは踏みとどまることになるのだ。

バトル・オブ・ブリテン時にドイツ空軍の総司令官だったゲーリング元帥

イギリス空軍戦闘機軍団を指揮したヒュー・ダウディング大将

◆戦術空軍の限界

イギリス本土上陸作戦を行うためには、まず制空権の確保が絶対条件であることは先に書いたとおりだ。そのためにドイツ空軍は3個航空艦隊、合計2800機以上もの戦力を投入することになった。

しかし作戦遂行にあたって、ドイツ空軍には問題があった。

それはドイツ空軍が良くも悪くも「戦術空軍」だったということである。つまり電撃戦を行うためには適していても、敵国に対して戦略的に打撃を与えるようには考えられていなかったということだ。

たとえば、敵に打撃を与えるべき爆撃機の主力であるHe111の最大爆弾搭載量は最大2500kgで、サイズでいえば中型爆撃機にあたる。これに対し後にドイツ本土爆撃の主力となるアメリカ軍のB-17は最大5800kg、B-29にいたっては9000kgである。つまり、多くの爆弾を投下するためには（機数・回数とも）数多く出撃しなければならず、効率が悪いうえに損害を被る確率も高くなるわけだ。

また、爆撃機を守るべき戦闘機についても問題があった。ドイツ空軍の主力であるBf109Eは航続

1940年9月7日夜、ロンドンを爆撃するハインケルHe111爆撃機。He111は英本土航空戦時、Ju88、Do17と並んで主力爆撃として活躍した

時間が短かったのだ。増槽を付けていない場合の航続時間はおよそ95分、ここから往復の時間その他を差し引くと、イギリス上空で戦闘に費やせる時間はせいぜい15〜20分程度、のちに増槽をつけても30〜40分ほどだった。

Bf109はもともと長距離護衛戦闘機として開発されたわけではなかったため、そもそも想定外の任務を行わせたことが問題ではあるのだが、要するに空軍全体として戦略爆撃的な思想を持っていなかったということの裏返しでもある。

一方のイギリス軍も、万全な態勢で迎え撃ったわけではない。

戦前からレーダーサイトなどを整備して、早期迎撃体制を作り上げていたのは良かったのだが、フランス戦で700機以上の戦闘機を喪失したことは後々まで尾を引いた。

また戦闘機の不足に加えて、搭乗員不足にも悩まされ続けることになる。ただ、イギリスにとって幸いだったのは、迎撃を行うべき戦闘機に恵まれたことだろう。ハリケーンではやや力不足の感もあったが、Bf109Eと互角の空戦性能を持つスピットファイアMk.Iはそれを補ってあまりある存在だったと言える。また、自国上空での戦闘だったため、撃墜されても脱出さえできれば搭乗員がすぐに戦線復帰できる点も救いであった。

◆鷲の攻撃《アドラー・アングリフ》

ドイツ軍による攻撃は、フランス戦後の1940年7月から開始された。

当初、ドイツ軍はイギリス本土上陸作戦を前提としていたために、攻撃目標はもっぱら英仏海峡にある艦船だった。これならドイツの戦闘機も航続距離をさほど気にする必要がないため、迎撃のために現れる英空軍の戦闘機を叩くという目的もあった。

しかし、この作戦はイギリスの戦闘機集団司令官であるヒュー・ダウディング大将に見抜かれ、英空軍はあえて大規模な迎撃は行わなかった。

それならばと、ドイツ空軍は8月に入って本格的な作戦を開始する。12日、イギリス各地のレーダーサイトを爆撃したのを皮切りに、飛行場や航空機製造工場に対して一斉に爆撃を開始したのである。作戦名はアドラー・アングリフ、「鷲の攻撃」だ。

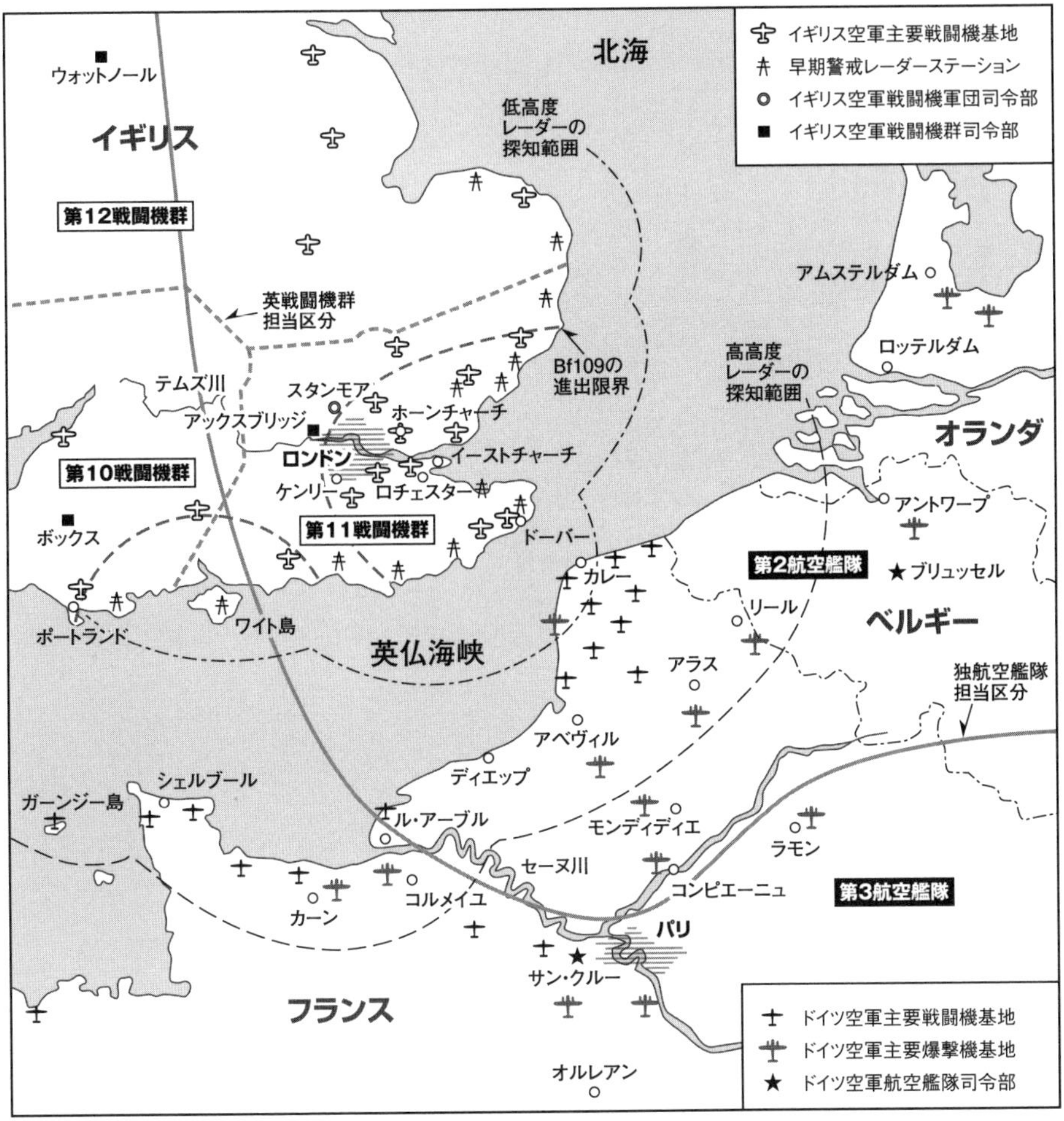

バトル・オブ・ブリテン開始時の英独空軍の配置。機数はドイツ空軍が約3倍だったが、航続距離の短い主力戦闘機Bf109Eは十分に爆撃機を守りきることは難しく、さらに英空軍はレーダーでドイツ編隊を早期に察知し、戦闘機を待ち伏せさせることができた

連日にわたる爆撃で、イギリスの航空戦力は日に日に低下していく。ドイツ空軍も相応の損害を被りはしたが、形勢はイギリスに不利であった。そんな中でも、ドイツ軍の第5航空艦隊に大損害を与えている。第5航空艦隊はノルウェーに展開していたために単発護衛戦闘機を付けられなかったことが大きな原因だが、ともかく、これ以降、第5航空艦隊による大規模な作戦は封じられることとなった。

上昇力と急降下性能に優れ、一撃離脱戦法を得意としたメッサーシュミットBf109E。しかし航続距離が約600kmと短く、爆撃機を長時間にわたって守ることができなかった。ただBf109Eの航続距離が長かったとしても、飛行場爆撃から都市爆撃に切り替えた時点でドイツ空軍の敗北は決まっていたといえる

ドイツ空軍の新鋭爆撃機ユンカースJu88A-5。低空精密爆撃に投入され飛行場や航空機工場に大打撃を与えたが、損害も大きく、1940年7月から10月にかけて313機が失われている

1940年8月、英仏海峡上空を飛ぶメッサーシュミットBf110C。重武装、大航続力を誇る駆逐機（双発戦闘機）であるBf110は、バトル・オブ・ブリテンでは爆撃機の護衛戦闘機として投入されたが、俊敏な単発戦闘機のスピットファイアやハリケーンに歯が立たず、昼間戦闘機失格の烙印を押された

ただ、局地的に勝利を得られたとしても、英空軍の搭乗員不足はいよいよ深刻な状況となりつつあった。そこで、ダウディングは義勇兵部隊の投入を決断する。この部隊はイギリスに亡命していたフランス、ポーランドなど各国の搭乗員によって構成されていた。

そんな付け焼刃的な対応を見透かすように、ドイツ空軍は新戦術を投入してさらなる打撃を与えはじめた。これは言うなれば「時間差攻撃」だ。ある攻撃目標に対してまず爆撃を行う。当然イギリス空軍は迎撃に向かい、ドイツの護衛戦闘機との間で空中戦が展開される。そして爆撃機の帰還とともにイギリスの迎撃機も帰還するが、まさにそのタイミングを見計らって、爆撃隊の第二波が攻撃を開始するのである。

この戦術の前に、イギリス空軍は徐々に壊滅に向かい始め、もはやドイツ空軍の勝利は時間の問題かと思われた。

英本土航空戦時のイギリス空軍の主力戦闘機であったスーパーマリン スピットファイアMk.Ⅰ。Bf109Eより旋回性能が優れており、格闘戦を得意とした。写真は第19飛行隊の機体

バトル・オブ・ブリテン中の1940年8月、ビッギンヒル基地で再出撃に備えて燃料トラックから補給を受ける第32飛行隊のハリケーンMk.Ⅰ。ハリケーンはイギリス空軍のもう一つの主力戦闘機として、大きな活躍を見せた

◆バトル・オブ・ブリテン

ところが、偶発的な出来事が事態を変える。

8月24日、テムズ川の石油タンクに対して夜間爆撃を実施していたおりに、ドイツ爆撃機が誤ってロンドン市街に爆弾を投下してしまったのだ。これまでヒトラーはロンドンへの爆撃を禁止していたのだが、この事態を受けたチャーチルは、報復のためにベルリンへの爆撃を行わせた。

このベルリン空襲にヒトラーは激怒し、空軍総司令官であるゲーリングは顔色を失った。そして9月6日にロンドンに対する無差別爆撃を命じると、この日を境にドイツ空軍の戦略目標は明らかに変化した。たしかにロンドンに対する爆撃は破壊という意味では効果があったが、それと引き換えにドイツは取り返しのつかないものを喪失した。時間と、そして敵戦力の回復である。

ドイツ空軍が都市爆撃にかまけている間にイギリス空軍は息を吹き返し、戦力を急速に回復させていった。

そして9月15日。ドイツ空軍はいつものようにロンドンに対する大規模爆撃に向かった。戦闘機769機と爆撃機328機は二波に分かれて飛行する。

だが、イギリス空軍はすっかり迎撃体制を整えていたのだ。レーダーによってドイツ空軍の動きを察知したダウディングは全力出撃を命じる。延べ700機にもおよぶ迎撃機のために、ドイツ空軍は60機もの損害を出したのである。

「暗黒の日曜日」と呼ばれるこの日の戦いの後もイギリス上空での戦いは続いたが、ドイツ軍がイギリス本土に上陸する可能性は消滅したと言ってよかった。すでにヒトラーの目は東方へと向き始めていたのである。

こうしてイギリスは、僅かな数の若者たちの奮闘によって本土を守り抜いたのだった。

イギリス軍が沿岸に設置した低空捜索用のチェイン・ホーム・ロウ・レーダー。イギリス空軍の善戦は、レーダーなどの早期警戒システムによるものも大きかった

1-7 イタリアの進攻作戦

◆東アフリカへの進攻

　ヒトラーの矢継ぎ早の行動を見て、イタリアのムッソリーニが「ドイツにできてイタリアにできないはずはない……」と考えたかどうかはわからない。

　ムッソリーニは軍の反対を押し切ってフランスに対して宣戦布告をする。ところが、火事場泥棒的に楽勝のはずだった南仏への出兵では手痛いしっぺ返しを食らい、ムッソリーニの機嫌は悪かった。実際、ムッソリーニがどう思おうが、イタリア軍は全くといっていいほど戦争の準備が出来ていなかった。また、軍部としては戦争をする気もなかったのだ。

　だがムッソリーニはそうは考えなかった。「偉大なるローマ帝国」の復活——地中海世界で再び覇権を握ることこそがイタリアの使命であり、自分自身の存在意義なのだ、と。

　そこでフランス戦のあとにまず目を付けたのが東アフリカだった。

　以前、イタリアはエチオピアに進攻してなんとか勝利を得たが、今度はそのエチオピアを足がかりにして、東アフリカ全体を勢力下に置こうと考えたのである。

　まずはエチオピアに隣接する英領ソマリランドを占領して、紅海の出入り口を押える。さらに、あわよくばスーダンやケニアにも手を伸ばそうという魂胆だ。

　このイタリアの動きにイギリスは慌てた。当時、ソマ

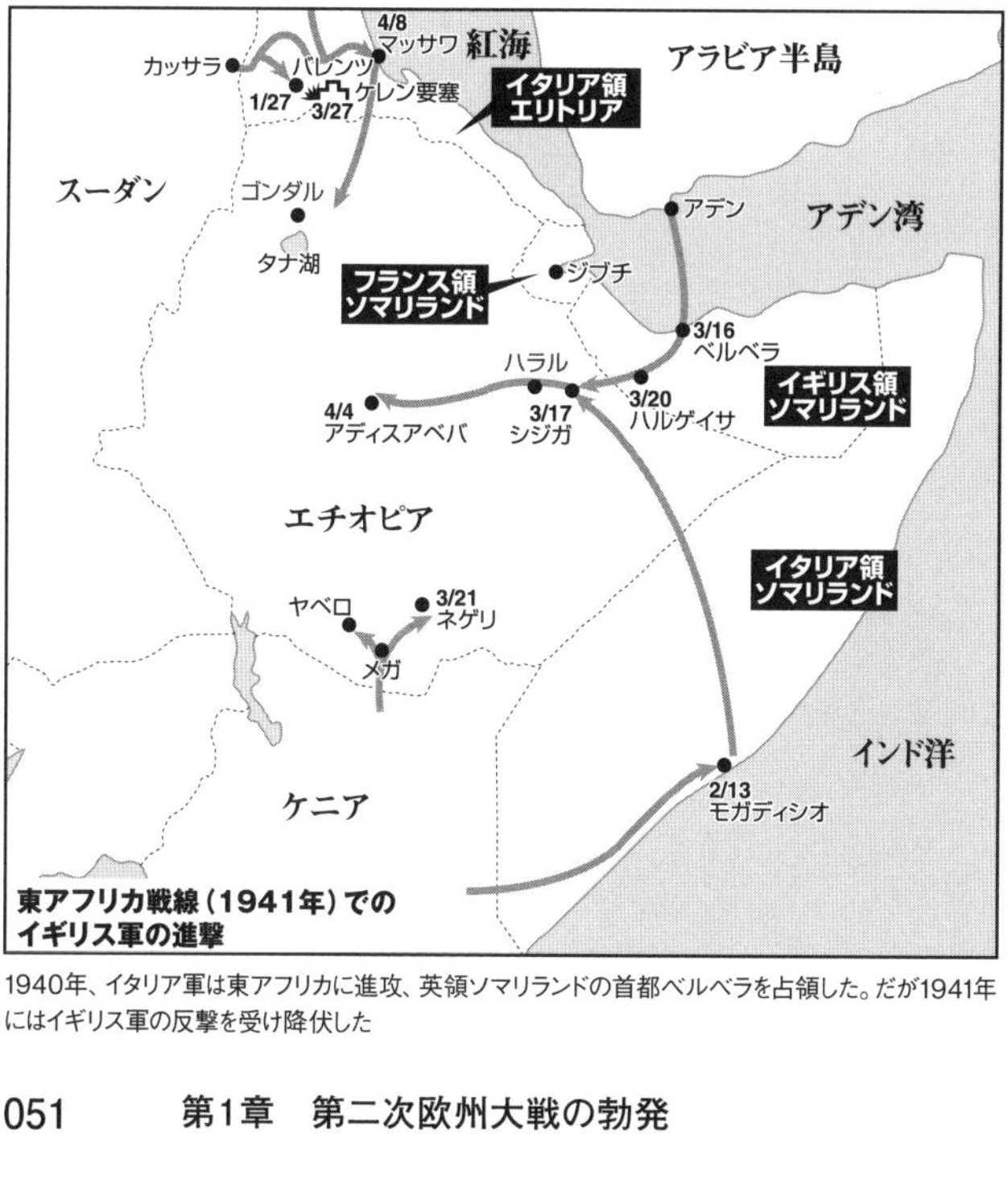

1940年、イタリア軍は東アフリカに進攻、英領ソマリランドの首都ベルベラを占領した。だが1941年にはイギリス軍の反撃を受け降伏した

リランドには植民地軍がわずかに1万3000人ほど駐留していたに過ぎない。これに対して東アフリカに駐留するイタリア軍は正規軍・植民地軍を合わせて20万名を超える。そして紅海の通航を止められるとスエズ運河の使用が事実上不可能となり、インド・アジアとの連絡線は南アフリカの喜望峰経由となってしまう。

とはいえ多勢に無勢で、イギリス軍はイタリア軍相手に苦戦を強いられることになる。1940年8月3日に作戦を開始したイタリア軍は瞬く間に仏領ソマリアのジブチを占領、イギリス軍の補給ルートを遮断する。そのうえで三方向から首都ベルベラを目指し、激戦の末に19日には占領を果たした。

しかしイタリア軍のせっかくの勝利も長くは続かなかった。補給が滞ったためにそれ以上戦果を拡大することもできず、むしろ増援を受けたイギリス軍の逆襲に遭い、次々と占領地を手放さざるを得なかったのだ。

そして翌41年4月にはイギリス軍がエチオピアの首都であるアディスアベバを占領、5月15日には23万名もの東アフリカ駐留軍が降伏して東アフリカの戦いは事実上終息したのだった（ただし、その後も万単位の部隊が各地で抵抗を続け、東アフリカが完全に制圧されたのは1943年になってからである）。

◆北アフリカの戦い

さて、東アフリカで戦いが繰り広げられるなか、ムッソリーニは北アフリカにも着目した。北アフリカのリビアはイタリアの植民地であり、イギリス領エジプトの隣りである。海岸沿いにまっすぐ進めばアレキサンドリアがあり、さらにその先にはスエズ運河がある。

東アフリカと同時にエジプトを押さえれば、アフリカは事実上イタリアのものと言っても過言ではなかった。そしてそれこそ、地中海世界の覇者としてのイタリアに相応しい領土である。

また、1940年の夏というのは、ドイツがイギリス上空で制空権を巡って激しく戦っていた時期だ。ヒトラーとしてはイギリスの更なる弱体化を狙って、ムッソリーニに対してエジプト進攻を再三要求している。そしてムッソリーニも渡りに舟とばかりにエジプト進攻を命じたのだ。

ところが現地司令官であるグラッツィアーニ将軍は反対した。というのも作戦開始時期が夏期であるうえ、過酷な砂漠で戦いを遂行するための補給手段の整備ができていなかったからだ。これに対してムッソリーニは、補給についてはなんとかするという空手形だけを与え、とにかくエジプトに進攻することを命じた。

9月13日、こうしてグラッツィアーニは第10軍（5個師団）を率いてエジプト国境を越えて進撃を開始した。

この当時、エジプト駐留のイギリス軍はまったくの弱体だった。人員的には6万名を数えたが、リビア国境付近のまともな戦力は第7機甲師団くらいであった。対するイタリア軍は20万名以上であり、戦車340輌、航空機150機が配備されている。

大戦序盤のイタリアの主力戦車であったM11/39中戦車。車体に37mm砲、銃塔に8mm機関銃2挺、装甲は30mm厚、速力33㎞ /hと、イギリス戦車に比べると性能で劣った

東アフリカ戦と同様、北アフリカでもイギリス軍は当初守勢に回らざるをえなかった。

そのためイギリス軍は部隊が安全に撤退するための時間稼ぎとして申し訳程度の反撃を加えつつ、潮が引くように撤退していった。それを追うようにイタリア軍はエジプト領内に前進し、当初の目的地であるシディ・バラニを占領した。

ところが、グラッツィアーニは補給の不安からここで進撃をストップしてしまった。これに対してムッソリーニは補給物資の約束を反古《ほご》にした挙句に前進の再開だけを督促した。しかし無理なものは無理である。

そしてそれとは逆に、なんとしてもスエズ運河を守らなければならないイギリスは、限定的ながらも反撃を開始したのである。

◆コンパス作戦

グラッツィアーニはシディ・バラニを占領するとともに、内陸側に複数の陣地を構築して、イギリス軍に対する防備を固めた。これによって、イタリア軍は次なる攻勢に出るまでの時間を稼げるはずであった。

ところが、イギリス軍は偵察によってイタリア軍の陣地帯に穴があることを突き止めた。この弱点に対して限定的な反撃を行うことで、イタリア軍のこれ以上の進撃を食い止めようと考えた。

しかし、それに対してチャーチル首相はもっと大規模な「攻勢」の実施を要求する。

中東方面軍司令官のウェーベル大将は渋々ながらこれに同意せざるをえず、第7機甲師団を中核戦力とする反撃を開始した。これが「コンパス」作戦であり、当初の作戦目標はシディ・バラニ後方のブクブクであった。つま

「コンパス」作戦で活躍したイギリスの巡航戦車Mk.Ⅰ。装甲は最大14mmと薄かったが、40㎞ /hの快速を発揮、主砲は装甲貫徹力の高い2ポンド砲（長砲身40mm砲）で、イタリア戦車に対して優位に立っていた

1941年1月24日、鹵獲したイタリアの国旗を掲げてトブルク近郊を進撃する、イギリス軍の歩兵戦車Mk.Ⅱマチルダ Ⅱ。最大速力は24㎞ /hと鈍足だったが、主砲は長砲身の2ポンド砲、装甲も最大75mm厚と、大戦初期のイタリア戦車やドイツ戦車を圧倒する攻防性能を持っていた

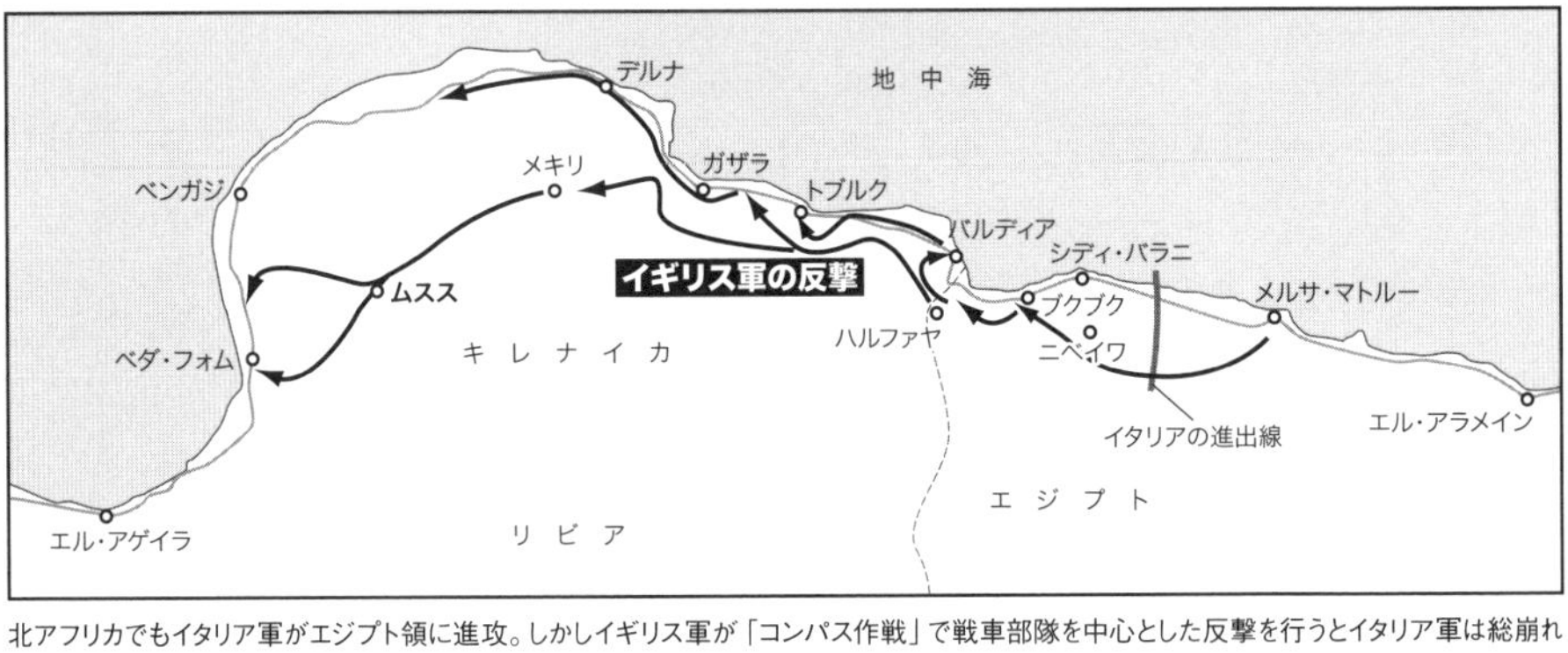

北アフリカでもイタリア軍がエジプト領に進攻。しかしイギリス軍が「コンパス作戦」で戦車部隊を中心とした反撃を行うとイタリア軍は総崩れとなり、リビアまで撤退した

り陣地帯をすり抜けて一気に後方へ進出するわけで、規模は小さいながら、まさしく電撃戦そのものであった。

そして、この奇襲作戦は見事に成功する。

歩兵部隊によってイタリア軍の前線部隊を拘束する一方で、第7機甲師団は攻撃開始から2日後の12月11日には早くもブクブクを占領してしまったのである。

一方のイタリア軍は恐慌状態に陥り、前線は崩壊して部隊は次々と潰走を始めた。イタリア軍はありったけの自動車で海岸道をひたすら西へと向かう。

しかしイギリス軍はこれを好機と捉え、イタリア軍を一気に壊滅させるべく奇手に出た。海岸道路沿いに迂回するイタリア軍を捕捉するため、機甲部隊に内陸部を進ませて先回りしたのである。

こうしてイタリア第10軍の残余部隊は英第7機甲師団が待ち構えるベダ・フォムへ突き進み、短い激戦ののちに壊滅してしまう。

そして僅かに生き残った部隊は三々五々、さらに後方のエル・アゲイラに向けて落ち延びていった。

◆ギリシア進攻

東アフリカと北アフリカの次にムッソリーニが目を付けたのがギリシアである。ギリシアにはイギリスの駐留部隊が存在しており、この部隊がアルバニア（1939年、イタリアに併合）に攻め入らないとも限らない。

そこで、ムッソリーニは先手を打ってイタリア半島の対岸であるアルバニアに兵力を送り込み始めた。もとも

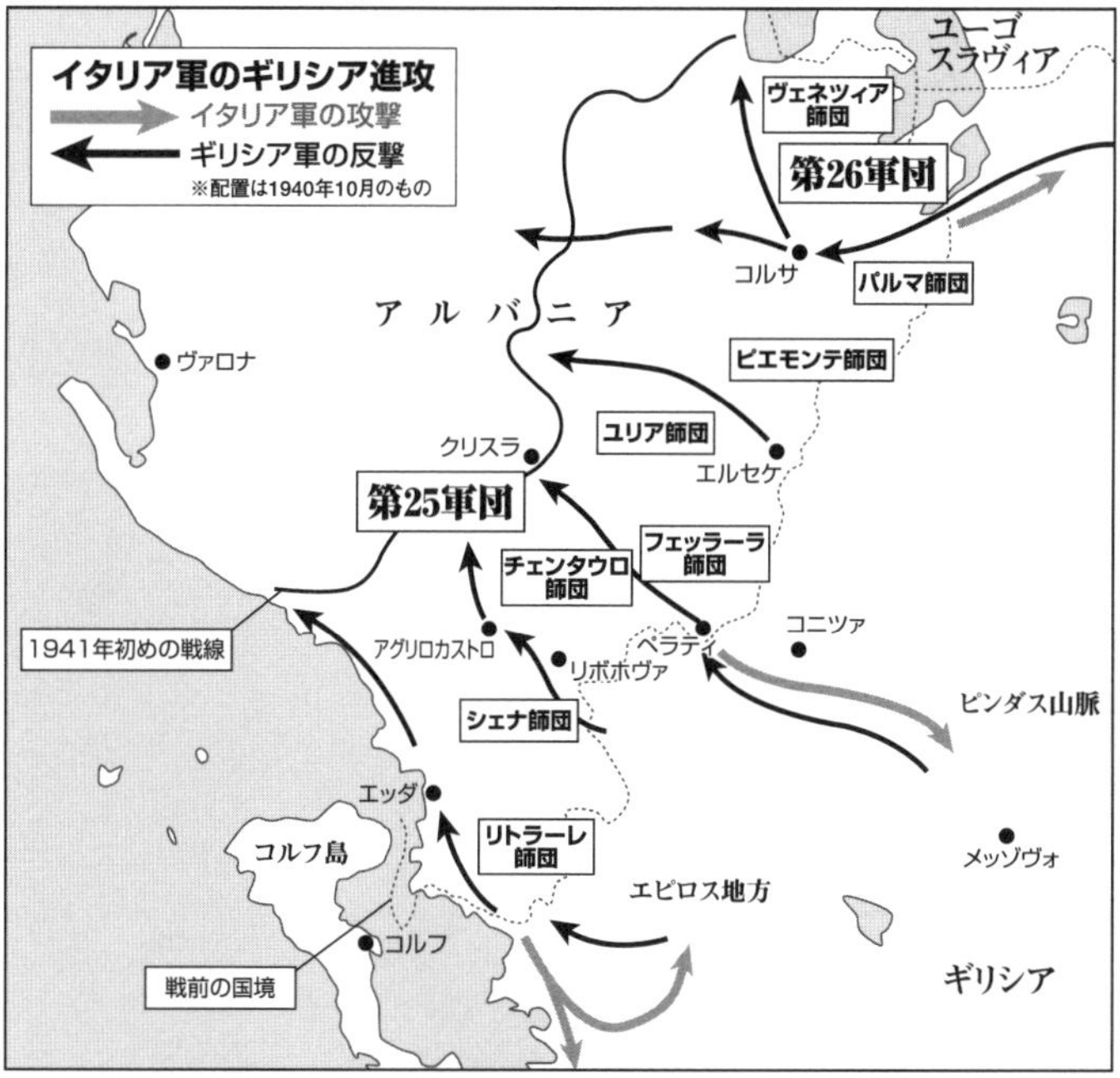

イタリア軍は1940年10月、アルバニアからギリシアに進攻。だがここでもギリシア軍の頑強な抵抗に遭い苦戦、逆にアルバニア領内まで押し戻されてしまった

ギリシャ進攻作戦に参加したイタリア軍のCV33（L3/33）軽戦車。重量約3トン、武装は8mm機関銃2挺、開戦時のイタリア軍の数の上での主力戦車はこの豆戦車だった

1940年冬、山岳地帯で戦うギリシャ兵。ギリシャ軍は多勢のイタリア軍相手に頑強に戦い、アルバニア領内までイタリア軍を押し戻した

とアルバニアには駐留軍としてギリシア国境沿いに第25軍団、第26軍団など（計7個師団・兵員約10万名）が展開していたが、これに加えてイタリア本国からさらに6万名を送ったのだ。もっとも、この増援はあまりに性急だったために訓練未熟な新兵がほとんどで、戦力としてはあまり期待できなかった。さらに人員不足を補うためにアルバニア人までもが徴募されて軍に組み込まれたが、これが後に大きな誤算を生むことになる。

ともあれ、イタリア軍はプラスカ将軍の指揮のもと、1940年10月28日にギリシアへと進攻を開始したのだった。イタリア軍は当初、順調に前進を続け、戦いは楽勝かと思われた。しかしギリシア軍は開戦当初のショックから立ち直ると、山岳地帯の地形を巧みに利用してイタリア軍にじわじわと損害を与え始めた。それに加え、標高2000メートル級の山岳地帯の気候は厳しく、冬季用の装備を準備していなかったイタリア軍は立ち往生してしまう。

そんな中、ギリシア軍の反撃によってイタリア軍のユリア山岳師団は大損害を被り、また補給の悪化などからアルバニア人部隊の反攻や脱走が相次ぐことになる。そしてついには状況の悪化の責任を追及されて司令官のプラスカ将軍は罷免される事態となってしまった。

その後、イギリス軍の増援を受けたギリシア軍はさらなる反攻を行うが、イタリア軍も増援を投入したため、アルバニア・ギリシア国境周辺で激しい戦いが繰り返されることになった。この状況が一変するのは、ユーゴスラヴィアのクーデターによってドイツ軍がバルカン半島に介入してきてからである。つまり、イタリアは自分だけでは何一つ成し遂げられなかったわけだ。

ムッソリーニの理想や野望はともかく、自国の国力や軍事力を無視して無計画に勢力拡大を図ろうとしたツケはあまりに大きかった。

1-8 地中海の戦い(1940年)

◆メルス・エル・ケビール海戦

イタリアがアフリカやバルカン半島で戦争を始めたそもそもの目的は、イタリアを中心とした地中海沿岸地域を自国の勢力下に置くことだった。そしてそれはとりもなおさず、地中海そのものの制海権を握るということだ。

しかし、もしイタリアが地中海地域を完全に掌握してしまうと、はなはだ困る国がある。言うまでもなくイギリスである。イギリスはエジプトを始めとしてアフリカに植民地を数多く持つ一方、スエズ運河を介してインド洋への連絡線を保持しておく必要があった。

つまりイタリアが地中海を掌中に収めようと行動すれば、イギリスと衝突することは自明の理であった。逆に言えば、イギリスはドイツだけでなく、地中海地域においてイタリアをも相手にしなければならないわけだ。しかも同盟国だったフランスは早々に降伏し、その戦力は当てにならない。

いや、当てにならないどころか、イギリスからすれば残存するフランスの海軍力は侮れない戦力だった。もしこれらがドイツ軍に接収され、その一部が地中海において運用されると、イギリス軍としては相当困ったことになる。実際、イギリスは1940年前半にはエジプトのアレキサンドリアに戦艦2隻を配置していたにすぎない。そもそも地中海における敵はイタリア海軍だけであり、英仏はそれぞれ、東地中海をイギリス、西地中海をフランスが担当する取り決めをしていた。

しかし、もしこの

メルス・エル・ケビール海戦やダカール沖海戦に参加したイギリス海軍の空母「アーク・ロイヤル」。基準排水量22,000トン、搭載機数50〜60機、速力31ノットを発揮する優秀な中型空母だった

パワーバランスが崩れ、西地中海のフランス海軍の戦力が枢軸陣営に渡るとなると、地中海の制海権も、エジプトの保持も困難になる。

イギリスとしては、その最悪のシナリオだけはなんとしてでも回避したかった。その結果、導き出された答えは非情なものだった。すなわち「奪われる前に奪え」である。

こうしてイギリスはアルジェリアのメルス・エル・ケビール軍港に停泊するフランス艦隊に対して、7月3日に「カタパルト作戦」を開始する。

イギリスのサマーヴィル中将率いる「H部隊」は、巡洋戦艦「フッド」を旗艦として戦艦2隻・空母1隻・軽巡2隻・駆逐艦11隻・潜水艦2隻を擁する艦隊である。一方、メルス・エル・ケビールに停泊中のフランス軍は戦艦4隻・駆逐艦6隻・水上機母艦1隻を擁し、さらにすぐ近くのオラン港にも駆逐艦10隻などが停泊していた。

当初、サマーヴィル中将はそれまで同盟関係にあったフランス軍との無用な戦闘を避けるべく、ホランド大佐をフランス艦隊旗艦の「ダンケルク」へと派遣して交渉

メルス・エル・ケビールにおいて攻撃を受ける仏戦艦「ブルターニュ」。34cm連装砲5基を備える旧式戦艦「ブルターニュ」は、英戦艦の15インチ砲（38.1cm砲）を被弾して爆沈。同型艦の「プロヴァンス」も大破着底した

メルス・エル・ケビール海戦で被弾し、中破座礁した「ダンケルク」。ダンケルク級高速戦艦の1番艦で、基準排水量は26,500トン、33cm四連装砲2基を艦前部に集中配備し、最大速力は30ノットを発揮した

にあたらせた。その内容は、

一、再びイギリスとともに戦う
二、全艦艇をイギリスへ引き渡す
三、アメリカもしくは西インド諸島へ向かう
（そこで武装解除する）
四、自沈する
五、戦う

というものだった。

しかし一案と二案については、英仏両国にとって現実的でないのはわかりきったことだった。なぜなら、もしそんなことをしようものなら、フランス本国に残る艦艇すべてをドイツ軍が接収する格好の口実になるためだ。

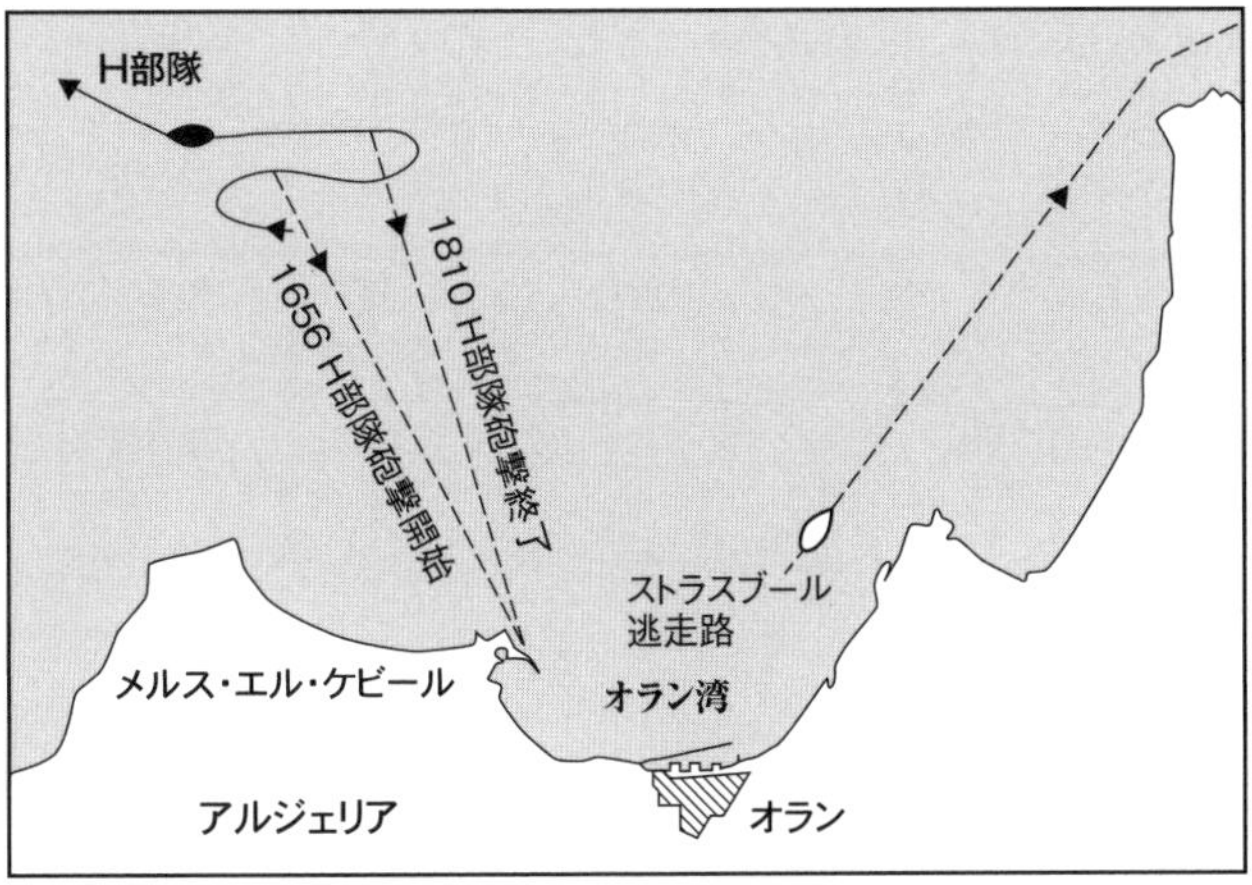

メルス・エル・ケビール海戦の戦況図。海戦とはいうものの、停泊しているフランス艦隊をイギリス艦隊が「据物斬り」した一方的な攻撃だった

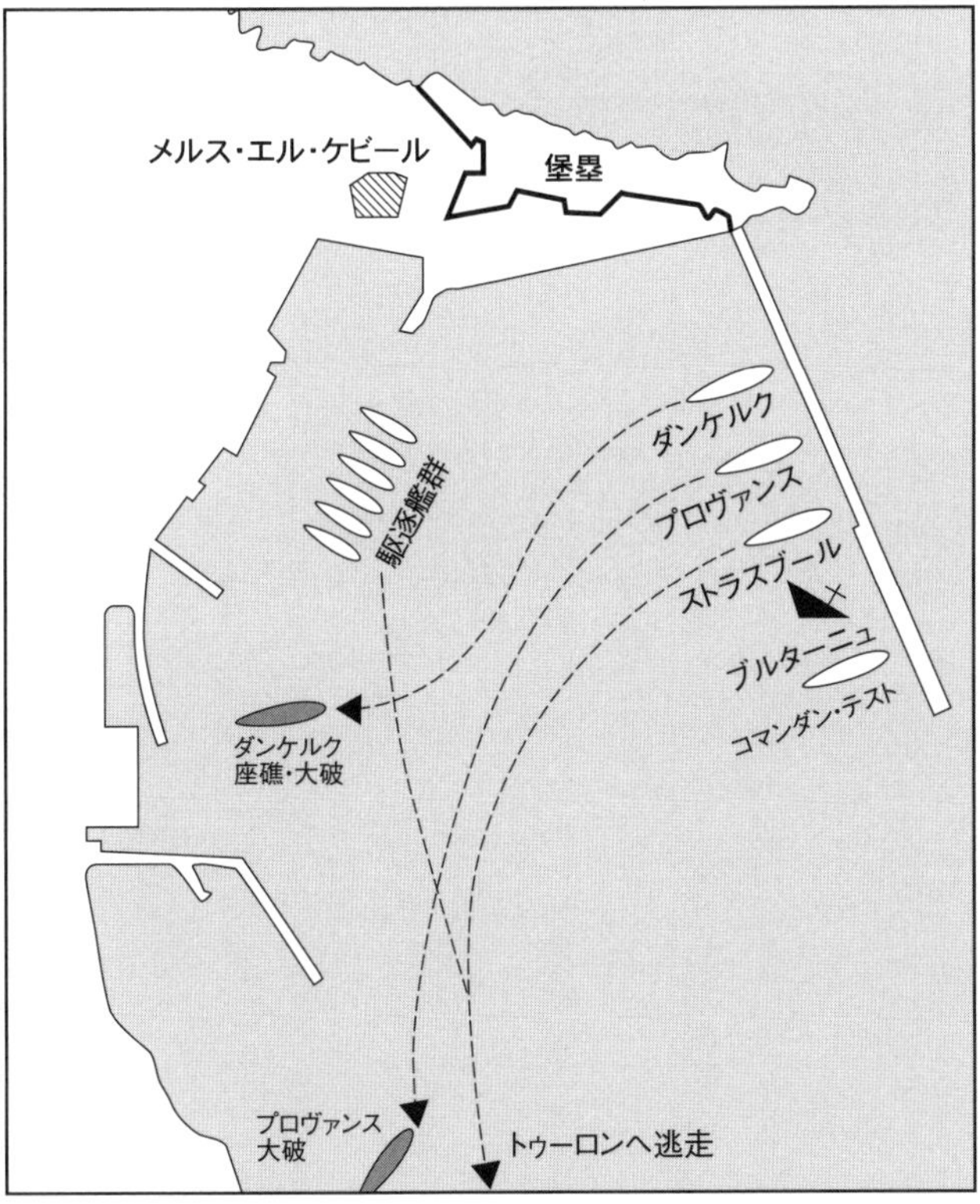

メルス・エル・ケビール海戦において、フランス大型艦は「ストラスブール」のみが脱出に成功した。イギリスとしては仕方ない処置だったとはいえ、昨日の同盟国に対するあまりの仕打ちにフランス国民は激怒した

また、三案にしても一案、二案とさして変わらない。ヴィシー政権に対するドイツの態度が悪化することは避けられないだろう。

かといって、四案と五案も到底飲める条件ではなかった。フランス軍司令官のジャンスール中将は困り果ててしまった。

結局、イギリス側は午後5時30分までに回答がない場合は戦闘を開始する旨の最後通牒を突きつけた。

だがフランス艦隊はまったく戦闘準備ができていなかった。港口に対して艦尾を向けて停泊していた戦艦群は後ろから砲撃される格好となり、大した反撃もできないままに砲撃を受け、逃げおおせたのは戦艦「ストラスブール」と駆逐艦5隻だけであった。

辛うじてメルス・エル・ケビールから脱出した、ダンケルク級2番艦の「ストラスブール」

この戦いは、イギリス側の勝利であることに間違いはない。しかし、それまで同盟関係にあった両国にしこりを残したこともまた事実だ。そしてこの戦いは、この後に発生した「ダカール沖海戦」にも大きな影響を及ぼすことになった。

◆ダカール沖海戦

メルス・エル・ケビールのフランス艦隊を撃破したイギリス軍は、仏領西アフリカのダカールにある残存艦隊も始末しようと考えた。ここには新鋭戦艦の「リシュリュー」も寄港していたため、無視できない存在だったのだ。

しかし今度はメルス・エル・ケビールの時と少し事情が異なっていた。まずその一つは、単純にフランス艦隊を撃滅もしくは降伏させるというのではなく、イギリスに亡命中の自由フランス軍をダカールに上陸・占領させて、アフリカにあるフランス植民地軍を糾合しようと考えていたのだ。それを推進したのがイギリスに逃れたド・ゴール将軍であり、この作戦は「メナス作戦」と名づけられた。

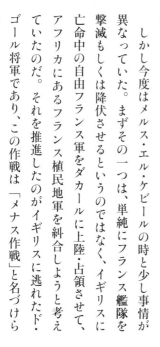

1940年、ダカール港に停泊する仏戦艦「リシュリュー」。リシュリュー級はダンケルク級の拡大版で、基準排水量37,250トン、艦前部に38cm四連装砲2基を搭載、32ノットを発揮した。1940年9月のダカール沖海戦はフランス軍（ヴィシー政府）の勝利に終わった

一方、メルス・エル・ケビールの悲劇を知らされたフランス国民は激怒した。当然、ダカールの部隊もメルス・エル・ケビールにおける戦闘は知っている。もしダカールにもイギリス軍が来ようものなら目に物見せてくれると意気込んでいた。

9月23日、メルス・エル・ケビール海戦を指揮したサマーヴィル中将がダカール港外に到着して交渉を開始した。しかし、フランス側が応じるはずはない。そして午前10時50分、フランス側のマニュエル砲台がまず砲撃を開始した。この日の砲撃戦ではイギリスの重巡と駆逐艦が損害を被り、自由フランス軍の上陸も決行されなかった。

翌24日、英空母「アーク・ロイヤル」の艦載機が爆撃を開始、引き続き戦艦「バーラム」「レゾリューション」が砲撃を開始するが、逆に「リシュリュー」や沿岸砲台の反撃にあって命中弾を食らってしまう。結局この日も上陸を果たせないまま過ぎてしまった。

さらに翌25日にも両者は戦闘を行なうが、「レゾリューション」が潜水艦の雷撃によって戦列を離れたのを機にイギリス軍は後退する。そして、これ以上の戦闘激化によってヴィシー・フランス政府との関係が悪化すること

を懸念したイギリス政府の判断により、「メナス作戦」は中止されて戦いは終息した。この結果、フランスの北アフリカ植民地は中立を維持し、アメリカ軍によるトーチ作戦が行なわれるまで束の間の平穏を手にしたのである。

◆タラント軍港空襲

イギリス本土上空で空の戦いが繰り広げられるなか、英政府が地中海の制海権とアフリカ沿岸の植民地の行方について憂慮し、そのために昨日までの盟友だったフランス艦隊を攻撃した。しかしそれでイギリス海軍の心配事が消えたわけではない。むしろ、頭痛の種であるイタリア海軍についてはまったく手つかずの状態だった。

そこでイギリス海軍としてはできる限り早くイタリア海軍に痛撃を与え、地中海における制海権を確実なものにしたいと考えた。

そのために考え出されたのがタラント軍港に対する空襲だ。当時、イタリア海軍の主力艦艇群はタラント軍港に勢揃いしていた。というのも、先に行われたイギリス海軍との間に戦われた「カラブリア岬沖海戦」や「スパダ岬沖海戦」で一方的に殴られた結果、出撃することを躊躇するようになっていたからだ。

それに加えて、戦争前に備蓄していた海軍用の燃料が乏しかったにもかかわらず、開戦と同時に空軍や産業用に30万トンもの燃料を供出させられたことから、燃料不足はさらに深刻になっていた。

一方、イギリス海軍も軍港内に籠る敵に対して戦艦で殴り込みをかけるわけにもいかず、さりとて空母はジブラルタルとアレキサンドリアに1隻ずつしか配備されておらず、所属艦隊も異なるために協同攻撃を行なうのも困難だった。

しかし9月に入って新鋭空母の「イラストリアス」が新たに配備されたことにより、タラント軍港を空襲する目処が立った。2隻の空母から2個中隊の攻撃隊（30～40機程度）を発進させ、イタリアの戦艦群を一気に葬ろうという大胆な作戦だ。

「ジャッジメント」と名づけられたこの作戦は、10月21日（トラファルガー海戦記念日）に決行されることになった。

ところが、その直前になって「イラストリアス」で火災事故が発生し、作戦は11月11日に延期される。さらにもう一隻の空母「イーグル」でもトラブルが発生してしまう。作戦決行が危ぶまれるなか、イギリス地中海艦隊司令官のカニンガム大将は「イラストリアス」のみでの作戦決行を決意し、出撃を命じた。

当時、タラント軍港には6隻の戦艦が停泊していた。これに対して「イラストリアス」からは2波の攻撃隊が発進する。攻撃機はいずれも複葉機の「ソードフィッシュ」である。

1940年11月11日午後11時ごろ、第一次攻撃隊は軍

「アーク・ロイヤル」の上空を飛ぶソードフィッシュ雷撃機。低速の複葉機だが、独伊軍の海上航空兵力が貧弱だった欧州戦線では多くの戦果を挙げた

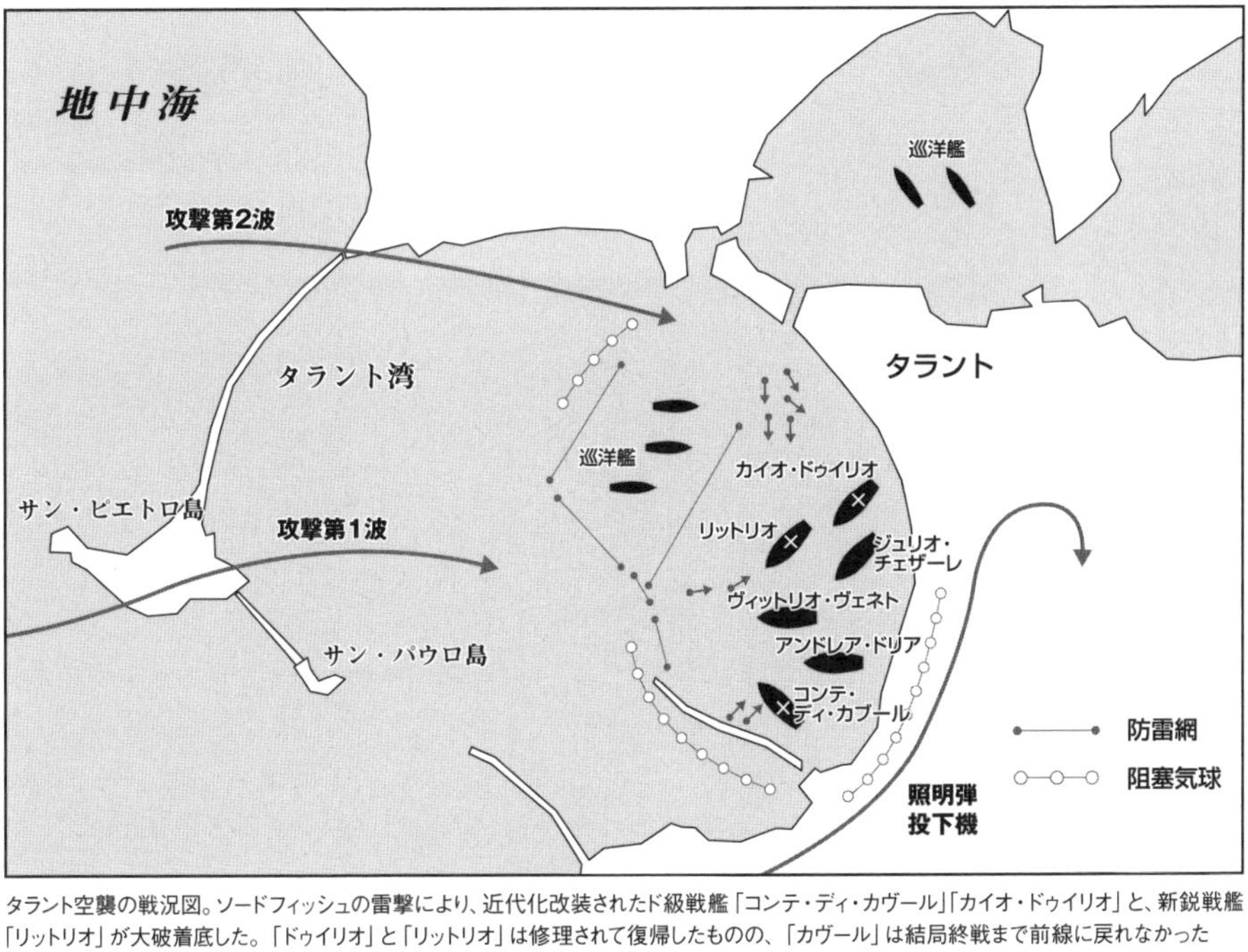

タラント空襲の戦況図。ソードフィッシュの雷撃により、近代化改装されたド級戦艦「コンテ・ディ・カヴール」「カイオ・ドゥイリオ」と、新鋭戦艦「リットリオ」が大破着底した。「ドゥイリオ」と「リットリオ」は修理されて復帰したものの、「カヴール」は結局終戦まで前線に戻れなかった

港上空に到達、不意を突かれたイタリア軍はろくに対空砲火も上げられないまま、次々に戦艦が雷撃されてしまう。

結局、この作戦によってイギリス軍が被った損害は「ソードフィッシュ」2機のみだった。それに対してイタリア軍は戦艦3隻が大破着底してしまう（2隻は後に浮揚して復帰）。

イギリスはこの戦いによって地中海における当面の制海権をほぼ手中に収めたのである。

また、このタラント軍港に対する航空攻撃は、のちに日本海軍によって行われた真珠湾攻撃に影響を与えたともいわれている。明確な証拠はないものの、日本の海軍首脳がこの作戦の経緯と結果を知っていたのは間違いない。

ともあれ、1940年末には早くもイタリア軍の前途には暗雲が垂れこめはじめていた。

タラント空襲で大破着底したイタリア海軍の戦艦「コンテ・ディ・カヴール」。もともと30.5cm砲13門を装備していたが、第二次大戦前に32cm砲10門に換装するなど大改装が施されていた

1940年11月12日、タラント軍港で大破着底している「リットリオ」。基準排水量43,835トン、38.1cm三連装砲3基を装備し、速力30ノットを発揮する新鋭戦艦だったが、開戦早々に戦闘不能となり、修理に5カ月を要した

1-9 バルカン戦役と「砂漠の狐」の登場

◆独ソ戦への序曲

　イギリスを屈服させることが不首尾に終わると、ヒトラーの目は次第に東へと向き始めた。

　ヒトラーが最終的に対ソ戦の腹を決めたのは1940年末ごろともいわれる。ところが、ヒトラーとしてはこのままソ連に攻め入るわけにはいかない事情が二つあった。

　一つは北アフリカにおける同盟国イタリアの敗退であり、もう一つはギリシアの情勢であった。どちらもイタリアの不手際ではあるのだが、北アフリカについてはバトル・オブ・ブリテンのころ、イギリスの戦力を削ぐために北アフリカで事を起こすようにヒトラー自身がけしかけたこともあり、仕方がない側面もあった。

　しかしイタリアによるギリシアへの進攻は、迷惑以外の何物でもなかった。イタリアが独力でさっさと事態を収拾していれば問題なかったものの、長引くばかりかむしろ逆にアルバニアまで攻め込まれる体たらくである。しかも、ギリシアの要請によってイギリス軍が上陸したとなると放置するわけにはいかなかった。

　もっとも、イギリス軍の動向にかかわらず、ドイツ軍は遅かれ早かれバルカン方面に戦力を投入することを決めていた。というのも対ソ戦を実施するにあたってルーマニアの石油は必要不可欠であり、ギリシアやその先に浮かぶクレタ島をイギリスに航空基地化されることは、ドイツとしては避けたかったからだ。

　こうして対ソ戦開始に先立ち、ドイツは二つの問題を片づけることに決めたのである。

◆バルカン戦役

　1940年12月、ドイツ軍はギリシア侵攻のための「マリタ作戦」を策定、主役となるのはブルガリアに展開する独第12軍である。

　そのための下準備として、すでに枢軸同盟に加盟していた東欧の三カ国（ルーマニア、ハンガリー、ブルガリア）に対して、ドイツ軍は1941年3月に進駐を終わらせていた。

　ところが、ここにきてユーゴスラビアで政変が勃発する。ユーゴスラビアが枢軸同盟へ参加した二日後の3月27日、クーデターによりこれが覆されてしまったのだ。

　この事態に、ヒトラーはギリシア侵攻と合わせてユーゴスラビアに対する攻撃も決定した。

このために作戦の一部が修正され、イタリア第2軍およびオーストリアに展開する独第2軍が北方からユーゴスラビアに進攻し、ザグレブ、次いでサラエボを目指す。

一方、主力である独第12軍はギリシア軍の防衛線であるメタクサス線を突破してテッサロニキを目指すとともに、第40装甲軍団は左翼を大きく迂回してスコピエからモナスティルを目指す。第40装甲軍団のこの動きはアルバニアに展開しているギリシア軍の退路を断つとともに、W部隊(リビアから送られてきた英軍部隊約5万)の側背を衝こうというものである。また、クライスト将軍率いる第1装甲集団はブルガリア国境を突破後、北西へ向かって南方よりベオグラードを目指す。

ようするに、ドイツ軍はギリシアでも電撃戦を展開するつもりだったのだ。

そして事態はほぼドイツ軍の思惑通りに進んだ。

4月6日、ドイツ軍をはじめとする枢軸軍はユーゴスラビアとギリシアに対して同時に進攻を開始した。4月12日には北方より侵攻した独第46装甲軍団がベオグラードに突入し、翌日ユーゴスラビア軍は事実上壊滅、4月17日に停戦協定が結ばれた。

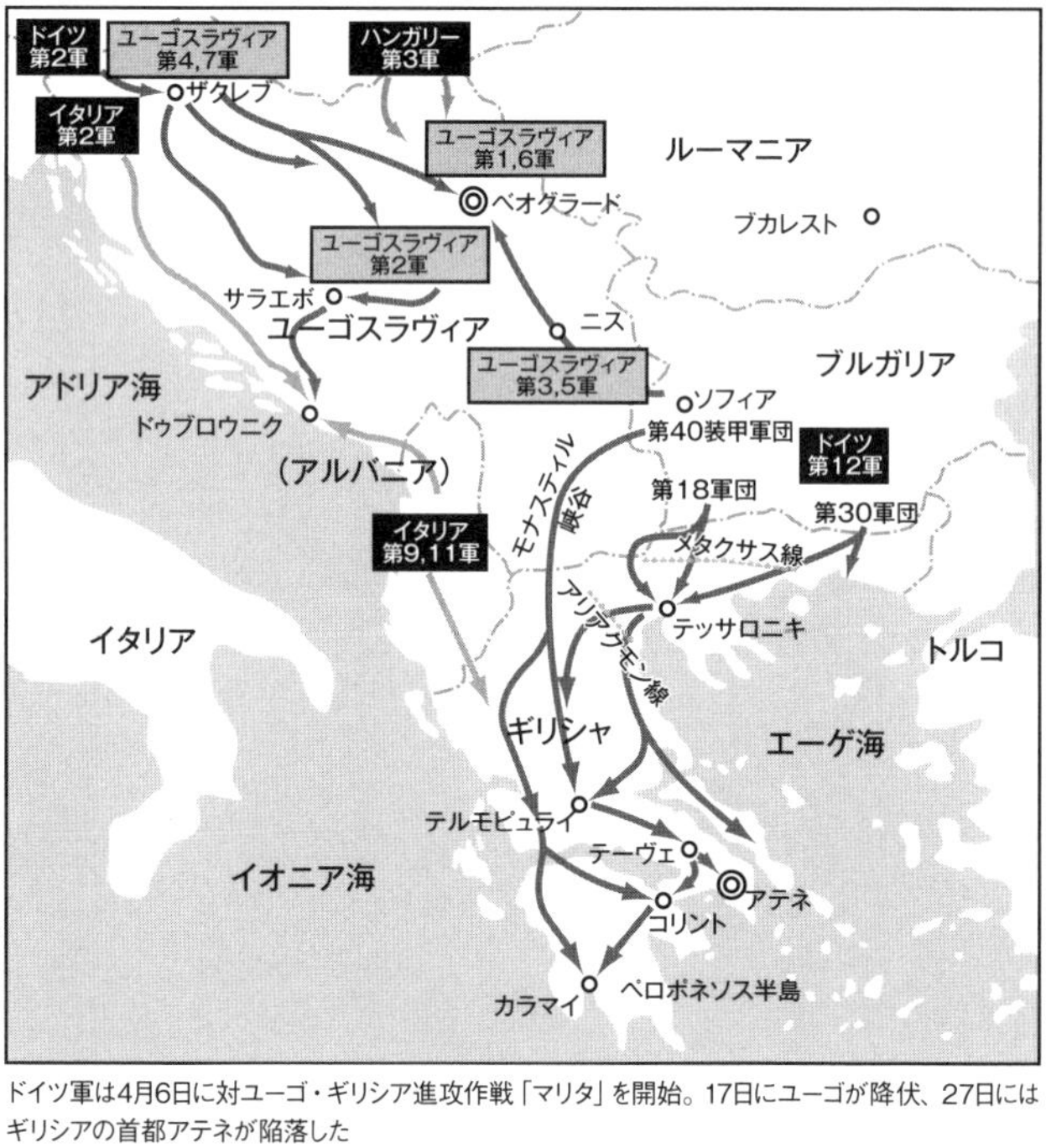

ドイツ軍は4月6日に対ユーゴ・ギリシア進攻作戦「マリタ」を開始。17日にユーゴが降伏、27日にはギリシアの首都アテネが陥落した

一方、独第12軍は進攻翌日に早くもメタクサス線を突破し、第40装甲軍団によるギリシア本土を横断するような機動に、アルバニアに展開していたギリシア軍は退路を断たれてしまう。

また、他のギリシア軍およびイギリス軍もドイツ軍の急進撃についていけずに防衛線の構築に失敗し、総崩れとなって23日にはギリシア軍は降伏してしまった。

しかしドイツ軍は残るイギリス軍を追撃し、27日には空挺2個大隊を投入してコリント地峡を封鎖した。もっとも、その後ドイツ軍の進撃が補給の関係で鈍ったことからイギリス軍は辛くも海岸にたどり着き、約4万の兵員がクレタ島へと逃れたのだった。

だが、戦いはまだ終わらない。

前述のようにクレタ島の戦略的重要性を認識していたドイツ軍は、同島への進攻を決断したためである。

とはいえ、地中海における制海権はイギリス軍が握っている。海上からの進攻は基本的に難しい。そこで、大規模な空挺部隊の投入によってクレタ島を制圧することにした。これを「メルクール作戦」と呼ぶ。

重火器の大半をギリシア本土に放棄してきたうえ、敗残兵の多い英軍の士気はお世辞にも高いとはいえなかった。唯一の救いは、ドイツ軍も空挺作戦であるために、重火器や戦車を投入することができない点である。

クレタ島に対する進攻は、3カ所の飛行場を同時に制圧するように実施された。後続の増援部隊を空輸によって運び込むためである。クレタ島への空挺降下は5月20日に開始された。攻撃を行うのは第7降下猟兵師団の約2万名である。

第一陣によるマレメ飛行場への降下作戦は不手際があったものの、全般的に見て戦況はドイツ軍有利に推移した。

そして数日に及ぶ激しい攻防の末に

1941年4月、ユーゴスラビアに進攻したイタリアの黒シャツ大隊の兵士たち

1941年5月の「メルクール（マーキュリー）」作戦で、クレタ島に降下するドイツ軍の降下猟兵たち

1941年5月、クレタ島に展開したイタリア海軍のサン・マルコ海兵連隊の兵士

イギリス軍は海上撤退を決断し、6月1日までに約1万7000名を救出し、バルカン戦役はドイツ軍の勝利に終わったのである。

◆マタパン岬沖海戦

ここで地中海を巡る海戦についても触れておこう。バルカン戦役と北アフリカを巡る戦いは、この時期の地中海の諸海戦と密接にかかわっているためだ。

1941年1月、ヒトラーは北アフリカの情勢悪化を救うため、イタリア軍への増援を決定する。こうしてドイツ軍は北アフリカへも進出することになるが、一方で地中海での制海権を確立したと考えたイギリス海軍は、マルタ島およびギリシアへの増援を決定する。「エクセス船団」と呼ばれるこの輸送船団に独伊空軍は空襲を実施、英空母「イラストリアス」を大破させたが、輸送作戦は成功した。

また3月には北アフリカからギリシアへ向けて英軍約6万名の兵員を運ぶ「ラスター作戦」が行われ、若干の損害と引き換えにこれに成功した。

これに対してドイツは、これ以上の英軍の増援を阻止するようにイタリア海軍に要請した。イタリア海軍は気乗りしないながらも、これを受けて渋々出撃する。

イギリスのクィーン・エリザベス級戦艦「ウォースパイト」は、1915年に竣工した38.1cm連装砲4基装備のベテラン艦だったが、マタパン岬沖海戦でイタリア巡洋艦・駆逐艦に多数の命中弾を与え、勝利の立役者となった。写真は1944年6月のノルマンディー上陸作戦時のもの

戦艦「ヴィットリオ・ヴェネト」をはじめ巡洋艦9隻・駆逐艦18隻というなかなかの陣容だが、戦意に富む英海軍はこれを格好の機会と捉えて直ちに出撃。英艦隊は旗艦の戦艦「ウォースパイト」を含む戦艦3隻・空母1隻・巡洋艦7隻・駆逐艦11隻と伊海軍を凌駕していた。こうして3月28日に生起したのがマタパン岬沖海戦である。

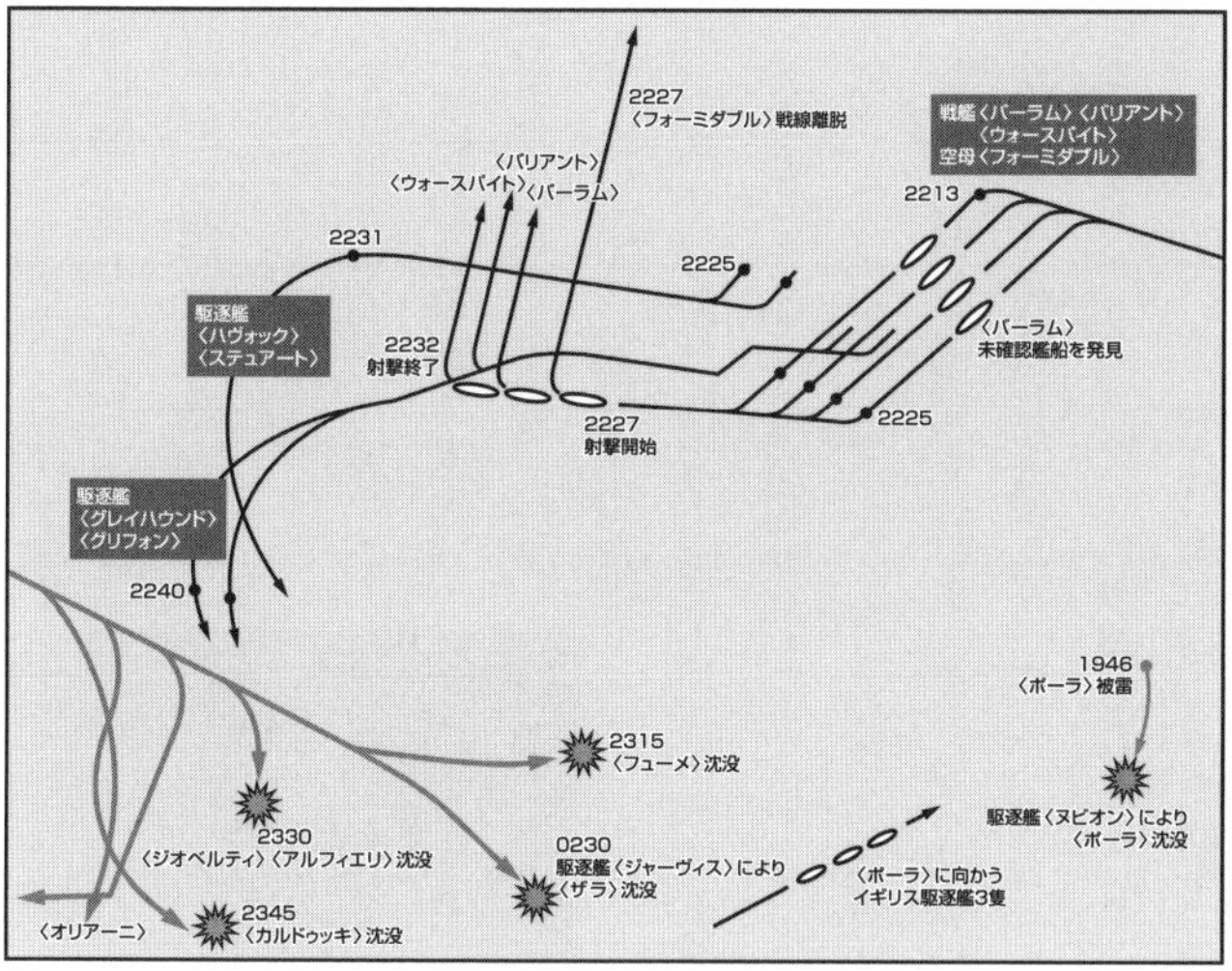

ギリシア南方の海域で生起したマタパン岬沖海戦。イギリスの輸送船団を狙って出撃したイタリア艦隊を、戦艦3と空母1を擁する有力なイギリス地中海艦隊が迎撃。優れたレーダーなどを活用してイタリア艦隊に大打撃を与え、敗走させた

イタリア海軍の重巡「ザラ」。ザラ級は4隻が建造されたが、マタパン岬沖海戦で3隻(「ザラ」「フューメ」「ポーラ」)が一挙に撃沈されるという悲劇に見舞われた

戦闘は双方に錯誤があり、当初は混沌とした場面もあったが、最終的には英軍の圧倒的勝利に終わった。この海戦によって伊海軍は重巡3隻・駆逐艦2隻を喪失し、ますます港へ引きこもるようになってしまった。

◆「砂漠の狐」の登場

一方、バルカン情勢とならび、目の上の瘤のような存在となった北アフリカはどうなっただろうか。

ベダ・フォムにおける勝利に気を良くした英軍は、北アフリカからイタリア軍を一掃する勢いでエル・アゲイラまで追い上げたものの、さすがに補給切れで進撃を停止させていた。

そこへ登場したのが後に「砂漠の狐」と呼ばれるようになるロンメル将軍である。第5軽師団とともに到着したロンメルは、主力となる第15装甲師団の到着を待たずに、1941年3月30日よりエル・アゲイラに対する攻勢を開始した。

本来、ロンメルに与えられた命令は「状況の安定化」であって英軍の撃滅などでは

なかったのだが、生粋の戦術指揮官であるロンメルは目の前に敵がいることに我慢ならなかったようだ。

イタリア軍の敗走路であり、英軍の進撃路でもあった道を逆走するように、アフリカ軍団は急速度で攻め上げ、4月6日には早くもトブルクへの攻撃を開始した。この攻撃はさすがに撃退されたものの、ロンメルはこれを包囲にとどめてリビア・エジプト国境へ進撃する。

これに対して英軍も反撃を試みる。5月15日より「ブレヴィティ」作戦を発動し、一度はハルファヤ峠を奪還するも、すぐにドイツ軍に再奪還されてしまった。

この直前の5月12日、戦車約300輌を含む「タイガー船団」がアレキサンドリアに入港し、英軍はさらなる反撃を計画した。こうして6月15日より開始されたのが「バトルアクス」作戦である。ドイツ軍を撃破して包囲下のトブルクを救出するのが目的である。

内陸側を迂回して進撃した英第7機甲師団は順調だったものの、ハルファヤ峠に向かった第7機械化旅団はドイツ軍の8・8cm対空砲の餌食となり壊滅状態になってしまう。

北アフリカ戦線でのロンメル中将。1941年2月にリビアのトリポリに到着、3月からドイツ・アフリカ軍団を率いてイギリス軍への反撃を開始した

そしてカプッツォを占領した英第7機甲師団に対してロンメルは第15装甲師団を向かわせて対峙させるとともに、第5軽師団を大きく迂回させて側面から攻撃させた。さらに他方面でもドイツ軍の反撃に遭遇した英軍は各地で敗退し、作戦は失敗に終わって撤退を余儀なくされたのだった。

こうして、枢軸陣営はバルカン半島および北アフリカの情勢をひとまず安定させることに成功したのである。

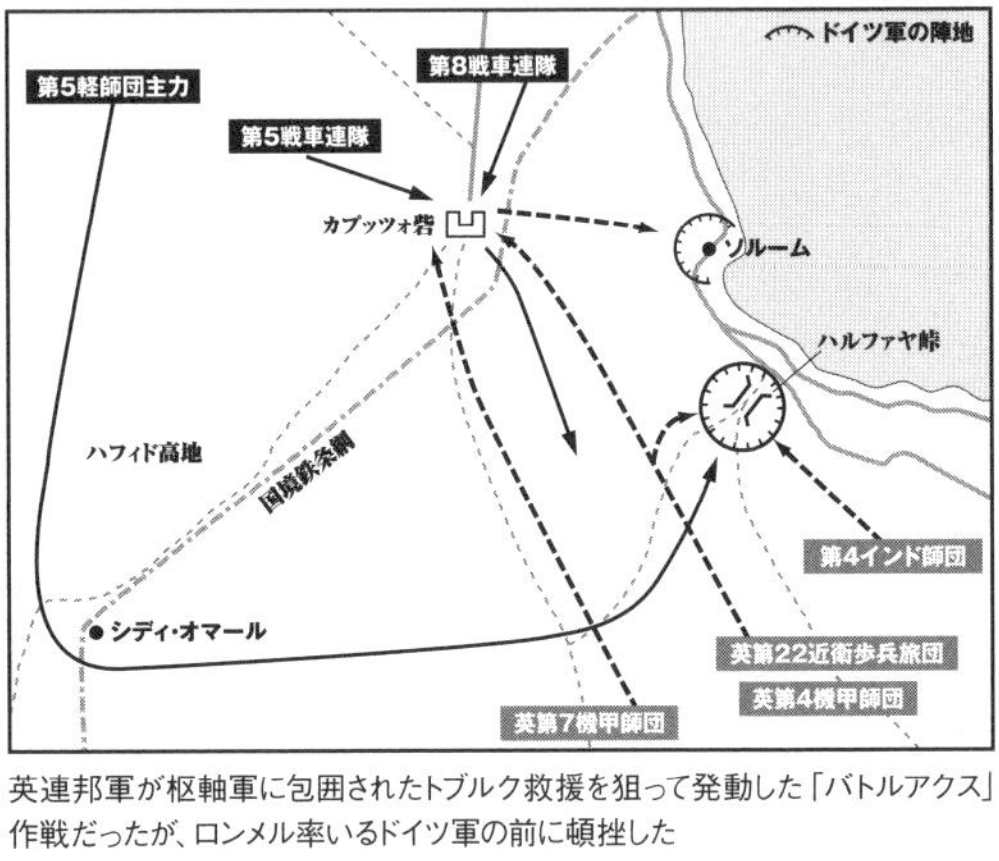

英連邦軍が枢軸軍に包囲されたトブルク救援を狙って発動した「バトルアクス」作戦だったが、ロンメル率いるドイツ軍の前に頓挫した

1-10 ビスマルク追撃戦

◆アジア情勢

1938年10月、中国の武漢を攻略・占領したことで、支那事変は一応の終息をみた。蒋介石の国民党政府は重慶へと遷都して徹底抗戦の構えであったが、日本軍に対して積極的に反撃するだけの力はまだ備わっていなかった。

一方の日本軍にしても、これ以上の戦線拡大は兵站面から見て事実上不可能に近く、双方手詰まりというのが実際のところであった。むしろ、日本としては諸外国から国民党政府に対する援助、すなわち援蒋《えんしょう》ルートの遮断に力を入れることになる。

その一環として1940年9月23日に行なわれたのが日本軍による北部仏印進駐である。日本軍によって広東を押さえられた蒋介石は、ハイフォン経由でのルートによって支援を得ていたためだ。これによって沿岸部からの援蒋ルートは絶たれることになる。

そして日本はさらに同月27日に日独伊三国同盟の締結を行なった。しかしこの二つの出来事は米国を刺激した。当然のことではあるが、すでに英国と交戦中であるドイツと日本が同盟を結ぶということは、英米からみれば明らかに敵対行為である。日本の思惑としてはこの同盟をもって米国との交渉材料の一つとする腹案もあったようだが、手前勝手なそのような考えは、米国には通用しなかった。

そして米国は10月16日、鋼鉄とくず鉄の対日禁輸を打ち出す。この当時、石油や鉄といった戦略物資の多くを米国との貿易に頼っていた日本にとっては痛恨事であった。現に中国と事実上の戦争状態にある日本にとって、これは由々しき事態であった。

そのため、翌41年3月より日米間での交渉が開始

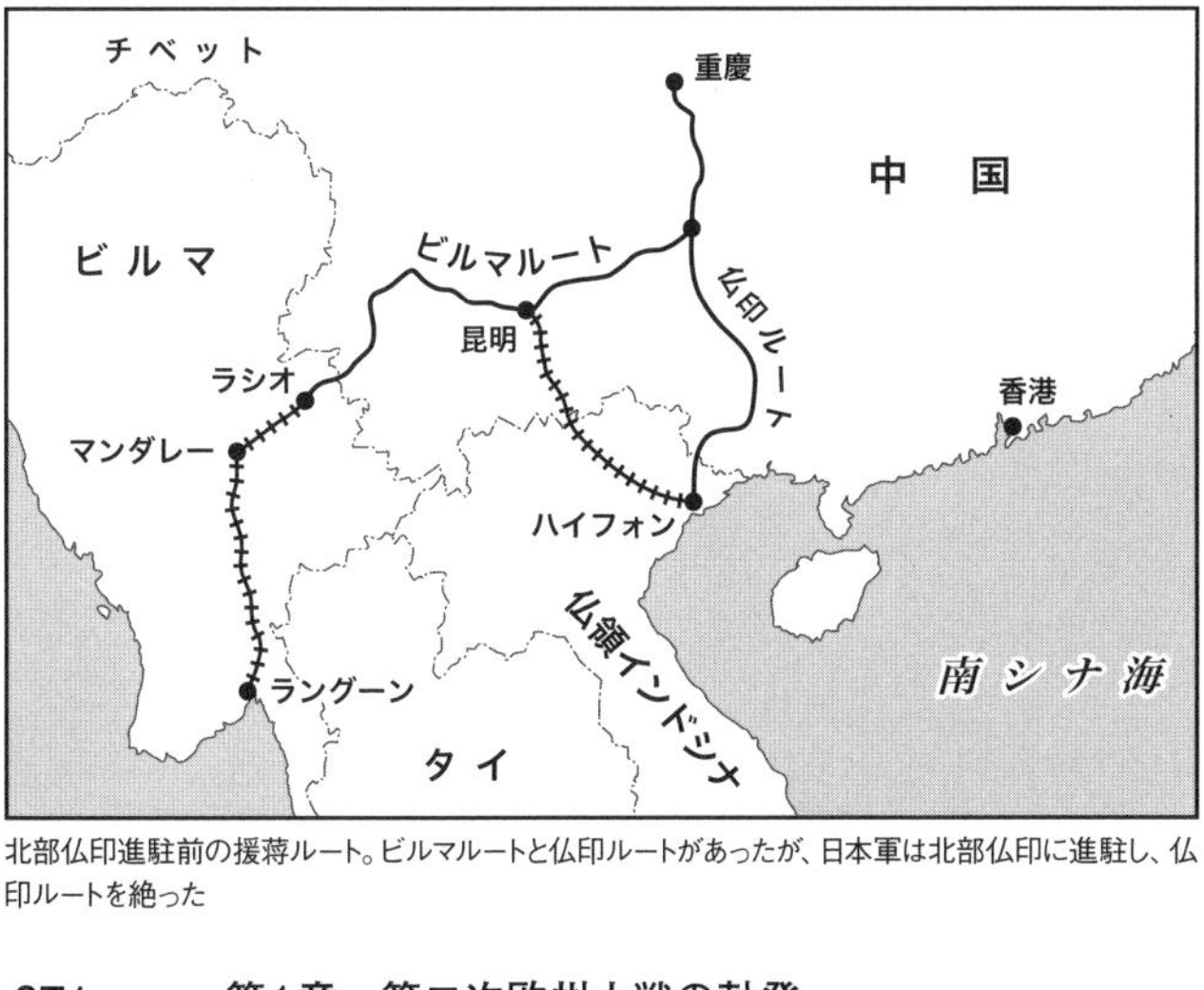

北部仏印進駐前の援蒋ルート。ビルマルートと仏印ルートがあったが、日本軍は北部仏印に進駐し、仏印ルートを絶った

されたが、事態は日本の思うようには進まず、むしろ米国主導のもとに日本に対する包囲網は徐々に狭められていくのであった。

◆大西洋通商破壊戦

地中海においてイタリア海軍と英海軍が戦いを繰り広げるなか、大西洋においても英独両海軍の戦いは最高潮に達しようとしていた。

第二次世界大戦当時の独海軍は艦隊決戦には不向きであり、その存在意義のかなりの部分を通商破壊が占めていた。Uボートによる船団攻撃は言うに及ばず、戦艦を始めとする水上艦艇も、基本的には決戦ではなく通商破壊戦のために用いられたのである。それはまた、英海軍に比して戦力差が隔絶している独海軍としては正しい選択だったともいえる。

そしてその認識ゆえに、水上艦艇に対しては厳しい交戦規定を設けていた。すなわち、自艦艇と同等以上の敵とは極力戦わず、退避を図れというものであった。このことは、限られた戦力しか保有しておらず、修理にも時間がかかる大型艦艇に対する指示としては間違っていない。そうして艦隊戦力を保有している限り、英海軍にプレッシャーを与え続けることができるからだ。

こうした運用思想のもとに、戦艦「シャルンホルスト」と「グナイゼナウ」は1941年2月、英船団を捕捉・撃滅するためにキール軍港から出撃した（「ベルリン作戦」）。両艦は英海軍を出し抜きつつアフリカ沿岸まで進出後、3

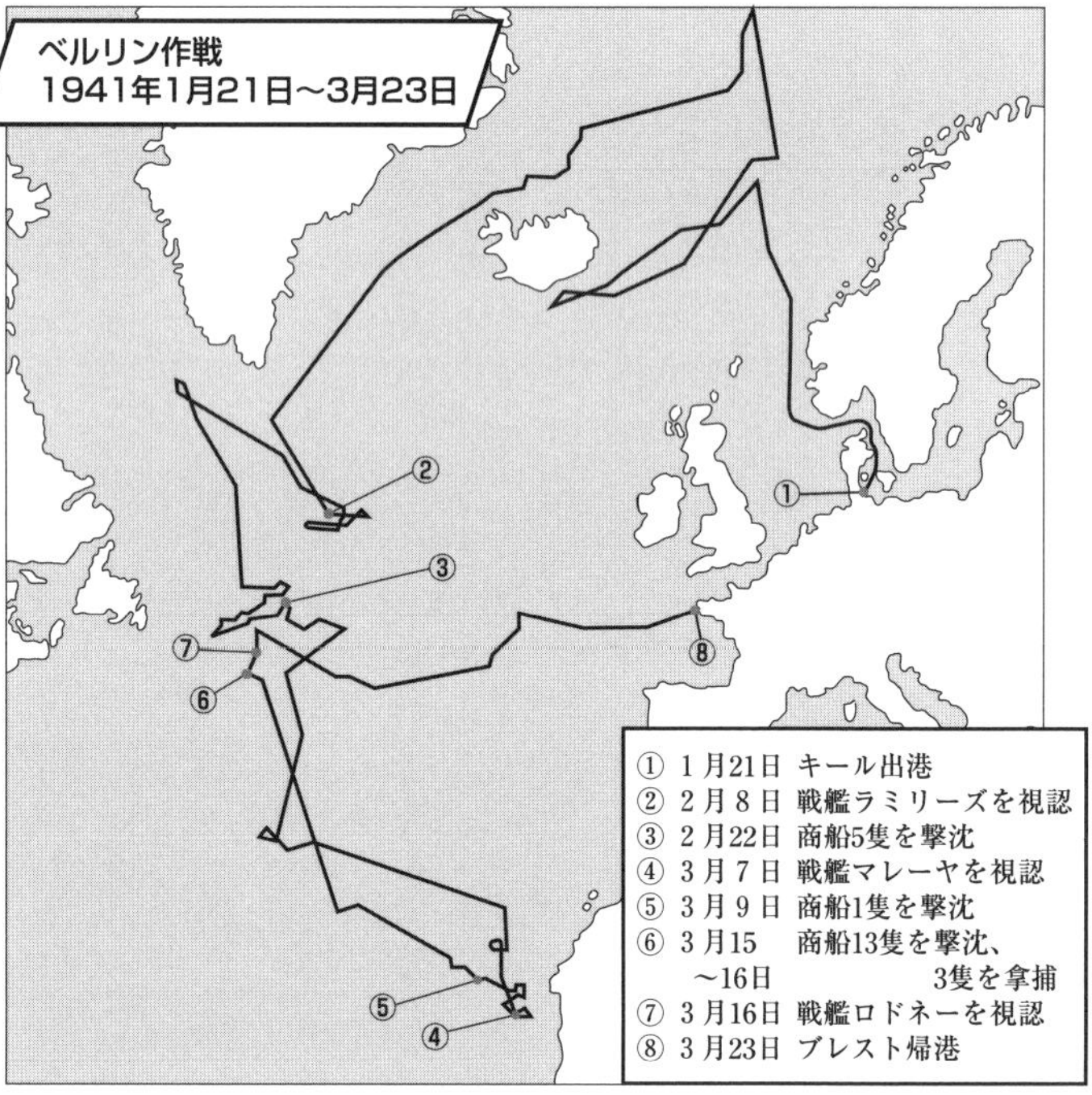

戦艦「シャルンホルスト」と「グナイゼナウ」が投入された通商破壊戦、「ベルリン作戦」の航路図

月22日にフランスのブレスト港に帰港した。この間、多数の輸送船を撃沈または拿捕している。

また、重巡「アドミラル・ヒッパー」や装甲艦（ポケット戦艦）「アドミラル・シェーア」も同様に大西洋からアフリカ沿岸域にかけて通商破壊をおこなって戦果をあげた。これら4隻により、1940年10月から翌年3月までの間に挙げた戦果は48隻・約27万トンにおよぶ。この数字は同時期のUボートによる戦果を上まわるものであり、独海軍総司令部は沸き返った。

というのも5月には念願の新型戦艦「ビスマルク」の就役が迫っており、この強力な新戦力を投入することでさらなる戦果が見込まれたからである。

◆ビスマルク追撃戦

しかし、事態は独海軍上層部の思惑通りには進まなかった。独水上艦艇の捕捉・撃滅に失敗した英海軍は業を煮やし、ブレスト軍港

ドイツ海軍の戦艦「シャルンホルスト」。基準排水量32,600t、主砲は28cm三連装砲3基（9門）とやや貧弱だったが、31.5ノットの高速と厚い装甲を備えており、英軍からは巡洋戦艦と見なされていた。2番艦に「グナイゼナウ」がある

ドイツ海軍の新鋭戦艦「ビスマルク」。基準排水量41,700t、主砲は38.1cm連装砲4基（8門）、速力29ノット。第一次大戦の超ド級戦艦バイエルン級をタイプシップとしたために水平装甲がやや薄かったが、近距離砲戦においては優れた防御力を誇る。英の新鋭戦艦キング・ジョージV世級に勝るとも劣らない性能を持つ、欧州最強戦艦の一つであった

に対する空襲を強行、これによって「シャルンホルスト」と「グナイゼナウ」が損傷する。

本来であればこれら2隻による部隊と、「ビスマルク」と重巡「プリンツ・オイゲン」による合わせて2隊による通商破壊を実施しようと考えていた独海軍は出鼻をくじかれたのである。一部には戦力の回復を待つ、あるいはビスマルク級2番艦「ティルピッツ」の就役を待つ、という提案もなされたが、レーダー提督はこれを拒絶して「ビスマルク」と「プリンツ・オイゲン」の出撃を命じた。

正面から見た「ビスマルク」。幅広の船体から分かるように、砲のプラットフォームとして安定しており、優れた光学装置も相まって、主砲の命中精度は高かった

これに対して英海軍は今度こそ独戦艦を仕留めるべく、強力な迎撃態勢でこれに臨んだ。重巡2隻でデンマーク海峡を監視させる一方、空軍による哨戒活動を強化。そして本国艦隊の主力はスカパフローで待機していつでも出撃できる態勢を整えた。

1941年5月18日、「ライン演習」と呼ばれる作戦が開始され、「ビスマルク」と「プリンツ・オイゲン」はキール軍港を出港して北へ向かった。

当初戦いは独軍有利かと思われた。5月24日、独艦隊を捕捉した英海軍のキング・ジョージV世級戦艦「プリンス・オブ・

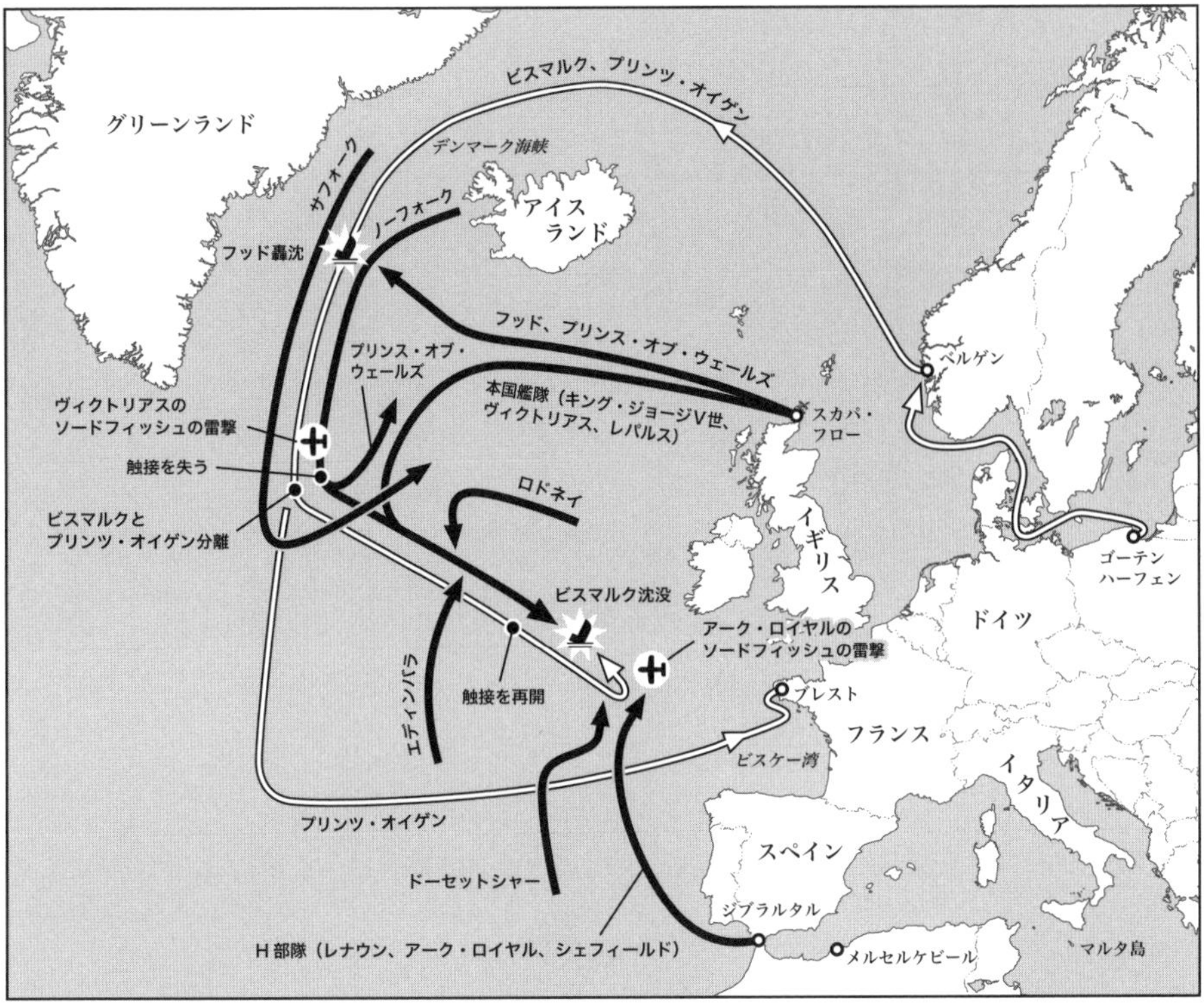

ビスマルク追撃戦の海戦図。「ビスマルク」は5月24日の初の砲戦で「フッド」を撃沈、キング・ジョージV世級の「プリンス・オブ・ウェールズ」を撃破するなど実力の片鱗を見せた。だが5月27日、英本国艦隊の総力を挙げた追撃の前に撃沈された。「ビスマルク」と途中で別れた「プリンツ・オイゲン」はフランスのブレストまで逃げのびている

1941年5月24日のデンマーク海峡海戦において「ビスマルク」との砲戦で轟沈した「フッド」。写真は1924年時のもの。基準排水量42,670トン、主砲は38.1cm連装砲4基、速力31ノットというイギリス最大の巨艦だったが、装甲の薄い巡洋戦艦であり、「ビスマルク」の主砲弾によって装甲が貫かれ弾火薬庫が誘爆、一瞬で爆沈した。生存者はわずか3名のみであった。英海軍の象徴ともいえる巨艦だったため、怒りに燃えたイギリス側は「ビスマルク」への復讐に全戦力をつぎ込むことになる

ウェールズ」と巡洋戦艦「フッド」は、デンマーク海峡で攻撃を開始するも、返り討ちにあって「フッド」は轟沈、「プリンス・オブ・ウェールズ」も損傷後に本国へ帰還した。

だが、英艦隊は執拗に「ビスマルク」を追い続け、地中海方面からもH部隊を増派する。このH部隊に属する空母「アーク・ロイヤル」から飛び立ったソード・フィッシュ雷撃機が「ビスマルク」を雷撃して舵を損傷させた。そして結果的にこの損傷が「ビスマルク」の運命を決めた。

27日、英本国艦隊が「ビスマルク」に攻撃を開始して2時間の死闘の後、ついに不沈戦艦は大西洋に沈んだのである。この「ビスマルク」追撃戦のために英海軍が投入した戦力は戦艦8隻・空母2隻・重巡4隻・軽巡7隻・駆逐艦21隻・潜水艦6隻・航空機100機以上におよぶ。

だが、これだけの大戦力を投入した甲斐はあったといえるだろう。

「ビスマルク」撃沈の報にふれたヒトラーは、以後、水上艦艇による通商破壊戦を禁じたからだ。これにより、独海軍による通商破壊戦はU

「ビスマルク」と共に「ライン演習作戦」に参加した重巡「プリンツ・オイゲン」。基準排水量16,970トンの大艦で、20.3cm連装砲4基を搭載した。遠目から見ると「ビスマルク」によく似ており、デンマーク海峡海戦で英艦隊は当初「プリンツ・オイゲン」を「ビスマルク」と誤認していた

1941年5月24日、「プリンツ・オイゲン」から撮影された「ビスマルク」。「プリンス・オブ・ウェールズ」の砲弾3発を艦首下に被弾したため、艦首部がやや沈下している

ボートの活躍に依存することになっていくのである。

◆バルバロッサへの道

イギリスとの空の戦い——バトル・オブ・ブリテンにおいてドイツ空軍が優位に戦闘を進めていた1940年8月、ヒトラーの腹中ではすでに対ロシア戦の構想が渦巻いていた。

そもそも独ソ不可侵条約にしても、ポーランドの分割やその後の秘密議定書にしても、ヒトラーとスターリンが心底から友好を感じて締結したわけではない。むしろ本質的

舵を破壊され身動きが取れなくなった「ビスマルク」に猛砲撃を加えたイギリス戦艦「キング・ジョージV世」。35.6cm砲10門（四連装砲2基、連装砲1基）を持ち、速力28ノットを発揮する新鋭戦艦である

「キング・ジョージV世」と共に「ビスマルク」を叩きのめした戦艦「ロドネイ」。40.6cm三連装砲3基9門という、イギリス戦艦最強の砲力を有していた

に独ソ両国は相容れない関係であり、ヒトラーからすれば共産主義国家は許しがたい存在であった。

ヒトラーが対ソ戦の腹を固めた理由についてはこれまでに幾つも議論されてきたが、主義・思想面での嫌悪にくわえ、実質的な面における危機感があった点も見逃せない。その一つがルーマニアの油田である。

ルーマニアにはプロエシュティ油田があり、これはドイツの戦争遂行のみならず、経済にとっても極めて重要な存在であった。ところがソ連はベッサラビアの割譲に加えてブコヴィナにも進出し、真綿で首を絞めるようにルーマニアを侵蝕しているようにヒトラーには見えたのである。

また、ポーランドの分割によって実質的に国境を接したことも、かえって両国の猜疑心を高める結果になったといえる。

ともあれ、1940年12月5日にヒトラーは軍首脳に対して正式に対ソ戦の作戦立案を命じ、これに「バルバロッサ（赤髭王）」という秘匿名を与えたのである。

これを受けて陸軍参謀本部が提出したプランは、敵野戦軍の撃滅を最優先目標とし、その方策として首都モスクワの攻略を指向した。そしてモスクワ攻略後に南方旋回してウクライナを制圧するというのが大要であった。

ところがヒトラーはこれに対して修正を要求した。すなわち野戦軍の撃滅よりも、戦略的要地の確保を優先すべきであると指摘した。その戦略的要地とはソ連第二の都市レニングラードであり、中央軍集団の装甲部隊はまず白ロシアの敵を撃滅した後に北方へ転じる。また同時に北方軍集団はバルト諸国を制圧する。しかる後に、この二個集団によってレニングラードを包囲占領、その後に南下してモスクワを攻撃するという計画であり、一応この案に沿って作戦計画は修正された。

しかし参謀本部は表面上ではヒトラーの案に乗りつつも、実質的には自分たちの手で状況をコントロールしようと考えていた。

その点において、バルバロッサ作戦は発起時点から戦略目標の不一致という問題点を内包しており、後々齟齬をきたす遠因となった。

だがそのような上層部の食い違いをよそに、ソ連侵攻の準備は着々と進められ、大量の部隊がソ連国境への移動を完了して1941年6月を迎えたのだった。

第2章

独ソ戦と太平洋戦争の開戦〜世界大戦へ

1942年6月6日（現地時間）、ミッドウェー海戦において炎上する日本重巡「三隈」の上空を飛行するVS-8（第8偵察爆撃飛行隊）のSBDドーントレス急降下爆撃機（空母「ホーネット」搭載）

2-1 バルバロッサ作戦

◆史上最大の作戦前夜

1941年6月、ドイツ軍は「バルバロッサ作戦」に備え、ソ連国境に密かに大軍を集結させていた。その数、149個師団、約300万人にのぼる。

ドイツ軍はこの膨大な数の部隊を、大きく三つに分けていた。すなわち、北方軍集団（フォン・レープ元帥）、中央軍集団（フォン・ボック元帥）、南方軍集団（フォン・ルントシュテット元帥）である。

主攻軸を担うのは中央軍集団で、2個装甲集団（第2および第3）が配属され、他の軍集団にはそれぞれ1個装甲集団が配属されていた。

一方、これに対するソ連軍は、独ソ国境沿いに5個方面軍を擁し、その数約300万人と、ドイツ軍とほぼ同数の戦力を保持していた。

しかも新型のT－34中戦車やKV重戦車など、個々の装備ではドイツ軍を凌駕していたものもある。しかし全体として見た場合、ソ連軍は明らかに問題を抱えていた。

スターリンによる大規模な軍の粛清によって多くの有能な将校が軍を去り、あるいは処刑されたために、部隊の指揮運用に支障をきたしていたのである。

また、スターリンの命令によって軍を国境線に張付けにされたことは、ドイツ軍の侵攻に対して作戦的な柔軟性を奪われることになった。

かくして、ソ連軍は各地で惨敗を喫することになるのである。

◆独ソ開戦

6月22日、進攻作戦のお手本のような事前砲撃と、早朝より開始された航空撃滅戦によって独ソ戦の幕は上がった。

攻撃の先鋒を担うのは、これまでと同様、戦車を擁する装甲部隊である。

中央軍集団の戦区では戦車にシュノーケルを装着してブーク河を渡河させ、一気に敵戦線を突き破った。当面の目標はミンスクである。

二つの装甲集団は鋼鉄の腕のように南北2方向から前進し、ミンスク後方へ向かって猛烈な前進を開始した。これに対する西部方面軍は為すすべなく敗退を重ね、開戦から1週間あまりで二重包囲されてしまう。この体たらくにスターリンは激怒し、西部方面軍司令官パブロフ将軍は解任された後、銃殺刑に処された。

ミンスクのポケットには約50万名が閉じ込められていたが、あまりの数の多さに包囲網を締め上げることは難しかった。それにくわえて、第2装甲集団を率いるグデーリアン大将は敵戦力を包囲した今こそ前進するチャンスと捉え、包囲を後続の歩兵部隊に引き継ぐと、さらなる前進を続けた。

この結果、ミンスクの包囲網からは多くの兵員と装備が脱出することに成功する。

一方、前進を続けた第2・第3装甲集団の前に立ちはだかったのは、天然の要塞であるドニエプル河であった。しかも、装甲部隊の進撃速度に歩兵が追いついていないことを危惧したヒトラーによって前進停止を命じられてしまう。

わずかではあるが、この時間の浪費はソ連軍にとって福音となった。反撃のための機甲部隊をかき集めるとともに、防衛線を構築することができたからである。

7月10日、第2・第3装甲集団は再び前進を開始した。第2装甲集団はスモレンスク、第3装甲集団はヴィテブスクを目指して進む。これに対してソ連軍は頑強に抵抗するも、戦術的にはドイツ軍に一日の長があった。ソ連軍は機甲部隊によって前進するドイツ軍を側撃したが跳ね返されてしまう。そして29日にはスモレンスクが陥落した。だがグデーリアンはそれでも飽き足らず、モスクワ進攻のための足がかりを得るためにイエリニャまで駒を進めた。

もっとも、さすがにこれは突出しすぎたために、のちにソ連軍の反撃に晒されることになる。

「バルバロッサ」作戦発動の1941年6月22日、独ソの国境線の標識を尻目にソ連領内に進撃するドイツ兵たち

「バルバロッサ」作戦において平原を進撃するドイツ軍の装甲部隊。手前は装甲兵員輸送車Sd.Kfz.250、中央はⅢ号戦車、左はⅡ号戦車

◆川と湖を超えて

一方、古都レニングラードを目指す北方軍集団の進撃もまずまず順調であった。北方軍集団の戦区は河川にくわえて、大小多くの湖や湿地が点在する地形で、どちらかというと電撃戦には不向きであった。そのため、ブランデンブルク部隊という特殊部隊を先行させて重要な橋梁を確保させている。

北方軍集団には1個装甲集団しか配属されなかったが、基本的な戦術は中央軍集団のそれと同じである。ただ、規模を小さくし、2個機械化軍団を並列で前進させて敵の防衛線を突破してひたすら前進するのである。

ブランデンブルク部隊の奇襲もあり、開戦初日にドビサ河にかかるアリョーガラ鉄橋の占領に成功、さらに26日にはドヴィンスクをも占領してドヴィナ河を渡河したのだった。しかし、せっかくの好機にもかかわらず、北方軍集団はマンシュタイン将軍率いる第56装甲軍団単独での突破に危惧を覚え、停止を命じる。この停止命令は6日間にもおよび、ソ連軍はこの貴重な時間を有効に使って防衛線の建て直しをはかったのだった。

もう一つの機甲部隊であるラインハルト将軍指揮する第41装甲軍団は、プスコフからルガを経由してレニングラードを直撃する予定だった。しかしルガ周辺の防備が固いことを確認すると北方へ転進、7月14日にポルチェを占領した。レニングラードまで100キロあまりの距離である。しかもこの時、同方面のソ連軍の防備は手薄だった。そのため、ラインハルトはさらなる前進を行なおうとするが、またもや停止命令が下った。今度は第56装甲軍団の前

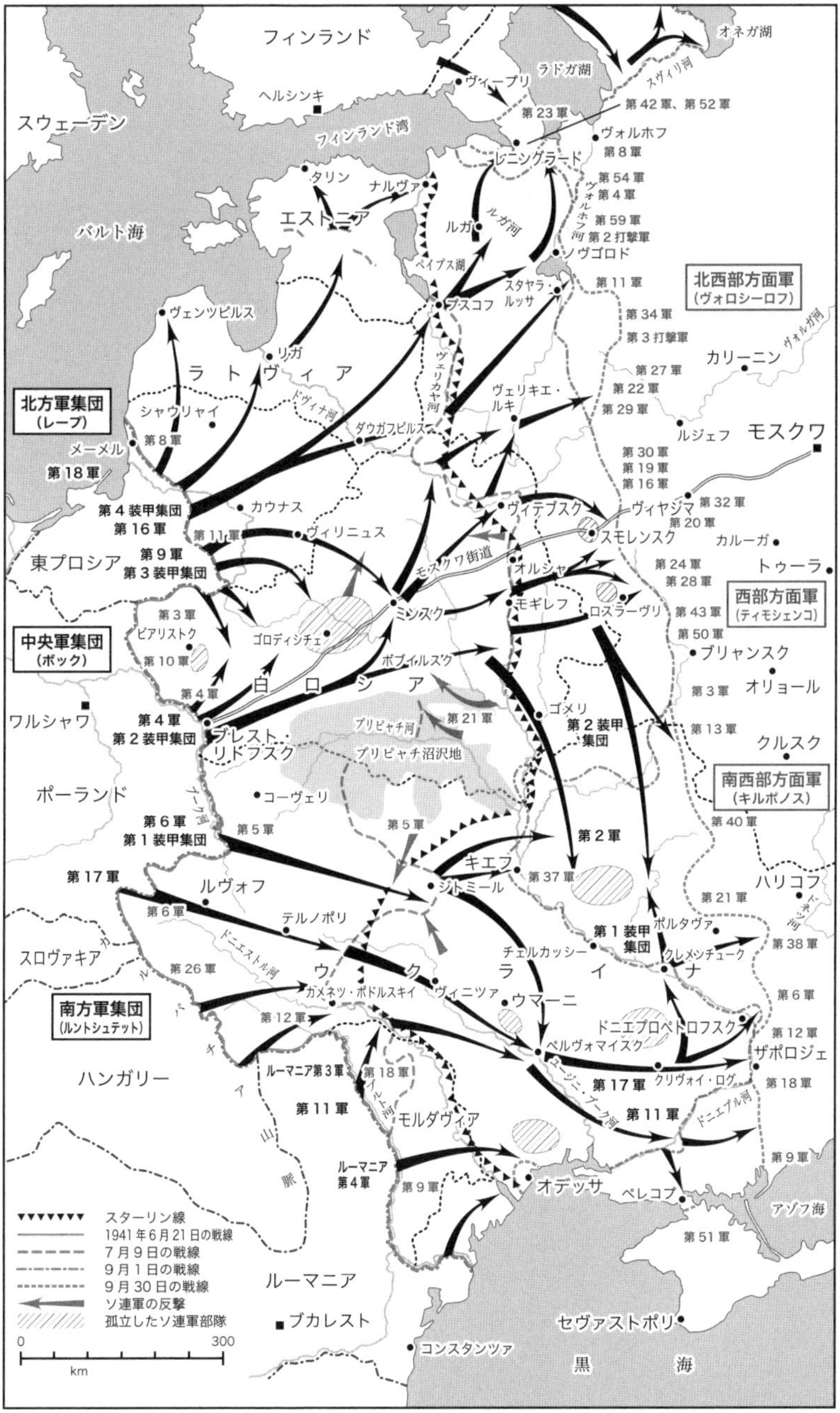

バルバロッサ作戦の全体図。ドイツ軍は速力と打撃力に優れた4つの装甲集団を先鋒にして進撃した。各地でソ連軍がドイツ軍に包囲され孤立しているのが分かる。グデーリアンの第2装甲集団はモスクワに向かわず、南方に転進してキエフ包囲に向かっている

遺棄されたソ連軍のKV-2重戦車を検分するドイツ兵たち。KV-2はKV-1重戦車（76.2mm主砲）をベースに152mm榴弾砲を装備する巨大な砲塔を載せた重砲戦車で、重量は52トン、最大装甲厚は110mmと破格の攻防力を有していた。6月24日、ソ連軍沿バルト海軍管区の第2戦車師団のスミルノフ少尉のKV-2は、ドイツ第6装甲師団への補給路上に単騎で立ちふさがり、8.8cm高射砲に撃破されるまで約一日孤軍奮闘し、有名な劇画「街道上の怪物」のモデルとなった。

進が遅れ気味で、慎重を期すための措置だった。

結果論ではあるが、電撃戦を求めながら、自らの手でそれを放棄するような行為だったといえる。この絶好のチャンスを逃したことで、レニングラードへ突入する機会は永遠に失われることになるのである。

8月に入り、第2装甲集団から第39装甲軍団を借り受けた北方軍集団は、いよいよレニングラードの包囲に取りかかる。そしてモスクワとレニングラードを結ぶ鉄道や幹線道路を遮断し、9月には包囲体勢を作りあげた。

またこの頃にはフィンランド軍も極北戦線で枢軸側として参戦し、冬戦争で奪われた国土を取り戻している。

もはやレニングラードは風前の灯のように思われた。

ところが、そのギリギリのタイミングでスターリンはジューコフ将軍を送り込んだ。レニングラードに到着したジューコフ将軍はただちに士気の建て直しにかかり、また市民を根こそぎ動員して防衛線の構築を急がせた。その過酷な労働にくわえて、補給線を絶たれたことから多くの市民に餓死者を出すことになったが、その甲斐あってドイツ軍はついにレニングラードを落とすことはできなかったのである。

◆キエフ陥落

快進撃を続けた北方および中央軍集団と異なり、南方軍集団の進撃は捗々《はかばか》しくなかった。進撃の主軸となる装甲集団が1個だったことに加え、スターリンがウクライナを重視した結果、ソ連軍の戦力が比較的充実していたためである。しかもスターリンの命令を半ば無視する形で、南西部方面軍司令官のキルポノス将軍は部隊の一部を後方に下げ、縦深防御をとっていた。

これらの条件が重なった結果、南方では他方面ほど電撃戦は成功しなかったといえる。

しかも6月26日にソ連軍は機械化部隊による反撃を敢行し、激しい戦車戦が4日にわたって繰り広げられた。

このような戦いが続いたため、当初の目的である敵野戦軍の包囲撃滅もままならず、また前進も捗《はか》らなかった。

7月に入ってようやく前進を開始したルーマニア軍およびドイツ第11軍は国境を越え、黒海沿いに進撃をする。

他方、第1装甲集団はプリピャチ湿地帯の南側をかすめるように進撃し、7月9日にはジトミールを陥落させて第一目標のキエフへと迫った。

しかし、いかに強力な鋼鉄の腕でも、一本ではキエフを締め上げるには不足だった。そのため紆余曲折の末に、ヒトラーはグデーリアンの第2装甲集団に南方転進を命じ、キエフ東方で第1装甲集団と会同してキエフの包囲網を閉じるように命じた。

この動きに対し、スターリンは明らかなミスを犯す。ウ

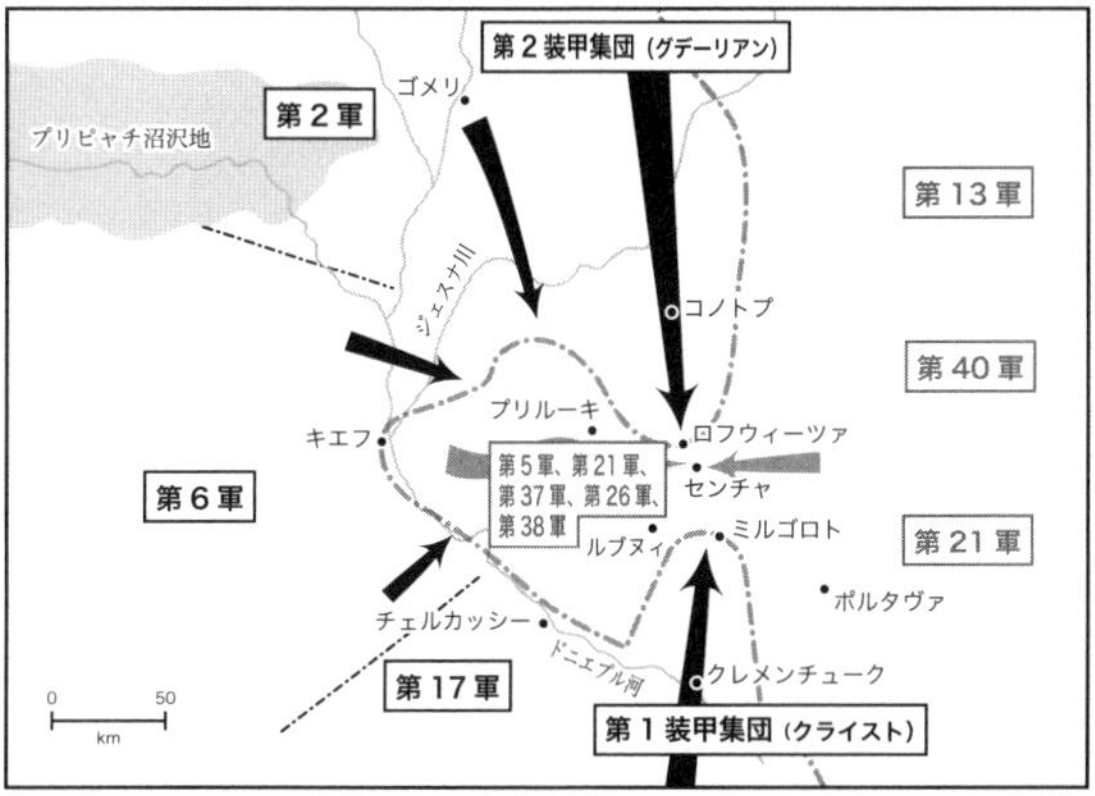

空前の大包囲戦となったキエフ包囲戦。北から第2装甲集団、南から第1装甲集団が進撃。9月14日にはキエフ東方150kmにあるロフウィーツァで包囲の輪を閉じ、ソ連5個軍を完全に包囲撃滅した

「バルバロッサ」作戦中、M24型柄付手榴弾を投擲する構えを取るドイツ兵

クライナの保持にこだわるあまり、前線部隊からの再三の撤退要求を断固として拒んだのである。

明らかにソ連軍中枢は混乱状態にあり、それが波及するかのように9月14日、結局キエフの包囲網は閉じられてしまった。

そして、その後もソ連軍による脱出や抵抗は続けられたものの、ドイツ軍による包囲は破られることなく、9月26日にキエフは陥落した。この時、降伏したソ連軍兵士の数は60万名以上ともいわれる（諸説あり）。

これにより、敵野戦軍の撃破という目標はある程度達成できたといえる。しかし、本来モスクワを目指すべき中央軍集団の装甲部隊の大半を北方と南方に向けたため、モスクワ進攻は遅れることになったのである。

炎上する村落を遠目から見るⅣ号戦車とドイツ兵たち。独ソ戦開戦時はようやく数の上でも戦車部隊の主力がⅢ号戦車とⅣ号戦車になりつつあったが、Ⅲ号戦車の主砲は42口径3.7cm砲、Ⅳ号戦車の主砲は短砲身7.5cm砲で、ソ連軍のT-34中戦車やKV重戦車には力不足だった

◆風雲急をつげるアジア情勢

ちょうどこの頃、アジアでは静かに、しかし大きなうねりが巻き起こっていた。7月28日、日本は南部仏印に進駐した。この行為は、日本が想定していた以上に米国を刺激した。フィリピンに権益を持つ米国としては、対岸に日本軍が存在することは到底受けいれがたい事実であった。それでなくても日独伊三国同盟の締結など、米国からすれば日本の行為は敵対行為以外の何ものでもなかった。

こうした積み重ねから米国は今まで以上に日本に対する姿勢を硬化させ、日本を経済的に包囲しはじめたのだった。

2-2 タイフーン作戦

◆クリミア半島の戦い

キエフ戦に勝利したドイツ軍は、いよいよモスクワ進攻の準備に取りかかった。と同時に、南方ではウクライナ方面の制圧も進められることになった。

具体的には、経済と交通の要衝であるハリコフおよびロストフの占領である。また、これらと合わせてもう一つクリアしなければならない問題があった。クリミア半島の制圧と、その端に存在するセバストポリ要塞の占領である。

クリミア半島は南部に突き出た巨大な半島であり、黒海に睨みを利かせる存在である。また、ケルチ海峡を挟んだ対岸はコーカサス地方であり、もしクリミア半島を放置すると、最悪の場合、ここがソ連軍による大反攻のための拠点ともなりかねない。つまり前進を続けるドイツ軍の側背を突かれることになるため、何としても制圧しておかなければならない場所だった。

そのためドイツ軍はショーベルト大将率いる第11軍をこの制圧に向かわせるが、１９４１年９月中旬に同大将が戦死したため、急遽後任として任命されたのがマンシュタイン大将であった。

マンシュタインに与えられた任務は、クリミア半島の制圧とロストフの占領である。そしてマンシュタインは

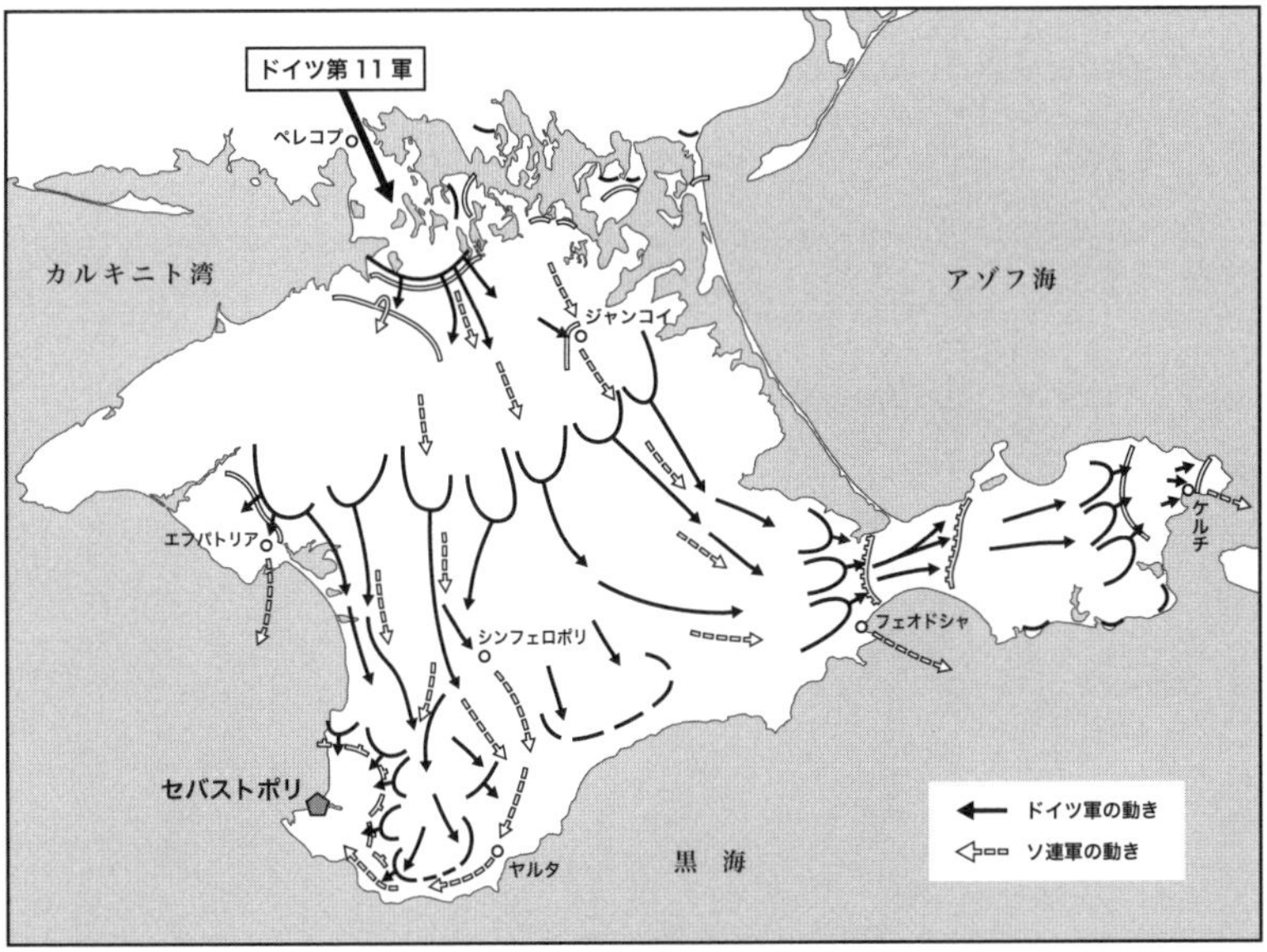

1941年10月～11月のクリミア戦線の戦況。攻略に当たったドイツ第11軍は、9月24日にペレコプ地峡を抜いてクリミア半島に進出、半島内のソ連軍を撃破して一時はセバストポリ要塞を包囲した。だが12月にケルチ半島にソ連軍の海軍歩兵が上陸すると、そちらに対応するため要塞攻略戦は後回しになった

まずクリミア攻略を優先し、その目処が立ってからロストフに向かう方針を立てた。そのためにドニエプル河の東岸の前線にはルーマニア軍など最少の兵力をあて、主力をクリミアに投入した。

しかしソ連軍はドイツ軍前線の兵力が薄弱なことを察知して反撃に移った。このソ連軍の反撃によって第11軍は半島内に押し込められる危機に陥るが、キエフ戦を終えたクライスト将軍の第1装甲集団がこのソ連軍を逆包囲して事なきを得た。

そしてマンシュタインはクリミア半島の制圧を進め、セバストポリ要塞の攻略に着手するが、12月26日、同じタイミングでソ連軍はケルチ海峡を超えて半島東部に上陸を開始した。

そのため、セバストポリ要塞の攻略はいったん延期せざるをえなかった。またロストフに向かった第1装甲集団も、一度は市街に突入したもののソ連軍の反撃のために退却して攻略に失敗。これにより南方軍集団司令官のルントシュテット元帥はヒトラーにより罷免された。

こうして南方戦域は着実に前進はしたものの、重要な攻略目標の奪取には失敗したのだった。

◆タイフーン作戦

さて、南方で激戦が繰り広げられる一方、中央軍集団はモスクワ攻略作戦、すなわち「タイフーン作戦」の準備を進めていた。キエフ包囲のために南方に移動していた第2装甲集団は６００キロを走破して北上し、北方軍集団から転属する部隊も同様に長大な距離を移動しなければならなかった。また9月下旬の時点で、独ソ開戦以来、ドイツ軍の損害は50万名を超え、損耗率は15％に達していた。

しかし、それらの苦労もソ連の首都・モスクワを落とせば全て終わる。ドイツ軍の将兵はそう信じて疑わなかったのである。

そのタイフーン作戦だが、全体の骨子としては、スモレンスクとモスクワを結ぶモスクワ街道を挟み、その北側を第3装甲集団、南側を第4装甲集団がヴィヤジマを目指して進む。そして同地で両集団が手を結ぶことによって、多数の部隊を包囲してソ連軍の防衛線に大穴を開けるというものだった。また、さらにその南側（ドイツ軍右翼）をグデーリアン率いる第2装甲集団が進撃して、ブリヤンスク周辺のソ連軍を圧迫、包囲して主力の側面を間接的に援護することになっていた。要するに、今まで通り装甲部隊を主軸として電撃戦を展開するわけである。

作戦発起は10月2日。ただし最右翼を長駆前進する必要のある第2装甲集団は、2日早い9月30日に攻撃を開始した。

作戦は概ね順調に推移して、ドイツ軍はブリヤンスクを10月6日に占領、またヴィヤジマ付近でも10月7日に包囲環が完成して多数のソ連軍が閉じ込められた。そして数十万名におよぶソ連軍兵士が投降した。

こうしてモスクワ攻略戦の第一段階はドイツ軍の勝利に終わり、最初の防衛線は破られたのである。

これに対して、スターリンは急遽、レニングラードで防衛戦を指揮していたジューコフ元帥を呼び戻し、モスクワ防衛の指揮を命じた。10月10日に着任したジューコフは、兵員不足を市民の力で補った。すなわちレニングラードの防衛と同様、市民を根こそぎ動員してモスクワ周辺の陣地構築に従事させたのである。

ジューコフの狙いはただ一つ、時間を稼ぐことであった。冬が到来するまで持ち堪えれば、ドイツ軍の動きが鈍る一方、味方の増援が大量に到着する。とにかく、それまで持ち堪えることができれば勝機はあるはずだった。

バルバロッサ〜タイフーン作戦で防御戦闘に活躍したT-34中戦車。装甲貫徹力の高い76.2mm主砲、傾斜装甲による高い防御力、最大50㎞/hの快速と、攻撃・防御・機動力すべてでドイツ軍主力のⅢ号、Ⅳ号戦車を上回っていた。ただ、車長が砲手を兼ねることや、ギアの変速が難しいことなどのスペックに現れない欠点もあった。写真は初期型のT-34 1941年型で、砲塔上面の大きな一枚ハッチが戦闘に不向きだった

1941年11月、トゥーラ近郊でソ連軍の歩兵攻撃を支援する機関銃チーム

そして、勝利の女神はここにきてソ連の側に微笑んだのである。

10月中旬、包囲網内の残敵掃討をあらかた終えたドイツ軍は再び進撃を開始したが、その頃から天候が悪化し、ソ連の母なる大地は泥の海と化した。そのため、戦車をはじめとする装甲部隊の進撃速度は大幅に低下したのである。

そして11月初旬には、例年より早く冬が到来した。泥は固まり、進撃速度は回復したものの、冬季装備が行き渡っていなかったために前線部隊の戦力は激減した。不凍液の不足から戦車はエンジンをかけることもままならず、夏服のままの兵士は寒さに震えて次々と倒れた。

かつてナポレオンが敗北した冬将軍に、ドイツ軍もまた直面したのである。

それでもドイツ軍はジリジリとモスクワへと進撃を続けた。第2装甲集団は南からモスクワを包囲するため、トゥーラに向けて進軍。また第3装甲集団はモスクワの北方から包囲すべくヴォルガ運河に向かった。

対するソ連軍は、到着した増援部隊をそのまま前線に投入して防衛線の維持を目論む。11月7日の革命記念日には例年通り赤の広場において軍事パレードを行なうと、部隊はそのまま前線へと向かった。

1941年12月、村落を通過してモスクワを目指すドイツ軍歩兵とⅢ号突撃砲短砲身型

こうしてモスクワ前面で、零下20度にも達する厳寒の中、死闘は繰り広げられた。そして第3装甲集団は11月28日、ついにヴォルガ運河を渡った。また第4装甲集団の第2装甲師団はクレムリン宮殿が見える位置まで進出した。12月1日、所属するオートバイ斥候は市の外縁わずか8キロの地点まで辿りついたのである。

しかし、これがドイツ軍の最大進出地点となった。

12月に入るとソ連軍は各所で反撃を開始して、ドイツ軍は徐々に押され始めた。

そして12月5日、ドイツ軍はついに作戦の中止を決定し、戦線の整理を開始した。

しかしその同じ日に、ソ連軍は大反攻作戦を開始したのである。

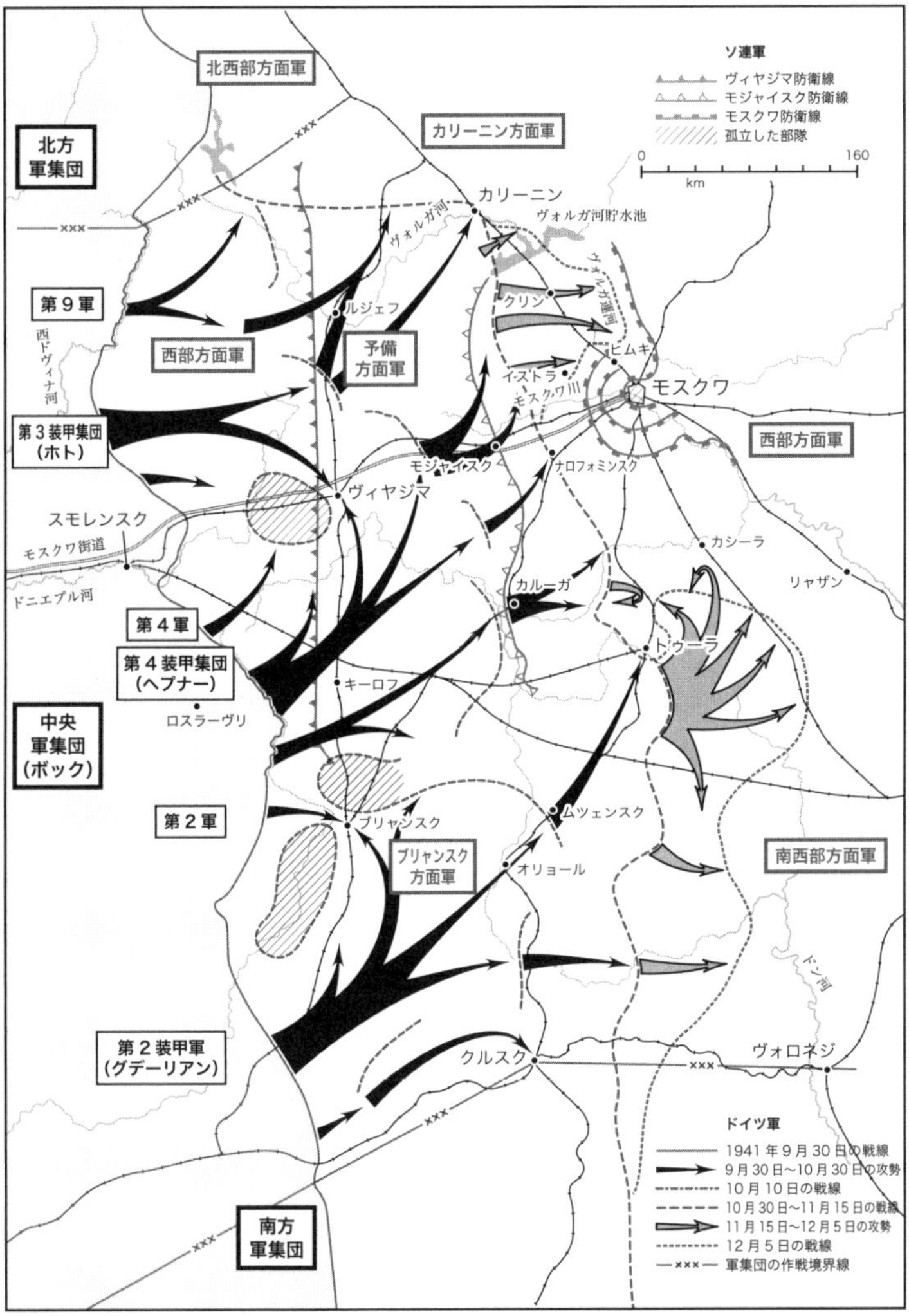

1941年秋に始まったタイフーン作戦の戦況。ヴィヤジマとブリャンスクの包囲戦でソ連軍約50万を撃破したが、秋の長雨によって地面は泥沼と化し、進撃は停滞した。さらにその後11月からは例年より早い冬が訪れる。トゥーラを守ったカトゥコフ大佐など、ソ連軍の必死の反撃もあり、ドイツ軍はモスクワ攻略に失敗した

◆太平洋戦争開戦までの経緯

無敵を誇ったドイツ軍がモスクワへ向けて進撃を開始

した頃、遥かアジアの盟邦日本は、戦争への岐路に立たされていた。

日本と米国の関係は支那事変の勃発以降、悪化の一途をたどっていたが、1941年7月28日に日本が南部仏印に進駐したことにより、さらに悪化した。米国は日本に対して日本資産の凍結と石油の全面禁輸を打ち出したのである。

この事態に日本の政府と軍部は動揺した。当時、石油の多くを米国からの輸入に頼っていた日本は、このままでは中国との戦争どころか、近代国家としての存立すら危ぶまれる。

その一方で、軍、とくに海軍は、政治的な解決が計れないのならば、手遅れにならないうちに戦争に踏み切るべきだと主張した。燃料がなくなれば、どれほど強力な軍艦もたんなる箱に過ぎなくなるのである。

こうしたことから、軍部としては10月下旬を目標に戦争準備と外交交渉を同時に行ない、10月中旬になっても交渉が進展しない場合には開戦に踏み切るべきだと主張した。

これに対して近衛首相は煮え切らない態度をとり続け、揚げ句の果てに10月16日に総辞職してしまった。

そしてその後任には、陸軍を代表して強硬意見を主張しつづけていた東條英機が就任した。ただし東條自身は天皇に対する忠誠心に篤く、必ずしも戦争ありきという思想ではなかった。

そのため天皇の「すべてをいったん白紙に戻して検討するように」というお言葉に忠実に、戦争回避も含めた国策を大本営政府連絡会議において話し合った。

その結果採択されたのは、12月1日午前0時を外交交渉の期限とし、同時に戦争準備を進める。もし交渉がまとまれば、ただちに作戦準備はすべて中止するというものであった。

この和戦両用の案は、11月5日の御前会議において「帝国国策遂行要領」として正式に採択された。そしてこれをもとに米国との最後の交渉が進められていくこととなった。

だが、米国の反応は冷ややかであった。それはまるで「戦争になっても構わない」と言わんばかりの対応であり、その理由については、憶測も含めてこれまでに様々語られている。

いずれにせよ、日本側の妥協案に対して米国が日本に示した提案、いわゆる「ハル・ノート」は、当時の日本が到底受け入れることができない内容であり、日本政府はこれを最後通牒と解釈して開戦を決意した。

そしてすでにハワイへ向けて航行している南雲機動艦隊に対しては「ニイタカヤマノボレ」、マレーに向かった第二十五軍には「ヒノデハヤマガタ」の電報が発せられたのである。

2-3 真珠湾攻撃

◆ニイタカヤマノボレ

昭和16年（1941年）に入り、対米関係が悪化の一途を辿っていく中で、日本政府は和戦いずれにも対応できるように事を進めてきた。その一環として、海軍は早くからハワイ作戦の検討を行なっていた。より具体的に言うなら、連合艦隊司令部が中心となって同作戦案を研究・検討し、さらには反対していた軍令部をも説き伏せたのである。

その実施に到るまでには軍事的な問題点も多く、それらを一つ一つ解決していかなければならなかった。たとえば当時の航空魚雷はその特性上、機体からの投下後にいったん水深60メートルほどに沈下する。ところが攻撃目標とされた真珠湾は水深が僅か10メートル前後しかなく、間違いなく海底に突き刺さってしまう。

そのため、魚雷そのものを改造して技術的な解決を図る一方で、搭乗員にも猛訓練を実施させてこの問題をクリアした。

しかしこの改型の航空魚雷が完成したのは6月のことであり、通常の工程では作戦に必要な本数は揃えられない。そのため製造にあたった三菱では法規則に違反してまでフル回転で完成させた。

空母6隻（「赤城」「加賀」「蒼龍」「飛龍」「翔鶴」「瑞鶴」）を擁する第一航空艦隊の旗艦であり、第一航空戦隊（「赤城」「加賀」）の旗艦も兼ねた大型空母「赤城」。基準排水量36,500トン、搭載機数は常用66機、速力は約31ノット

第五航空戦隊（「翔鶴」「瑞鶴」）の旗艦である大型空母「翔鶴」。基準排水量25,675トン、搭載機数は常用72機、速力は約34ノット。同型艦の「瑞鶴」と共に、日本海軍空母機動部隊の主力として太平洋戦争末期まで大きな活躍を見せた

あるいは開戦前とはいえ、ハワイ沖までの長距離を空母6隻（「赤城」「加賀」「蒼龍」「飛龍」「翔鶴」「瑞鶴」）を含む大艦隊が進撃すれば、普通は到達までに発見され、計画が露呈してしまう。これをいかに防ぐかということにも神経が使われた。

こうしてさまざまな困難を乗り越えて、ハワイ作戦は始動した。

防諜のため、作戦参加艦艇は三々五々に択捉島の単冠湾《ヒトカップ》に集結し、11月26日に見送りもないままに静かに出港した。途中、発見されないように冬季にはほとんど使用されることのない北方航路を進む。

そして12月2日に「ニイタカヤマノボレ一二〇八」の電文を受領した。すなわち、対米開戦の決定を知らせるものであり、同時にハワイ作戦の決行を示すものであった。

◆ワレ奇襲ニ成功セリ

12月7日午前7時、旗艦「赤城」のマストにはZ旗が翻った。そして第一航空艦隊の各艦は最後の洋上補給を終えると、給油艦に別れを告げて速力を20ノットに増速、ハワイに向けて南下した。目標はもう目前である。

明けて8日未明（現地時間7日午前6時）、淵田美津雄《ふちだみつお》中佐率いる第一次攻撃隊183機が次々と発艦し、艦隊上空で編隊を組む。

第一集団（水平爆撃隊49機、雷撃隊40機）、第二集団（急降下爆撃隊51機）、第三集団（制空隊43機）という陣容である。

第一次攻撃隊はオアフ島の西側をまわって、南側からの進入を図る。

日本からの宣戦布告が遅れたことで、ハワイの米軍は開戦の事実を知らなかった。とはいえ、すでに本国からは戦争近しとの報もあり、当然警戒はしていた。それなのに、なぜ日本軍の大編隊の接近に米軍はまっ

第二航空戦隊（「蒼龍」「飛龍」）の旗艦であった中型空母「蒼龍」。基準排水量15,900トン、搭載機数は常用57機、速力は約34.5ノット

たく気づかなかったのだろうか。

いや、じつは航空機の接近はレーダーで捉えられていた。ところがこれを見た当直士官は、当日飛来する予定だったB‐17の編隊と判断し、上級司令部への報告を怠ったのだ。

1941年（昭和16年）12月8日（現地時間7日）の真珠湾攻撃時、第五航空戦隊の空母「翔鶴」から発艦する九七式艦上攻撃機

こうして、日本軍は最後の最後まで米軍に悟られずに、真珠湾へ殺到することに成功したのである。
しかし、日本側にも手違いはあった。
真珠湾を見下ろす位置にまで接近した淵田中佐は、信号弾を一発打ち上げる。「奇襲」の合図だ。

真珠湾攻撃時、空母「赤城」の甲板から発艦しようとする九九式艦上爆撃機。後ろは「蒼龍」

これを確認した村田重治少佐率いる雷撃隊は高度を下げて攻撃態勢に移る。

しかし制空隊はこの合図に気づかないのか動かなかった。

そこで淵田中佐は止むなくもう一発信号弾を打ちあげた。これを見た急降下爆撃隊の指揮官である高橋赫一少佐は「強襲」

真珠湾攻撃時に撮影された、空母「赤城」の艦橋と零式艦上戦闘機二一型。零戦は大戦を通じて制空戦闘や護衛戦闘に活躍した

と判断、ただちに行動を開始した。

じつは事前の取り決めで、奇襲の場合にはまず雷撃隊が攻撃を行なうこととなっていた。というのも、さきに爆撃が行なわれた場合、爆煙によって雷撃目標の確認が難しくなるためだ。これに対して強襲の場合は雷爆同時攻撃となる。

日本軍機から撮影された攻撃下のハワイ真珠湾

だが、もはや賽子《さい》は投げられた。

淵田中佐は状況を確認した後、電信員に「ト連送」を命じた。すなわち「全軍突撃」である。そしてその3分後には「トラ トラ トラ」を発信した。

これを受信した「赤城」艦橋は大きく揺れた。トラ連装、すなわち「ワレ奇襲ニ成功セリ」である。

第一次攻撃隊による米艦艇への攻撃は、これ以上ないというくらいに成功した。戦艦「オクラホマ」と標的艦「ユタ」が沈没、「ウェスト・バージニア」と「カリフォルニア」は船体損傷によって着底した。さらに「メリーランド」と「テネシー」は爆撃によって中破し、「アリゾナ」に至っては弾火薬庫の誘爆によって轟沈してしまった。

一方、制空隊も露天に駐機したままの航空機を機銃掃射し、さらに爆撃隊は滑走路や地上施設を破壊した。

そして第一次攻撃隊が帰途につく頃、入れ違いに第二次攻撃隊が飛来した。討ち漏らした「ネバダ」「ペンシルベニア」のほか、在泊中の艦艇に攻撃して損害を与え、米太平洋艦隊を開戦初日にして壊滅状態に追いやったのである。

また、ハワイ作戦には潜水艦部隊も投入された。虎の子の正規空母6隻を投入した挙げ句、目標が存在しなければまったくの無駄骨となる。そのため、米太平洋艦隊の動向を探るために第六艦隊の潜水艦がハワイ沖で情報収集にあたった。

またこれとは別に、特殊潜航艇を搭載した伊号潜水艦5隻からなる特別攻撃隊も派遣された。この特殊潜航艇による戦果は不明だが、いずれも未帰還となっている。

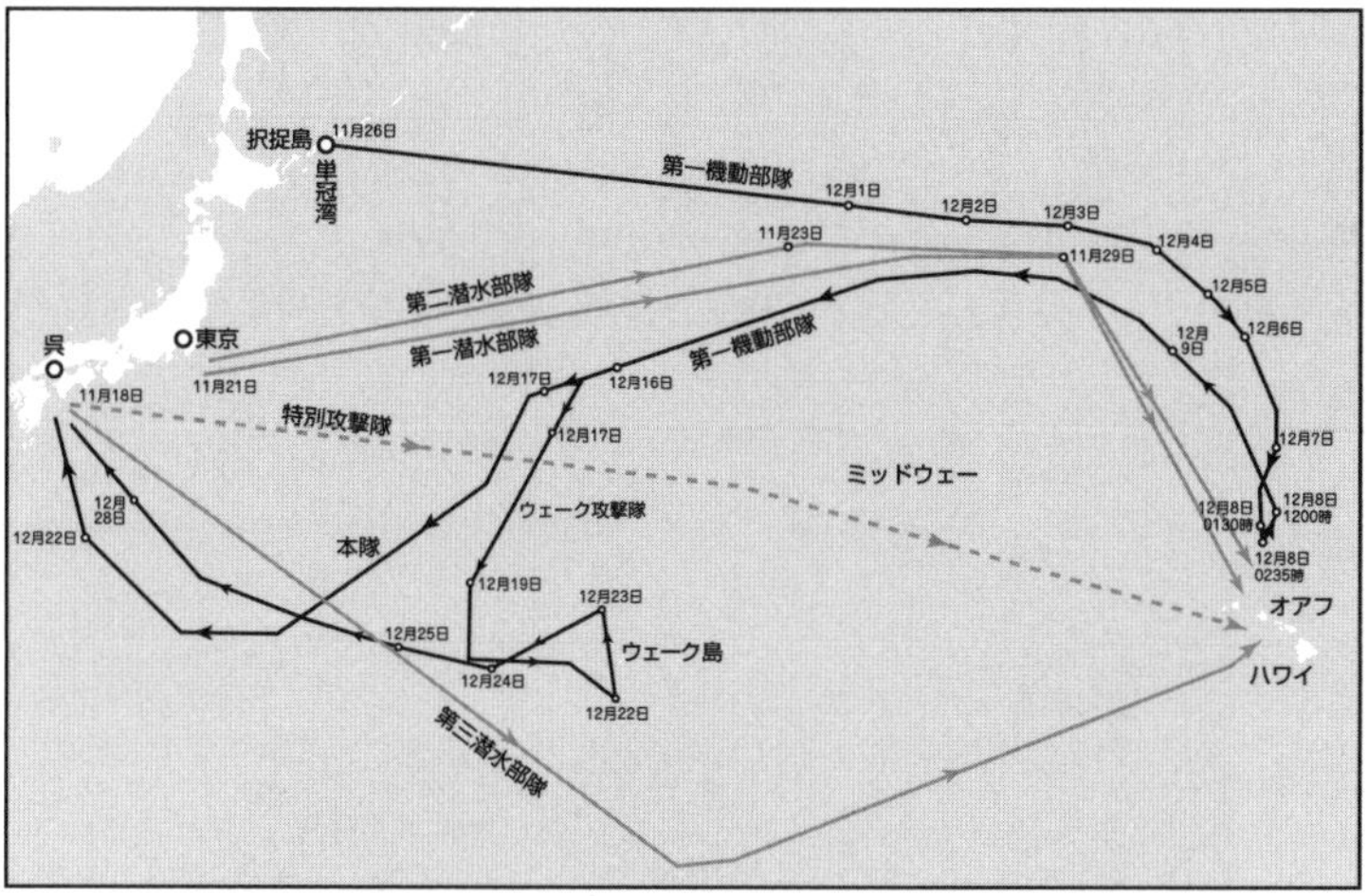

真珠湾攻撃部隊の行動図。南雲忠一中将率いる第一機動部隊は単冠湾から出港、荒れる北太平洋を経てハワイ真珠湾を攻撃した。帰路では二航戦がウェーク島攻略を支援した

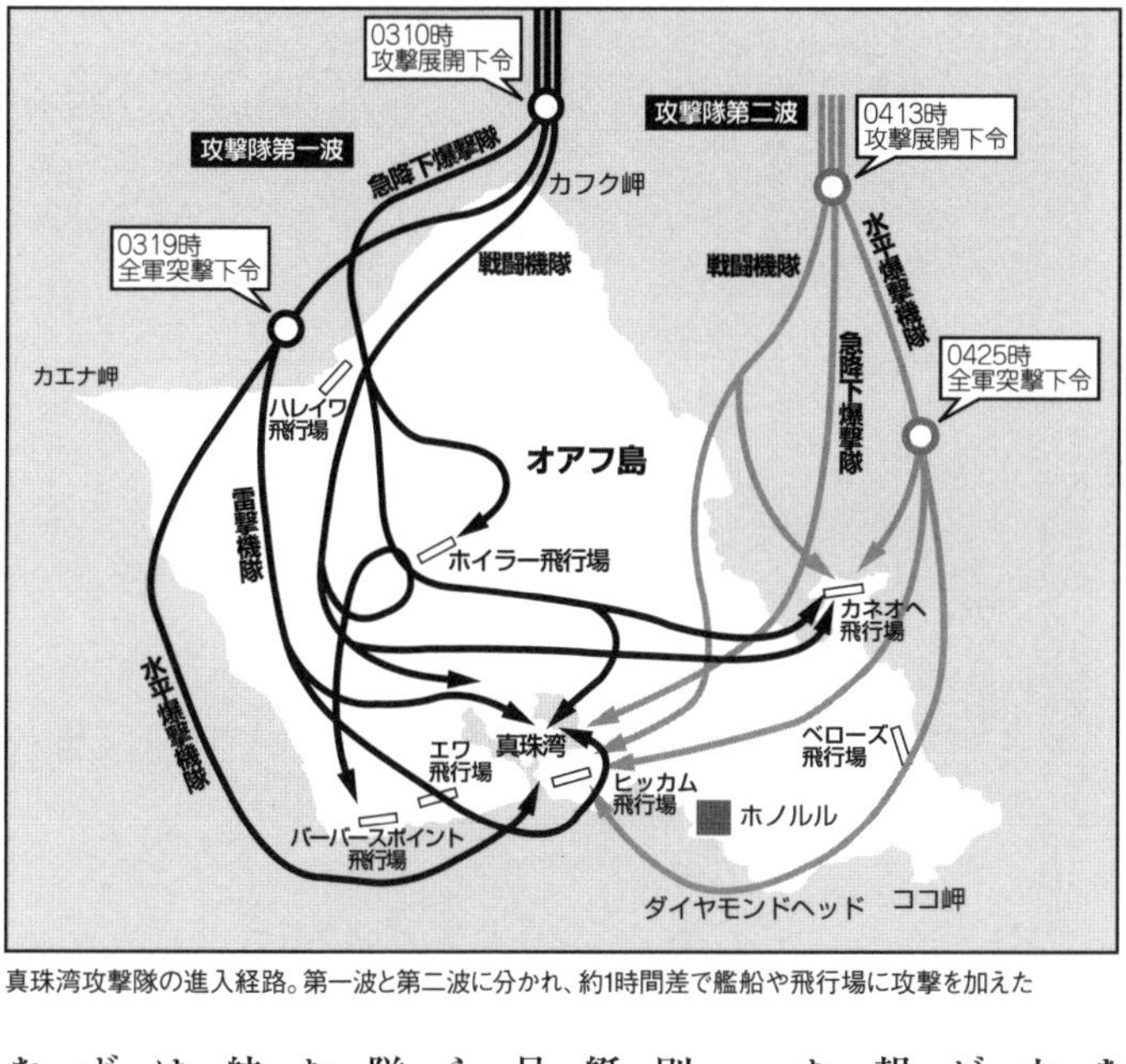

真珠湾攻撃隊の進入経路。第一波と第二波に分かれ、約1時間差で艦船や飛行場に攻撃を加えた

こうして真珠湾奇襲に完全に成功した結果、米軍の損害は沈没（戦艦2、標的艦1）、大破着底（戦艦3、軽巡1、駆逐艦3）、中小破（戦艦3、軽巡1）となり、さらに200機あまりの航空機が失われた。

一方、日本側の損害は艦載機29機、特殊潜航艇5隻、伊号潜水艦1隻であった。

この大勝利によって日本は太平洋における制海権確保に成功し、連合艦隊司令長官山本五十六大将の宣言通り、以後半年にわたって暴れ回ることになる。

九七艦攻から投下された800kg大型爆弾を被弾し、弾薬庫が爆発、炎上するアメリカ戦艦「アリゾナ」。現在も真珠湾の海底に沈んでいる

魚雷多数を被雷して炎上、大破着底する「ウェスト・バージニア」。後に浮揚・修理され、1944年後半から復帰する

◆香港攻略

日本が太平洋戦争開戦に踏み切った理由は単純ではないが、その原因の一つに中国問題があった。つまり中国との戦争を終らせるために新たな戦争を始めたのだ。

支那事変という、事実上の戦争を行ないながら、大国相手にさらなる戦争を始めるというのは常識で考えれば正気の沙汰ではない。

だがそのことの是非はいったん置くとして、軍部としては国民党政府を最終的に打倒するためには、中国に対する諸外国の援助を断ち切る必要がある、と考えた。いわゆる援蔣ルートの遮断である。

香港の九龍半島南端にある尖沙咀を攻略する日本軍

援蔣ルートは複数存在していたが、そのうちの一つが香港・広東を経由するものであった。しかし香港は当時英国の租借地であったから、開戦前に手を出すことはできなかった。

とはいえ、開戦前から日本陸軍内部では香港攻略のための計画は進められていたから、開戦と同時に攻略作戦は開始された。

華南に展開している第二十三軍の第三十八師団がその担当となり、対する英軍は一個歩兵旅団を基幹とする守備隊である。もともと英国政府は香港の保持は諦めていたため、増援もカナダ派遣旅団の2個大隊ほどでしかなかった。

もっとも、香港島の前面にあたる九龍半島には要塞地帯があり、戦前からその難攻不落ぶりは大いに喧伝されていた。

そのため日本軍としても過去の教訓から、珍しく砲兵戦力を充実させて戦いに臨んだが、実際には拍子抜けするほどあっけなく要塞は陥落してしまう。

そしてその勢いのまま香港島に攻め入るが、さすがに英軍も抵抗を試みた。しかし所詮は増援もない小島の攻略戦である。水源地を押えられた結果、12月25日に英軍は降伏して香港攻略戦は終結した。

◆太平洋の島々の戦い

一方、太平洋方面でも開戦と同時にいくつかの島嶼攻略作戦が実行された。

そのうちの一つが米国領のグアム島である。攻略にあたったのは堀井富太郎少将が率いる南海支隊（第五十五師団歩兵第百四十四連隊基幹）で、島嶼攻略用に訓練された部隊だった。

もっともグアムでの戦闘はわずか20分たらずで終了し、米軍は早々に降伏している。

そしてその南海支隊は休む間もなくラバウル攻略に向かい、昭和17年1月23日に上陸した。対するオーストラリア軍は1500名に満たない小兵力だったが、簡単に降伏はせず、じりじりと後退したために掃討に時間がかかった。そのためラバウルが陥落したのは2月4日のことであった。

これら緒戦の勝利の影に隠れてあまり語られることはないが、じつは日本軍も失敗しかけた作戦があった。それが開戦と同時に始まったウェーク島の戦いだ。

ここも米国領だったが、わずかな守備隊しかいなかったため、鎧袖一触《がいしゅういっしょく》と思われた。ところが同島の守備隊は戦意旺盛だった。

攻略には海軍陸戦隊2個中隊があたったが、上陸支援の砲爆撃を生き残った陸上砲台が日本の駆逐艦「疾風《はやて》」を砲撃、これを撃沈した。さらに同島に配備されていたF4F戦闘機も出撃し、機銃掃射によってさらに駆逐艦「如月《きさらぎ》」を沈める戦果を挙げた。

このため指揮官の梶岡定道少将は攻略の一時中止を命じて後退した。そしてハワイ作戦を終えて帰途についていた第二航空戦隊の「蒼龍」「飛龍」の助力を得て、昭和16年12月23日にようやく攻略に成功したのだった。

ウェーク島で地上撃破されたアメリカ海軍のF4F戦闘機。同島の守備隊は、寡兵ながら果敢な戦いで日本海軍の攻略隊に一矢報いた

2-4 マレー電撃戦

◆開戦前後の中国戦線

盧溝橋事件に始まった支那事変は、昭和13年（1938年）の武漢攻略によっていったん収束した。とはいえ、それは日本による攻勢が限界を迎えたにすぎず、事変そのものが終結したわけではない。むしろ、蔣介石率いる国民党政府は徹底抗戦の構えで日本に対する反撃の機会をうかがっていた。

そして昭和14年（1939年）には南寧を占領した第五師団に対して逆襲を企て、日本軍は苦戦を強いられる一幕もあった（南寧作戦）。

また河北においては中共ゲリラによる「百団大戦」が行なわれ、日本軍の後方部隊が打撃を受け、インフラが破壊される事態も発生した。

こうしたこともあり、昭和16年（1941年）に入ってから、日本軍は華北および華南において攻勢を強めることとなった。ただし、大本営の基本方針はあくまで現状維持である。そのため、名目としては駐屯地周辺の敵の「掃討」であった。

このような背景のもと、華北では5月から6月にかけて「中原会戦」が行われた。北支那方面軍の6個師団を基幹とした約4万名の兵力が参加し、衛立煌将軍が指揮する国府軍の第1戦区軍を撃滅。これにより河北周辺の国民党勢力は一掃されたが、かえって中共軍の勢力が拡大した。そのため方面軍ではこの後も精力的に剿共戦《そうきょうせん》を継続し、徐々に同地方を安定させていった。

一方、華南地方では第十一軍により、9月から10月にかけて第一次長沙作戦が実施された。新たに第十一軍司令官に就任した阿南惟幾中将指揮のもと、国府軍の第9戦区軍に痛撃を与えることが目的である。作戦はほぼ日本軍の思惑通りに推移し、国府軍は3万名を超える戦死者を出している。

こうして中国大陸では時宜に応じて作戦を実施しつつ、現状維持を旨として静謐を保つことが日本の方針となっていた。

これは裏を返せば、これ以上中国において日本が大攻勢をとることが難しいという判断があったためである。にもかかわらず、6月に開始されたドイツの対ソ侵攻の大戦果に幻惑された参謀本部の一部では、この機に乗じて日本も対ソ開戦に踏み切るべきだとする意見が急激に台頭した。

そしてそれを実現すべく大動員令が発せられ、内地から満州へと大量の人員と兵器物資が送られた。これを「関東軍特殊演習」、略して関特演という。

しかし結果としてこの大動員は無駄となり、莫大な予算を浪費しただけに終わった。そして直後に太平洋戦争が始まったために予算的な辻褄合わせが行なわれ、さらに動員した兵や物資は次々と転用されていくことになったのである。

◆マレー攻略戦の開始

無駄に終わった関特演だったが、参謀本部をしてその大動員に走らせた原因のドイツの快進撃は秋頃から翳《かげ》りを見せ始めていた。そして日本が米英に宣戦布告をする直前の12月5日、ドイツ軍はタイフーン作戦の中止を決定して戦線の整理を開始した。その同じ日、ソ連軍は冬季反攻を開始したのである。

考えてみれば日本の開戦決意の裏にはドイツ軍の快進撃ぶりもあったから、皮肉なものではある。

だが欧州の戦況がどうであれ、すでに振られた賽は戻らない。海軍による真珠湾奇襲と同時に、陸軍はマレー半島へ上陸を開始してシンガポール攻略を目指した。

日本が太平洋戦争に踏み切った理由はいくつかあるが、その大きな要因の一つが戦略資源の確保にあった。なかでも石油は最優先で確保すべき対象であり、そのためには蘭印（インドネシア）の油田の占領が必須であった。

だが蘭印を攻撃するためにはその前にアメリカの植民地であるフィリピンと、イギリス植民地のマレーおよびシンガポールを無力化しなければならない。そうでなければ、せっかくの石油を日本まで海輸することができないからだ。

ことに、英東洋艦隊の根拠地となっているシンガポールの制圧は重要であった。しかしシンガポールは小島とはいえ要塞化されており、海上からの侵攻は難しい。

そこでマレー半島の付け根に上陸し、長駆進攻してシンガポールを陸上から攻略することになったのである。

◆ヒノデハヤマガタトス

マレー半島の進攻を担当したのは、司令官・山下奉文中将率いる第二十五軍である。

主力となる第五師団は軍司令部とともにタイ領のシンゴラに上陸し、このうち歩兵第四十二連隊を基幹とする安藤支隊は別にパタニに上陸して周辺飛行場の確保を目指す。

第十八師団主力は第二陣として後から上陸するが、佗美支隊（第二十三旅団司令部および歩兵第五十六連隊）のみは先行して英領のコタバルに上陸することになった。また近衛師団は海上進攻ではなく、南部仏印からタイ領を通過してマレー半島へ進攻する。

そしてマレー作戦を空から援護するために第三飛行集団が配属され、陸上部隊が飛行場を占領したら漸次基地を推進する手はずであった。

このような陣容で第二十五軍は進攻準備を進め、ついに12月3日、杉山元参謀総長より南方軍に対して一通の電報が発せられた。

「ヒノデハヤマガタトス」

すなわち、予定通り12月8日をもって開戦するという暗号電である。

これにより第二十五軍将兵は海南島の三亜港を出港し、一路上陸地点を目指した。

最初に上陸作戦を開始したのは佗美《たくみ》支隊で、8日0時30分のことである。つまり、太平洋戦争はこの瞬間に始まったのであり、南雲機動部隊による真珠湾奇襲より先に、マレーにおいて戦端が開かれた。

佗美支隊の上陸は英軍による激しい抵抗のために困難を極めたが、翌日にはコタバル市街を占領して前進を開始

ヤシの木を踏みつぶすパフォーマンスを見せる戦車第一連隊の九七式中戦車チハ。日本軍戦車部隊の主力であるチハ車は、ジットラ・ラインやスリム陣地では突破の先鋒となって勝利に貢献した

マレーの街道を進む九五式軽戦車ハ号。同車は37mm主砲、装甲厚12mmと非力だったが、40km /hの快速を活かし、機動戦車として大きな活躍を見せた

した。
　一方、シンゴラとパタニに上陸した主力部隊は、当初タイ国軍との間に小競り合いはあったものの順調に前進し、先頭を行く佐伯挺身隊は急進撃してジットラ・ラインに迫った。

　このジットラ・ラインは英軍が誇る堅陣だったが、守備隊のほとんどはインド兵であり、士気は低かった。とはいえ、あらかじめ構築された陣地に拠った2個旅団が相手では、さすがに偵察部隊を基幹とした佐伯挺身隊には荷が重すぎた。

1942年1月19日、バクリの街道で待ち伏せていたオーストラリア軍の2ポンド対戦車砲隊は、進撃してきた九五式軽戦車を狙い撃ちし、9輌中8輌を撃破している

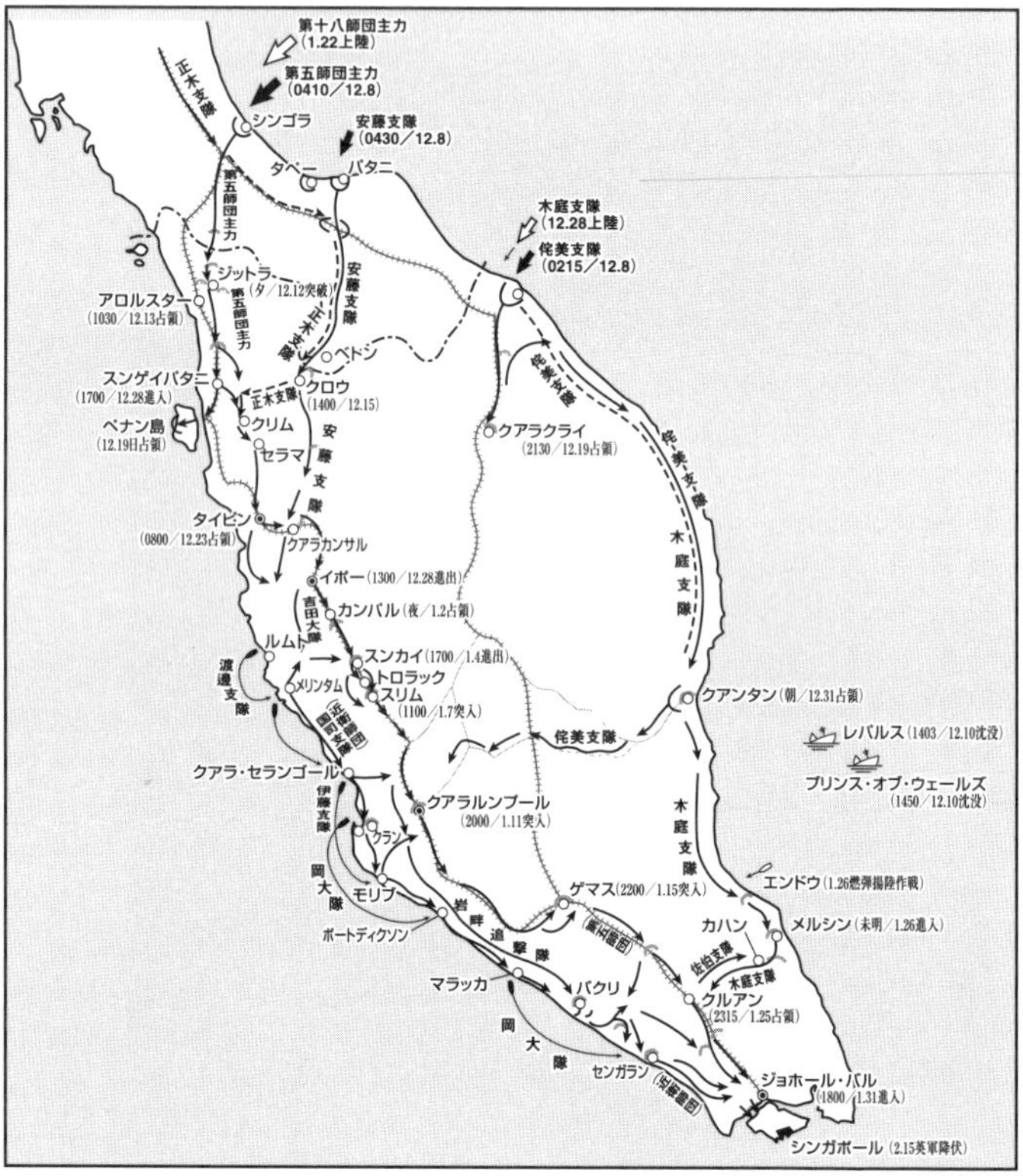

マレー攻略戦の概要図。半島の東からは侘美支隊が、西からは第五師団が南下し、シンガポール対岸のジョホール・バルを目指した。半島西側にはジットラ・ラインやスリム陣地などの堅陣が築かれていたが、日本軍は戦車部隊を先頭にして突破していった

しかし攻め倦《あぐ》ねているところへ、追及してきた第九旅団の2個大隊が加勢し、これによりジットラ・ラインを一気に抜いてしまった。

ジットラ・ラインで2カ月は持ちこたえられると考えていた英軍はこれに動揺したのか、次々と敗走を開始した。そして第二十五軍は速度を最優先で前進、前進、また前進を続けた。

じつはマレー半島攻略の最大のネックは、限られた進撃路と、大小無数の河川にあった。守る側としては要所要所に布陣し、あるいは橋梁を爆破することで日本軍の前進をくい止めることが出来る。そうさせないためには、とにかく敵に時間的な猶予を与えずに前進し続けるほかに手段はない。

こうして、日本軍は九七式中戦車を装備した戦車連隊を先頭に走り続けたのである。

◆マレー沖海戦

第二十五軍が快進撃を始めた頃、輸送船団の護衛に当たっていた小沢治三郎中将の顔色は優れなかった。護衛に当たるマレー部隊は重巡を中核とした艦隊だったが、英軍のZ部隊には新鋭戦艦の「プリンス・オブ・ウェールズ」のほか、巡洋戦艦「レパルス」も配属されており、正面から戦った場合、勝算は低かった。しかしZ部隊を撃破しない限り、最悪の場合、陸軍部隊の補給は途絶えてしまう。それはつまり進撃の停止を意味し、シンガポール攻略も不可能になるという

1941年12月4月、シンガポールに到着した「プリンス・オブ・ウェールズ」。イギリス最新最強の戦艦キング・ジョージV世級2番艦で、日本軍への切り札として東洋に配備された

マレー沖海戦では美幌航空隊と元山航空隊の九六式陸上攻撃機と、鹿屋航空隊の一式陸上攻撃機が英の2戦艦に雷爆撃を加えて撃沈。航行中の戦艦を航空機が撃沈するのはこれが初めての例となった。写真は美幌空の九六式陸攻

ことである。

当然、英海軍もそのことは分かっており、Z部隊を率いるフィリップス提督は早くも8日の夕刻にシンガポールのセレター軍港を出港した。

だが日英両艦隊は互いに捜索するものの会敵はせず、フィリップス提督は苛立ち始めていた。このとき、英軍に十分な航空戦力があれば、航空索敵によって日本艦隊を発見することも出来たかもしれない。

しかし事実は逆で、Z部隊には航空機の傘はなく、日本は多数の陸上攻撃機を擁していた。ついに12月10日、陸攻部隊がZ部隊を捕捉して攻撃を開始すると、多数の魚雷を命中させてZ部隊の2戦艦を撃沈し、航空機の優位性を世に示すことになった。この結果にイギリスのチャーチル首相は大いに落胆し、シンガポールの命運も風前の灯火となったのである。

◆シンガポール攻略

快進撃を続ける日本軍だったが、その前に立ちはだかったのが英軍のカンパル陣地だった。だが、英軍が期待を寄

12月10日、日本海軍陸攻隊の水平爆撃を受けている「プリンス・オブ・ウェールズ（上）」と「レパルス」

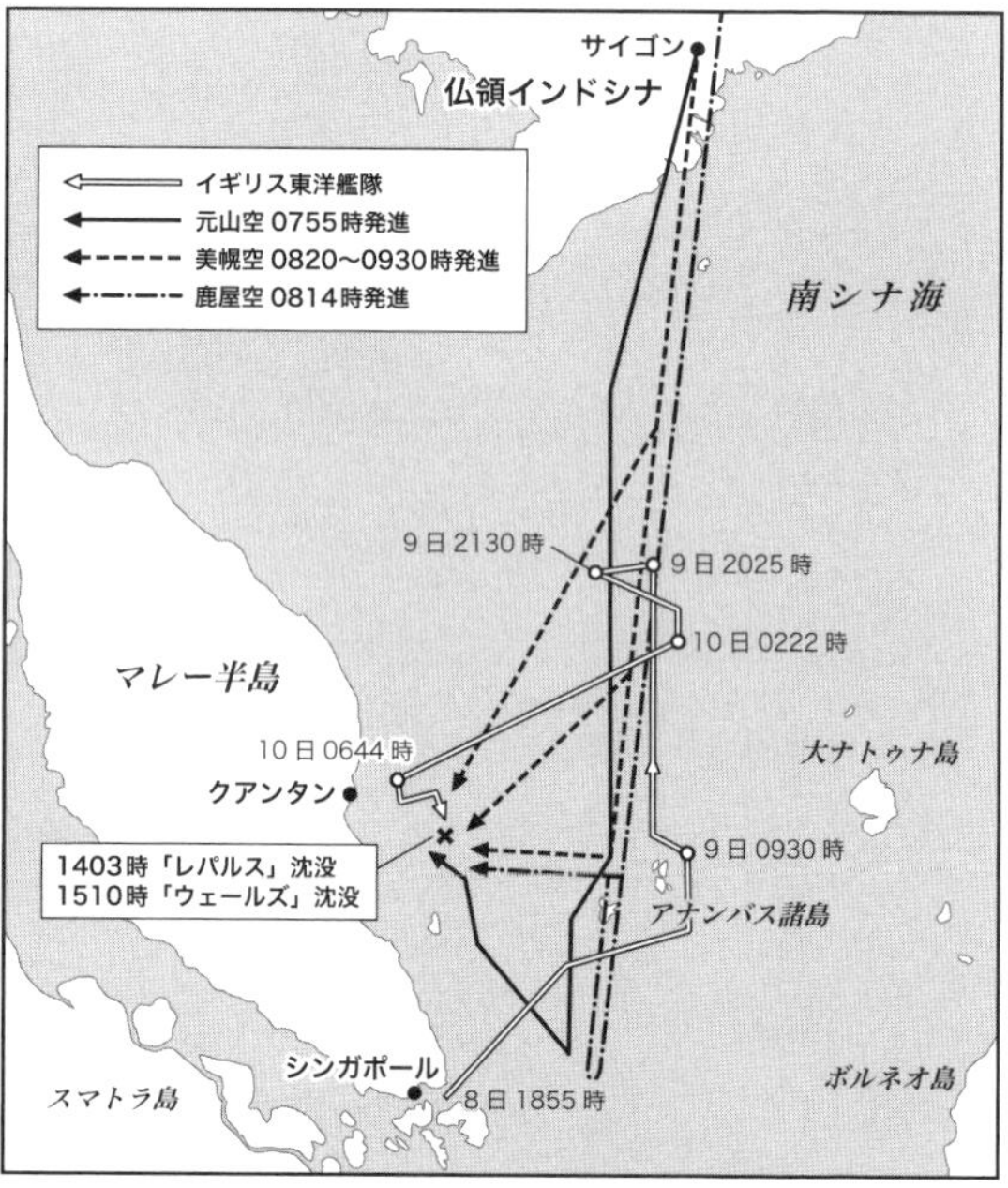

昭和16年（1941年）12月9日2025時、シンゴラへ向かったイギリス艦隊は直後の2130時に吊光弾を発見して避退、その後、10日未明から朝までにクアンタンへ向かった。日本側は0625時より索敵機を発進させ、元山空所属の帆足少尉機（九六式陸攻）が帰路に英艦隊を発見する。帆足機の誘導により、3個航空隊の九六式陸攻59機、一式陸攻26機が英艦隊に殺到、雷撃および水平爆撃により戦艦「プリンス・オブ・ウェールズ」、巡洋戦艦「レパルス」を撃沈した

せたこの堅陣も、日本軍が舟艇機動によって後方へ迂回したことにより陥落。

さらにスリム周辺では縦深約6キロにわたる陣地を築いていたものの、これも島田戦車隊による夜襲で一気に突破された。

こうして日本軍は1月11日にマレーの首都・クアラルンプールを占領し、ゲマスにおいて強敵のオーストラリア軍を破ると、1月31日に半島先端のジョホール・バルに達した。

しかし、さすがの日本軍も息切れしたために休養と補給を兼ねて態勢を整え、2月7日より上陸作戦を開始した。

これに対して英軍は果敢に立ち向かったものの、所詮は増援の見込みのない籠城戦である。しかもシンガポールには限られた水源地しかない。

結果、水源地を日本軍に占領され、一週間あまりの激戦の末にシンガポールは陥落し、司令官のパーシバル中将は降伏してマレー戦は終結したのだった。

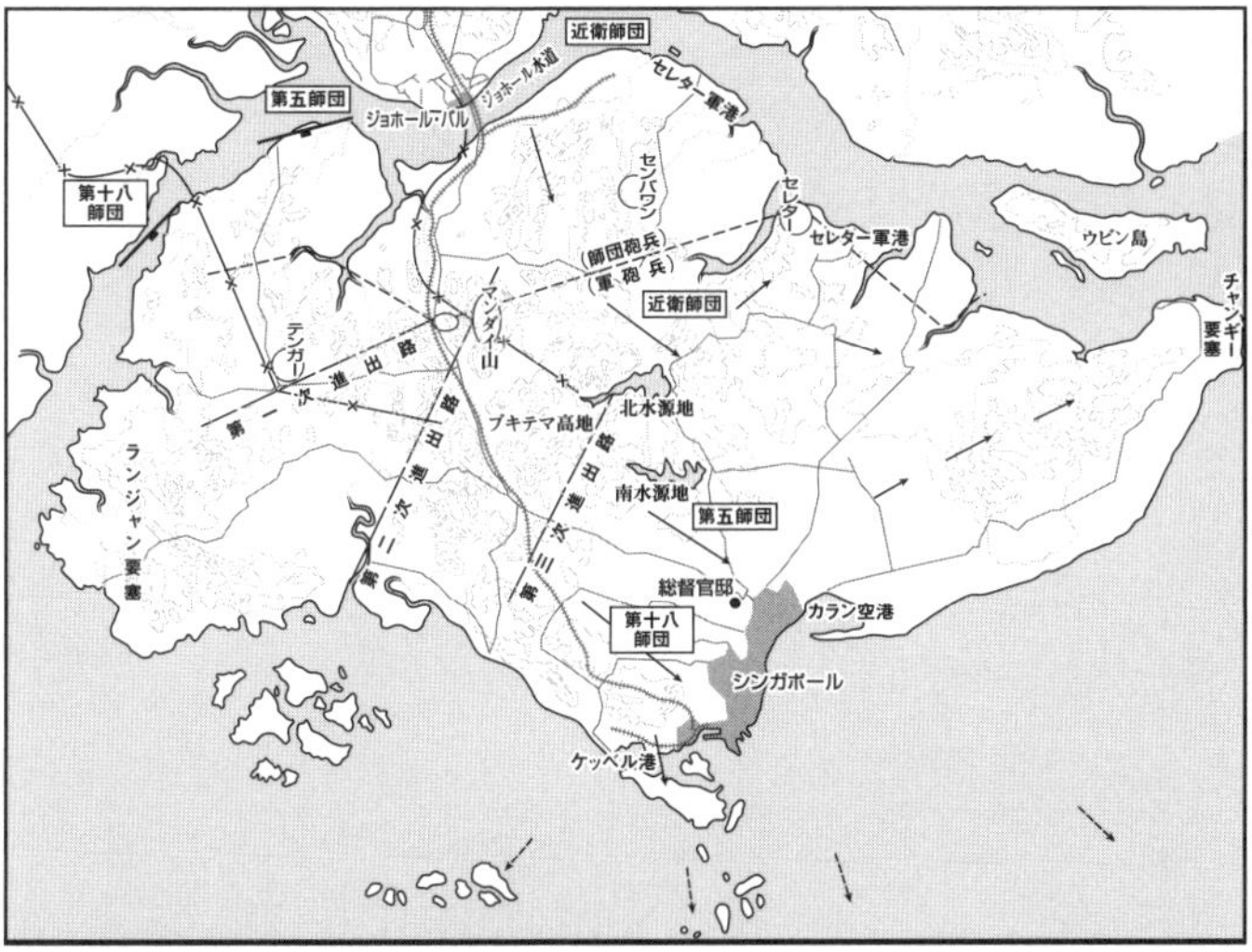

シンガポール攻略戦の概要図。日本軍はセレター軍港や東側から攻めると見せかけ、実際は西側に第五、第十八師団が上陸。2月15日に制圧に成功した

シンガポールを占領し、市内を行進する日本軍

2-5 比島攻略戦

◆第十四軍、大魚を逸す

電撃的な敵前上陸によって開始されたマレー戦とは異なり、フィリピン攻略は航空撃滅戦によって火蓋が切られた。そして日本軍はいくつかの僥倖《ぎょうこう》に恵まれながら、在フィリピンの米航空部隊を開戦から二日で、ほぼ壊滅状態に追いやることに成功した。

さらに、制空権確保を確実なものとするため、いくつかの前哨部隊を派遣してルソン島北部および近辺の島嶼にあった飛行場を占領・確保している。

こうして、確実な制空権のもとで第十四軍はルソン島に上陸を行なった。昭和16年（１９４１年）12月22日のことである。

日本軍は部隊を大きく二手に分け、軍主力（第四十八師団ほか）はリンガエン湾に上陸、敵を撃破しつつ南下してマニラを目指す。一方、第十六師団（ただし実質一個連隊強）はルソン島東部のラモン湾より上陸し、先にレガスピーに上陸していた木村支隊と合流して北上、マニラを目指す。

つまり、南北から首都マニラを挟み撃ちにする算段であった。

一方、極東米陸軍総司令官ダグラス・マッカーサー中将は当初の作戦計画どおり、マニラは早々に放棄して、バターン半島に籠城するつもりであった。そのため12月27日にはマニラの無防備都市宣言を行ない、日本軍もラジオ放送を通じてそのことを知った。

ここで、第十四軍は重要な判断を迫られることになる。すなわち首都マニラの占領を優先するのか、あるいはバターン半島へ退却中の米比軍を捕捉・撃滅すべきか、である。

だが第十四軍に対しては、開戦以前に大本営および南方軍よりマニラの占領を優先すべきことが申し渡されていた。このため、現に敵軍が敗走しているのを知りながらこれに対する処置はほとんど行わず、第十四軍はマニラ占領を急いだのである。

これに対して、第四十八師団長の土橋《つちはし》勇逸《ゆういつ》中将は軍司令部に対して、撤退する米比軍を撃滅すべき旨を意見具申したものの、取り合ってもらえなかった。

ここに、その後のバターン戦における苦戦の種がある。

もっとも、第十四軍司令部にも言い分はあった。そもそも、フィリピンを攻略すべき第十四軍の兵力は決して十分とはいえないものであった。たんに兵員数だけでいえば、日米の戦力差は3倍以上あっただろう。それに対して、大本営は第十四軍に45日間で作戦を完了するように求めている。

有力な敵が眼前を通りすぎていく様を見た土橋師団長はともかく、小兵力で短期間に攻略しなければならなかった第十四軍司令部、そして本間雅晴司令官としては、みすみす敵が「最終目標」を明け渡してくれるなら、無理に戦って身動きがとれなくなるよりも、さっさとマニラを占領するのが上策だと判断したのだろう。つまり、大本営や南方軍が要求した「首都占領」さえ果たせば、自分たちの主要な任務は達成されると考えたのではないか。

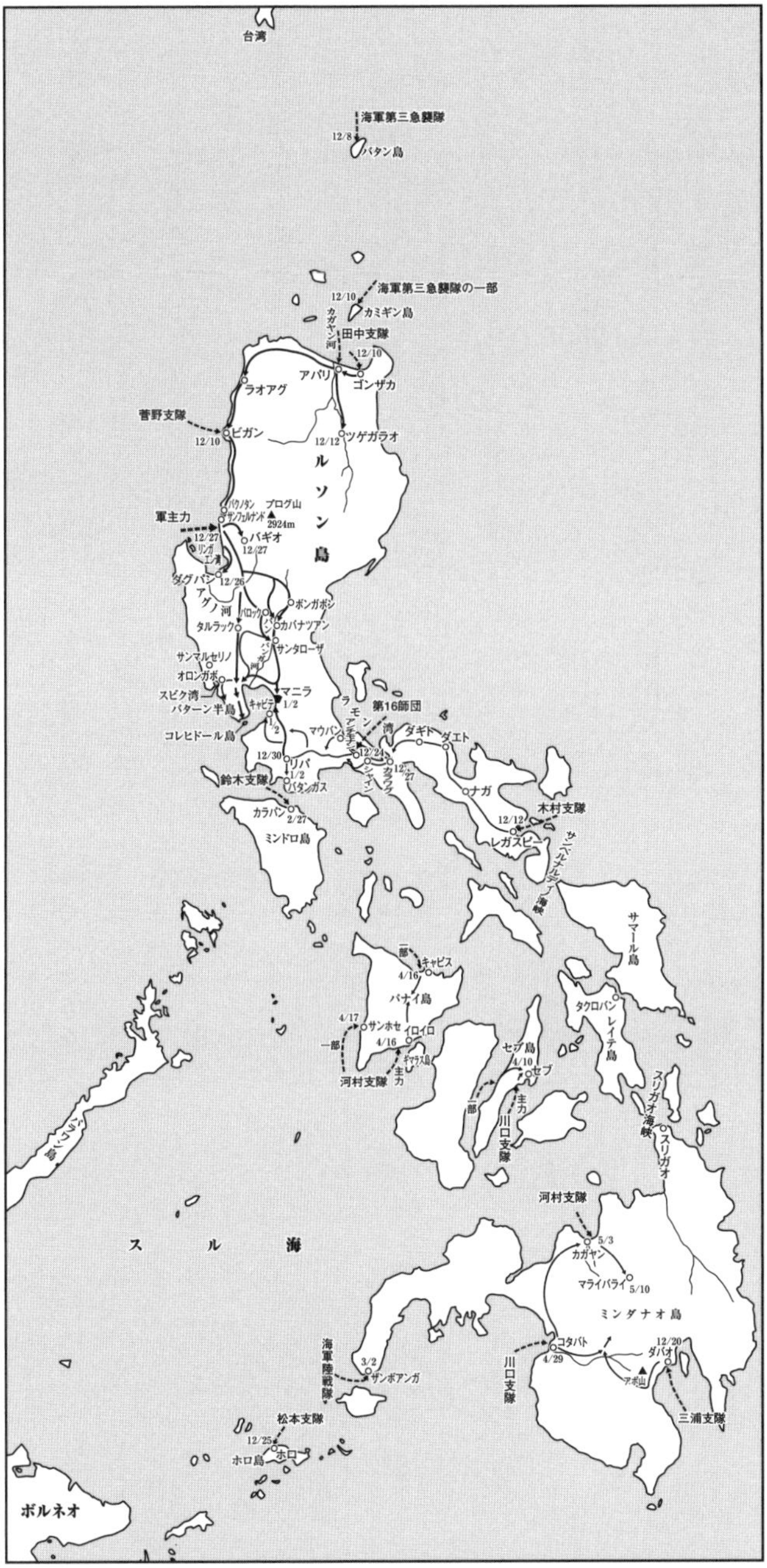

比島攻略作戦の全体図。まず陸海軍の航空隊による航空撃滅戦で米軍の航空部隊を壊滅させた日本軍は、12月10日からルソン島北部に前哨隊が上陸を開始。22日からは本格的な上陸作戦を開始し、マニラに入城したが、対岸のバターン半島に立てこもった米比軍に予想外の苦戦を強いられることになる

そして第十四軍も、南方軍も、首都を捨てて逃げていく敵軍など敗残兵でしかないと判断した。たしかに日本軍のドクトリンに照らせばそうなるだろう。日本軍の統帥綱領にも作戦要務令にも「戦略的撤退」などという概念は存在していなかったのである。

こうして第十四軍はみすみす大魚を逸した。そしてその結果、バターン攻略という新たな火種を抱え込むことになったのである。

そしてそれと引き換えに、敵兵が一人としていないマニラを、日本軍は昭和17年1月2日に占領したのだった。

◆第一次バターン攻略

バターン攻略を任された第六十五旅団は、本来治安・警備を主任務とする二線級の部隊だった。編制における連隊数は3個と建制師団と変わらないが、一個連隊あたりの大隊数は2個大隊であり、しかも構成人員の大半は現役兵ではなかった。

また、まともな砲兵部隊は配属されておらず、手榴弾すら満足に支給されていなかった。

これに対して、第一次攻略の折りには米軍は相当な砲撃を実施している。攻める日本軍のほうが明らかに火力不足であった。しかも、これまでフィリピン攻略を空から支援していた第五飛行集団はビルマ攻略のために抽出されている。

ただ、さすがに第十四軍司令部としても戦力不足の感は否めなかったので、戦車第七連隊、重砲兵二個連隊を増配した。また、右翼（西海岸）にはのちに第十六師団の木村支隊

リンガエン湾北部に上陸した第十四軍は、第四十八師団主力と上島支隊の分進合撃によって進撃し、マニラを目指した。また木村支隊は東海岸のレガスピーに上陸した。米軍はバターン半島への撤退のため、局所的な抵抗を見せたに留まった

（第二十連隊基幹）を増援として送り込んでいる。これで一応、四個歩兵連隊が攻略にあたったわけだが、それに対して米比軍はナチブ山系を第一の防衛ラインとして堅固な陣地を構築して待ち構えていた。第六十五旅団はそこへ飛び込んでいったわけである。

なにしろ、軍司令部も旅団司令部も残敵掃討の戡定《かんてい》戦としか考えていない。したがって、満足な捜索すら実行せずにやみくもに前進したのだ。当然、前進はたちまち停止してしまった。

膠着状態を打破すべく、右翼（西海岸）方面では海上機動を実施したものの、上陸地点を間違えて1個大隊が全滅し、さらに救援に向かった1個大隊までもが全滅の憂き目にあっている。無論、第六十五旅団の前面もまったく進捗しない。

バターン半島の小川を渡る八九式中戦車と日本兵たち

ここに至って、第六十五旅団長の奈良晃中将は面子をかけて総攻撃を命じた。1月24日のことである。この総攻撃によってなんとかナチブ山系の防衛ラインを占領することはできたが、米比軍は潰走に陥ることなく、粛々と次の陣地線まで下がったに過ぎない。

一方、第六十五旅団の損害は大きかった。総員6348名中、死傷者は1151名、さらにこれ以外にマラリアなどの戦病者を加えると、旅団戦力は当初の70%を切っていた。もちろん、弾薬・食料は底をついている。とてもではないがこれ以上の戦闘継続は不可能だった。

ここに至り、本間軍司令官は攻撃の一時中止を命じた。そして戦力を整えたうえで再攻撃することに決したのである。

◆第二次バターン攻略

バターン攻略を再開するにあたっては、大本営、南方軍、そして現地の第十四軍でそれぞれ思惑が異なっていた。

また、第十四軍司令部の内部でも、即刻攻勢を再開すべしという意見と、充分に戦力を増強してから行なうべきという意見が対立していた。これに対して大本営はバターン戦を後回しにして、先に周辺の島嶼を占領すべしという考えであり、一方の南方軍ではただちに攻撃を再開せよと第十四軍を督促した。

日本軍は長砲身37mm砲装備、最大装甲厚51mm、最大速度58㎞ /hというアメリカのM3軽戦車に苦戦したため、急きょ九七式中戦車に長砲身47mm砲を搭載した新砲塔チハ（九七式中戦車改）の実戦投入が決まり、昭和17年4月からバターン攻略戦に投入された。元になった九七式中戦車は短砲身57mm砲、装甲厚は25mmで、対戦車戦には向いていなかった

バターン半島を攻略して万歳する日本軍の将兵

ようするに、それぞれの方針がバラバラで、あまつさえ南方軍は慎重論を唱えていた第十四軍の前田正実参謀長と牧達夫作戦主任参謀を罷免および更迭してしまう。あからさまなごり押しではあったが、それが功を奏したか、第十四軍も翻意してバターン攻略の再開を決定した。そして南方軍もそれを後押しするように、砲兵部隊や航空部隊の増援を次々と送り込んだのである。

こうして第一次攻略戦とは比較にならない大戦力を集め、日本軍としては珍しく大規模な攻勢準備砲撃および空爆を行なって攻略戦を再開した。

第二次攻略はこれまでの難戦がなんだったのかと思うくらい、あっけなく終った。第二次攻略は4月3日に開始され、左翼（東海岸）より永野支隊、第四師団、第六十五旅団、第十六師団が横一線に並んで前進した。

攻撃開始当日は米比軍も抵抗を試みたものの、このころすでに食料の備蓄が底をつきかけていたために急激にその力は弱まっていった。そして6日ごろからは各所で投降者が相次ぎ、9日にはバターン地区の司令官であるキング少将が降伏を申し入れてきた。こうして、第二次攻略はわずか1週間ほどで幕を閉じたのである。

その後、1カ月弱の準備の後に、5月5日よりコレヒドール島の攻略も実施したが、これも予想に反してあっけなく陥落した。なお、この時も日本軍は入念に準備砲撃を行なっている。

こうして、5月7日にコレヒドール島にいたウェインライト中将が降伏してフィリピン戦は終結した。しかし、その後も各島嶼に対する攻略戦が行なわれ、また一方でフィリピン各地では小部隊がゲリラ化し、マッカーサーが戻ってくるまでの2年半、活動を続けたのだった。

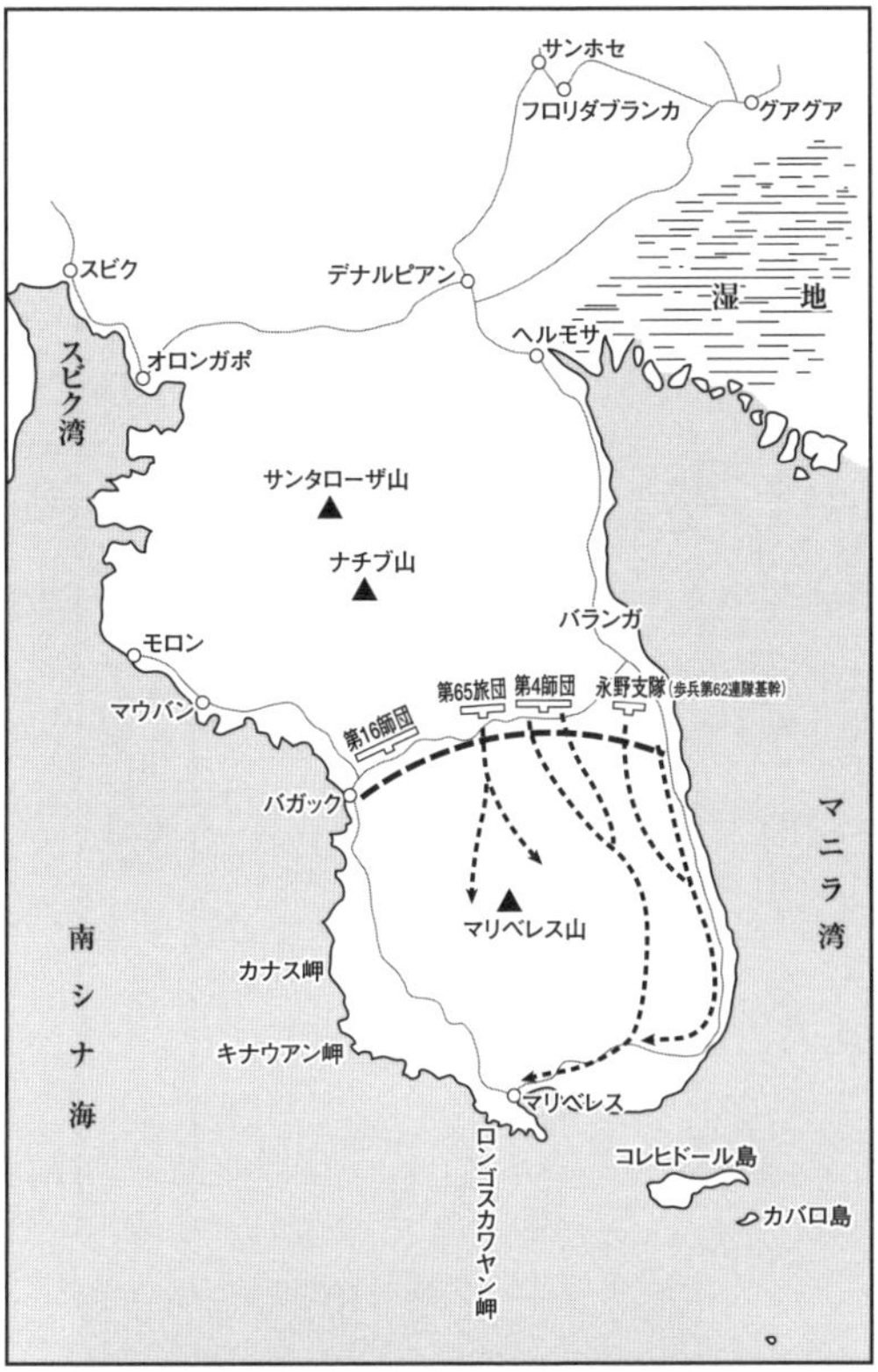

第二次バターン半島攻略戦の戦況図。第一次攻略戦で攻略に当たった第六十五旅団は大苦戦したため、第四師団、第十六師団などの増援を得て4月3日から再度攻勢を開始、9日までに半島を攻略することに成功した

降伏してコレヒドール島を出るアメリカ兵たち

2-6 蘭印・ビルマ攻略戦

◆蘭印攻略に向けて

太平洋戦争の開戦と同時に日本軍はマレー半島に上陸、以後快進撃を続けてシンガポールを陥落せしめた。またフィリピンにおいても早々に首都・マニラを占領して米比軍をバターン半島に押し込めて、事実上無力化した。

しかしこれらはすべて、来るべき蘭印（オランダ領東インド。現在のインドネシア）攻略に向けての露払いに過ぎなかった。なぜなら、蘭印の占領と石油資源の確保こそが太平洋戦争を始めた最大の要因だったからだ。

そしてこの蘭印攻略作戦を開始するにあたり、マレー・フィリピンのみならず、日本軍はその外郭にある要地を次々と占領していった。

すなわち、昭和16年（1941年）12月15日にはダバオを占領し、翌昭和17年1月11日にはメナドに対して海軍特別陸戦隊が空挺降下を行なって確保、その後も1月末から2月にかけてケンダリー、バリクパパン、マカッサルを占領した。そして2月15日にはスマトラ島のパレンバンに対して陸軍の第一挺進団が空挺作戦を実施して守備隊を制圧、油田施設を確保したのである。

さらに2月下旬にはチモール島にも攻撃を行なって占領し、オーストラリアとの連絡線を遮断、これによって蘭印攻略の本丸であるジャワ島上陸のお膳立てはすべて整ったのであった。

昭和17年1月11日、セレベス島のメナド近くのランゴアン飛行場に空挺降下する、日本海軍横須賀鎮守府第一特別陸戦隊の空挺部隊

◆ABDA艦隊を撃破

とはいえ、陸軍がジャワ島に上陸するためにはもう一つクリアしなければならない大きな障害があった。それがABDA艦隊の撃滅である。

ABDA（America・Britain・Dutch・Australia）艦隊とは米英蘭豪の4カ国からなる多国籍（連合）艦隊の略称で

スラバヤ沖海戦でABDA艦隊の旗艦を務めたオランダ軽巡洋艦「デ・ロイテル」。基準排水量6,642トン、速力32ノット、主砲は15cm砲7門、雷装は持たない

スラバヤ沖海戦で勝利の立役者となった妙高型重巡「羽黒」。基準排水量13,000トン、主砲は20.3cm連装砲5基、雷装は61cm四連装魚雷発射管2基、約33ノット

ある。当時、ABDA艦隊は巡洋艦6隻と駆逐艦20隻以上を擁し、侮れない戦力を保持していた。これを率いるのはオランダ海軍の提督カレル・ドールマン少将である。

これに対して日本海軍は第三艦隊と第十一航空艦隊を投入した。巡洋艦9隻と駆逐艦22隻に加え、航空機約300機という戦力である。また、南遣艦隊がこれに協力するほか、陸軍の第三飛行集団の約450機も支援にあたる。

日本海軍とABDA艦隊の最初の交戦は2月4日のジャワ沖海戦だった。この時は日本の陸攻隊が攻撃し、損害1機に対して巡洋艦3隻に損害を与え、幸先のよいスタートを切った。

続いて20日にはバリ島沖海戦が行われ、日本海軍はわずか2隻の駆逐艦（のちに2隻加勢）で敵を翻弄。駆逐艦1隻を撃沈し、巡洋艦をはじめ数隻に損害を与えた。

そしていよいよ、27日には両軍の主力がぶつかり合うことになった。スラバヤ沖海戦と呼ばれるこの海戦は、当初、遠距離砲戦が続いたために双方に損害が発生せず、夜間入りで戦闘がいったん終息に向かいつつあったところ、「羽黒」の主砲弾が「エクセター」に命中し、流れが変わった。指揮官の高木武雄少将は全軍に突撃を命じて距離を詰めたものの、肝心のところで敵艦隊を取り逃がしてしまった。

　しかしその後、ドールマン提督は反転して日本の輸送船団の攻撃に向かった。これを捕捉した第五戦隊は雷撃戦を展開して、ドールマン提督が座乗する旗艦「デ・ロイテル」をはじめ数隻を撃沈破し、勝利した。

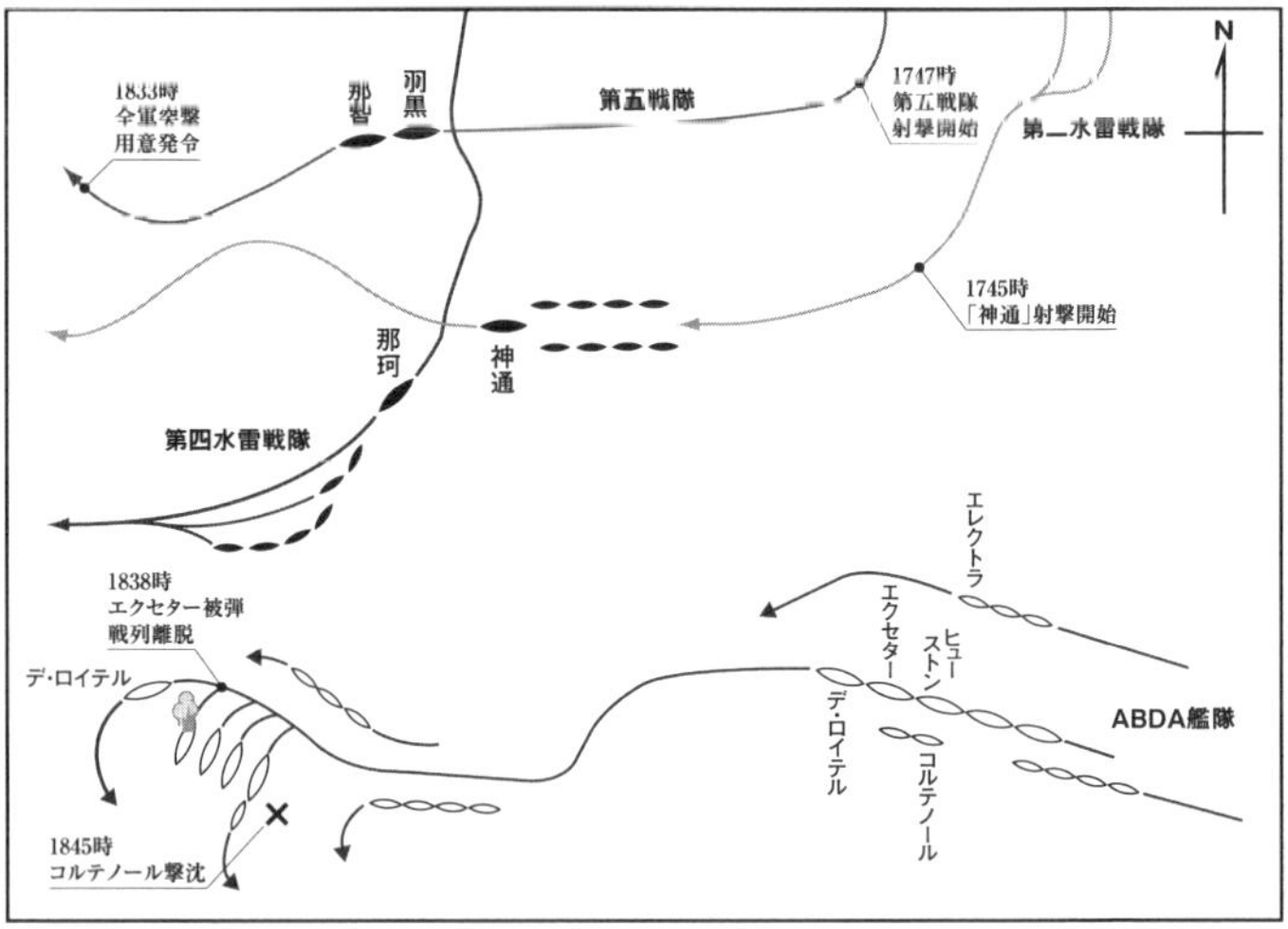

2月27日のスラバヤ沖海戦・第一次昼戦。遠距離での砲雷戦となり、「羽黒」が主砲弾を英重巡「エクセター」に、魚雷を蘭駆逐艦「コルテノール」に命中させるなどの戦果を挙げた

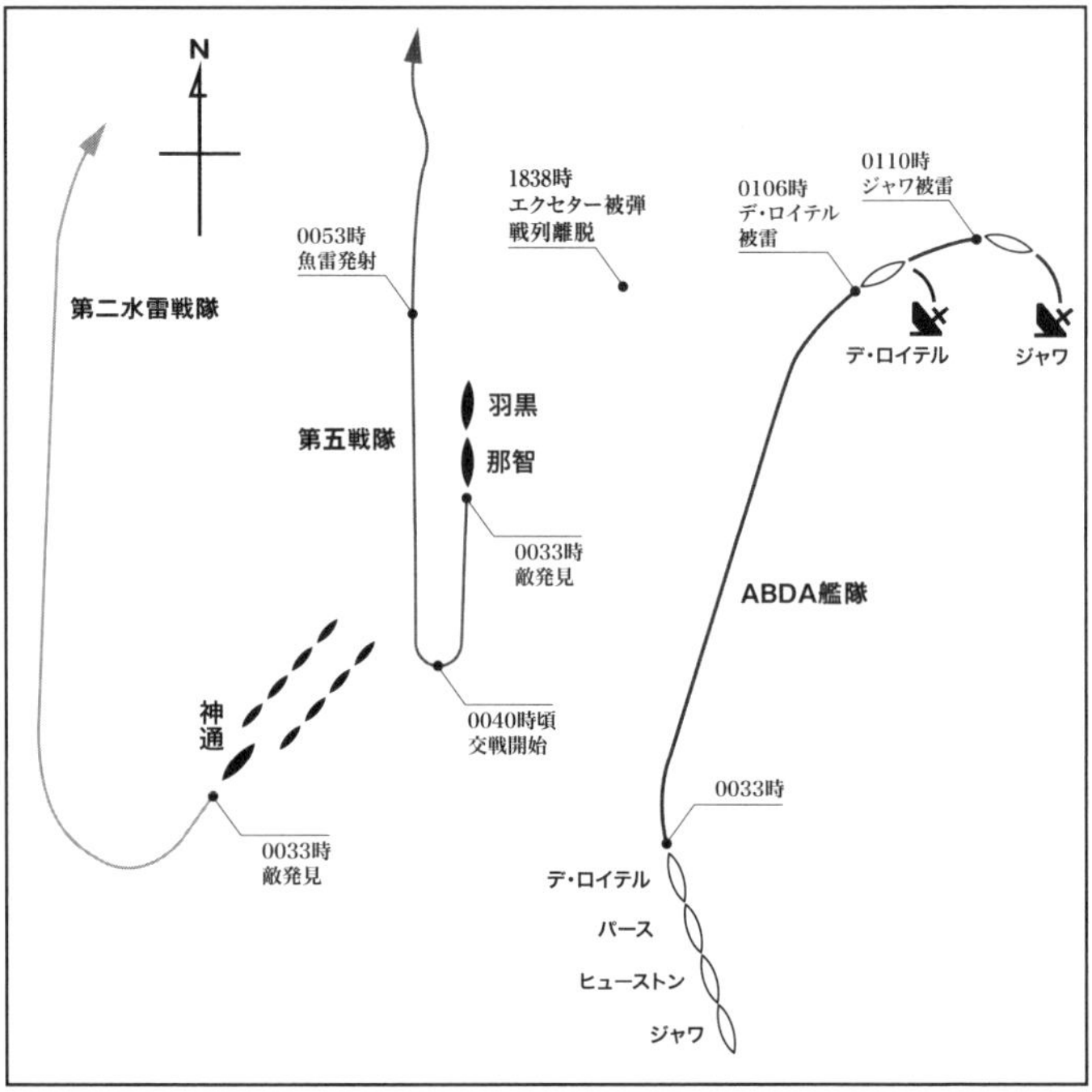

2月28日夜のスラバヤ沖海戦・第二次夜戦。「那智」と「羽黒」はABDA艦隊を発見、「那智」が8本、「羽黒」が4本の魚雷を発射し、オランダ軽巡「デ・ロイテル」と「ジャワ」を撃沈した

　さらに3月1日の夜には脱出をはかった米重巡「ヒューストン」と豪軽巡「パース」を原顕三郎少将の部隊（第七戦隊および第五水雷戦隊）が捕捉、両艦を撃沈した（バタビア沖海戦）。

　こうして日本海軍はジャワ島周辺海域の制海権を確実

なものとし、陸軍の上陸と、その後の兵站に万全を期したのであった。

◆ジャワ島攻略

スマトラ島のパレンバン油田をはじめ、各地の油田をすでに占領・確保したものの、ジャワ島に立て篭る連合軍を撃破しないことには蘭印作戦は終わらなかった。というのも、当時ジャワ島だけでも約8万名ほどの兵員がいると見積もられていたためである。これを放置することは連合軍の反攻拠点をみすみす見逃すことになるため、なんとしても排除しておかなければならなかった。

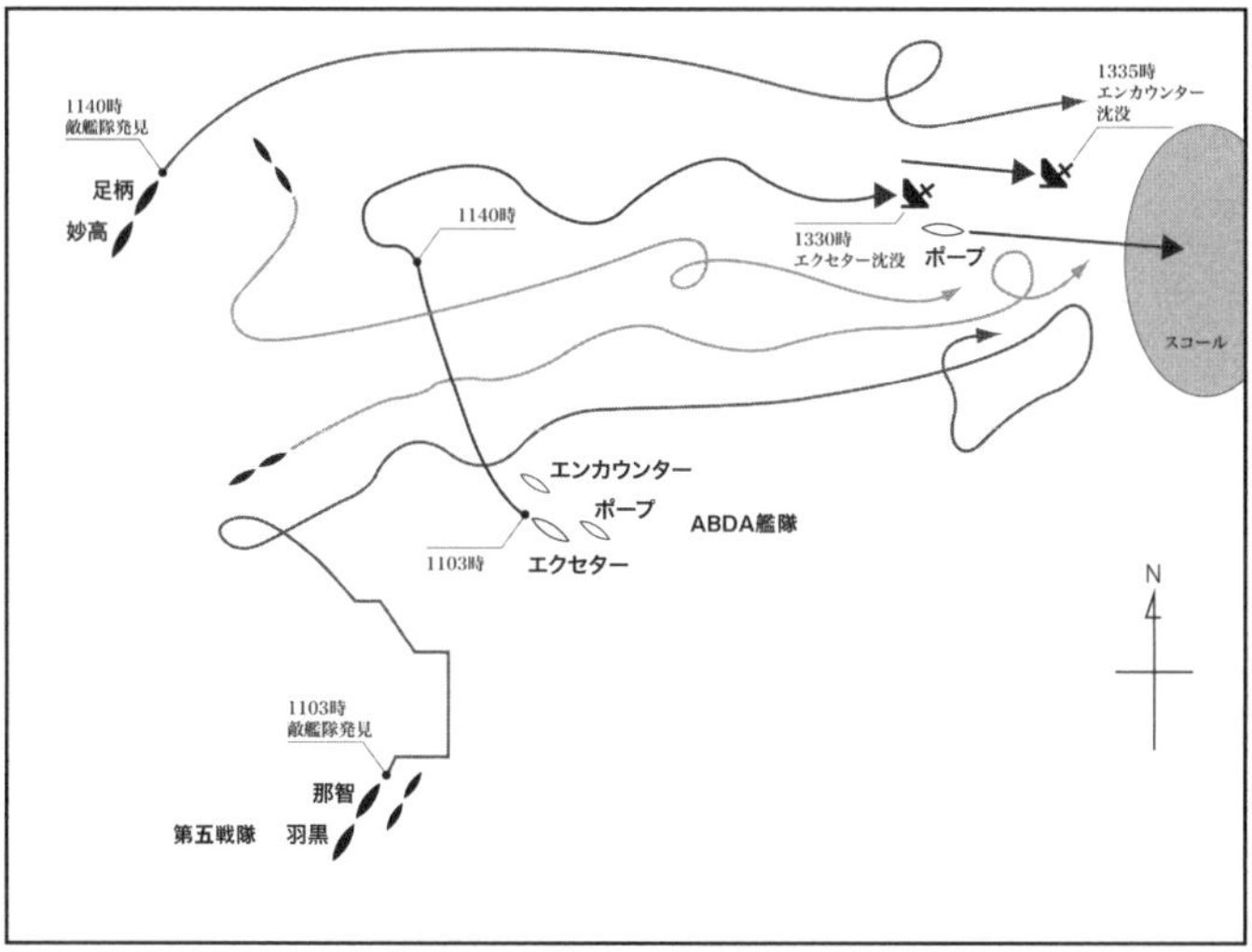

スラバヤ沖海戦・3月1日の昼戦では妙高型の「那智」「羽黒」「妙高」「足柄」が揃い踏みし、「エクセター」、英駆逐艦「エンカウンター」、米駆逐艦「ポープ」を撃沈した

スラバヤ沖海戦で日本軍の攻撃を浴びる英海軍の重巡「エクセター」。右奥は豪駆逐艦「ホバート」。ラプラタ沖海戦で活躍した殊勲艦「エクセター」も、この海戦で戦没した

ジャワ島攻略に際しては今村均中将が指揮する第十六軍がこれにあたった。

部隊を大きく三つに分け、主力となる第二師団はバンタム湾に上陸、首都・バタビアを攻略後に敵の本拠地であるバンドン要塞へ向かう。

また、バタビアを挟んで東側に位置するエレタンには東海林《しょうじ》支隊（第三十八師団の2個大隊基幹）が上陸し、バタビアの後背を脅かすと同時に、バンドン要塞との連絡線を遮断する任務を遂行する。

さらにジャワ島東部のクラガン岬に第四十八師団および坂口支隊が上陸、スラバヤとチラチャップの占領を目指す。ここ

を早期に占領することで、連合軍は脱出路を失うことになるため、どれだけ早く占領できるかが鍵であった。

　このような作戦方針のもと、3月1日に日本軍は上陸作戦を敢行した。

　しかし、連合軍の抵抗は想像以上に弱いものだった。というのも、ジャワ島防衛の責任者であった蘭印軍陸軍総司令官のテル・ポーテン中将は、すべてを守ろうとして、そのすべてに兵力を分散したからだ。

　このため日本軍にしては珍しく自動車化されていた第四十八師団は快進撃を続けて3月7日には目標だったスラバヤを占領。さらに坂口支隊も1日遅れでチラチャップを占領した。

　一方、主力である第二師団はやや苦戦した。第二師団の前面では戦意に富むブラック・フォースと呼ばれる豪第7師団の混成部隊が抵抗を試みたからだ。しかしそれでも第二師団は確実に前進を続け、3月5日にはバタビアへの入城を果している。

　そして東海林支隊もまた快進撃を続け、当初の目的だったカリジャチ飛行場を占領、これにより以後日本軍は陸軍航空隊による上空援護を受けられることになった。さらにバタビア・バンドン間の連絡線遮断のために前進を続けたところ、逃げる敵を追ううちにバンドン要塞の外郭陣地にまで到達してしまった。

　本来であればいったん停止して、その後の作戦行動の指

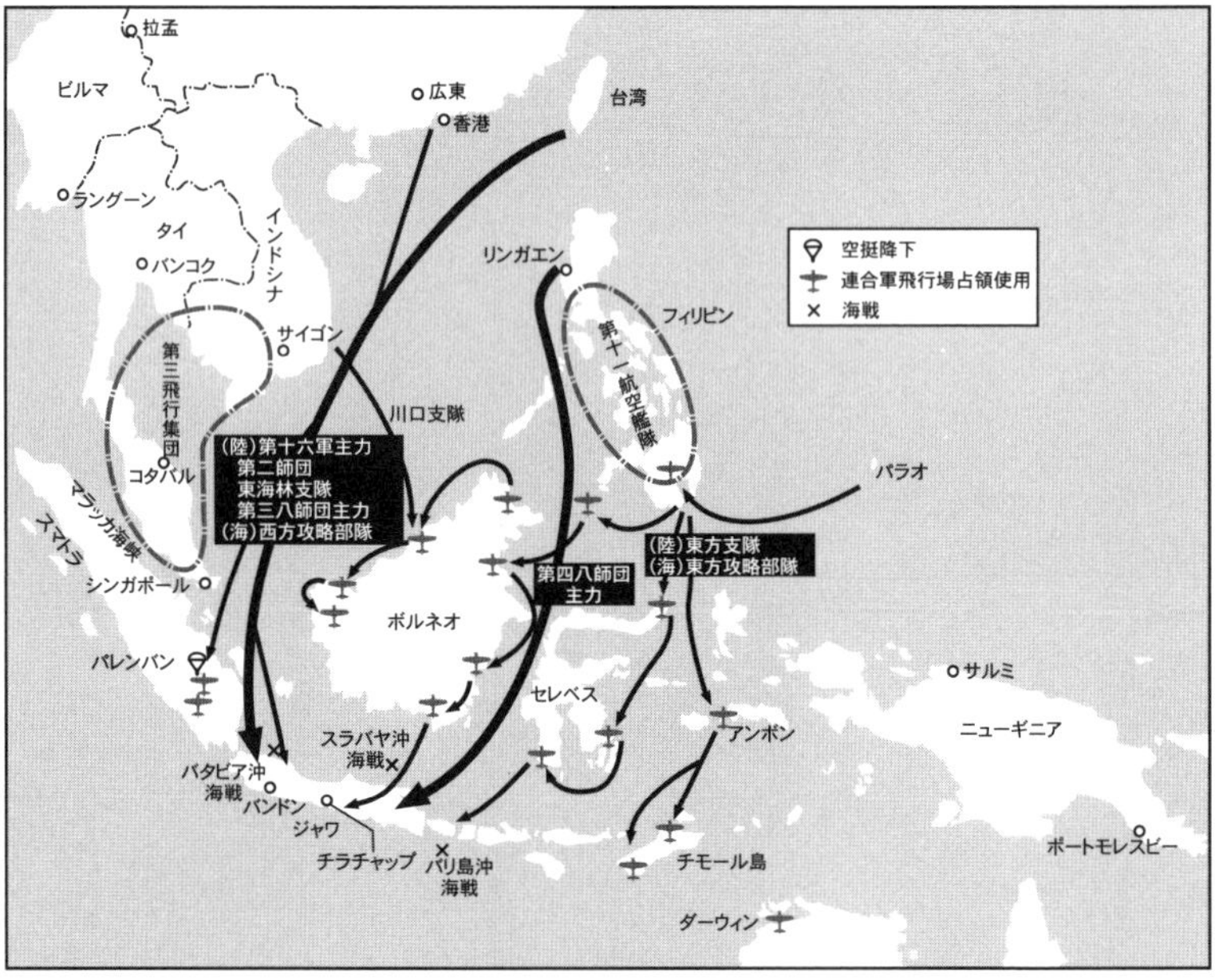

蘭印攻略戦の全体図。陸軍第十六軍は、第三飛行集団や海軍の第十一航空艦隊とともに攻略を開始。石油採掘施設を破壊する暇を与えないためスピードが要求される作戦であったが、日本軍は陸海空で快勝を続け、3月9日にジャワ島の連合軍主力は降伏。南方攻略戦の一大目標を確保することに成功した

示を仰ぐべき状況であった。ところが、東海林支隊と第十六軍司令部との連絡は不通のままであった。

というのも、上陸時に行われたバタビア沖海戦の際、司令部が座乗していた「龍城丸」が被雷・沈没してしまい、大型の無線機を喪失していたためである。

そこで東海林支隊長は独断専行で要塞の一角への攻撃を命じた。この時は「要塞の一部だけでも確保しておけば、のちの総攻撃がいくらかでも楽になるに違いない」という判断であった。

ところが、この東海林支隊による攻撃に連合軍は動揺し、「日本軍による総攻撃が始まった」と勘違いした。そしてもはやここまでと観念して、降伏を申し出たのだった。

さすがにこのあっけない降伏に第十六軍司令部は半信半疑であったが、正式な降伏と判明したためにこれを受諾し、3月9日に作戦は終結したのだった。

◆ビルマ電撃戦

日本が太平洋戦争を開始したのは、先述のように石油を始めとする戦略物資や資源の確保が大きな要因であった。

しかしその一方で、中国との戦いを終わらせることも重要な目的であった。

日本はこれまで欧米による中国支援のルートをことごとく遮断して国民党政府を干上がらせる方針を取ってきたが、その最後の1つがビルマ経由の援蒋ルートであった。つまりビルマを占領することで中国に対する包囲は完了するはずだった。

また、占領したマレーや蘭印を防衛するためにも、戦略的に防衛縦深を確保しておくことは必要である。

この2点を達成するためにも、ビルマ攻略作戦は実施されることになったのである。

ビルマ・イラワジ河沿いのエナンジョン油田に到達した日本軍

ビルマ攻略を担当したのは飯田祥二郎中将率いる第十五軍で、作戦開始当初は2個師団(第三十三および第五十五)からなっていた。

昭和17年1月20日、第五十五師団は国境線を越えてビルマに進攻を開始し、30日にはモールメンを占領した。また第三十三師団は第五十五師団のやや北寄りを進み、両師団は首都ラングーンを目指した。

対する英軍は日本軍の進攻方面を見誤っていたために防御が後手に回った。そして3月に入ると日本軍がラングーンの後方へ進出したために包囲されることを恐れて脱出、第十五軍は8日にラングーン入城を果した。

その後、第十五軍は第十八師団と第五十六師団を編入し、3本の攻勢軸で北上を開始した。

英軍は各地で抵抗を試みるも悉《ことごと》く撃破され、防衛のためにビルマへ進出していた国民党軍も撃退された。

こうして4月30日にはラシオが陥落し、マンダレーも5月1日に日本軍が占領した。

雨期が迫るなか、英軍はついにビルマの放棄を決定し、5月中旬までに日本軍はビルマのほぼ全土を平定したのだった。

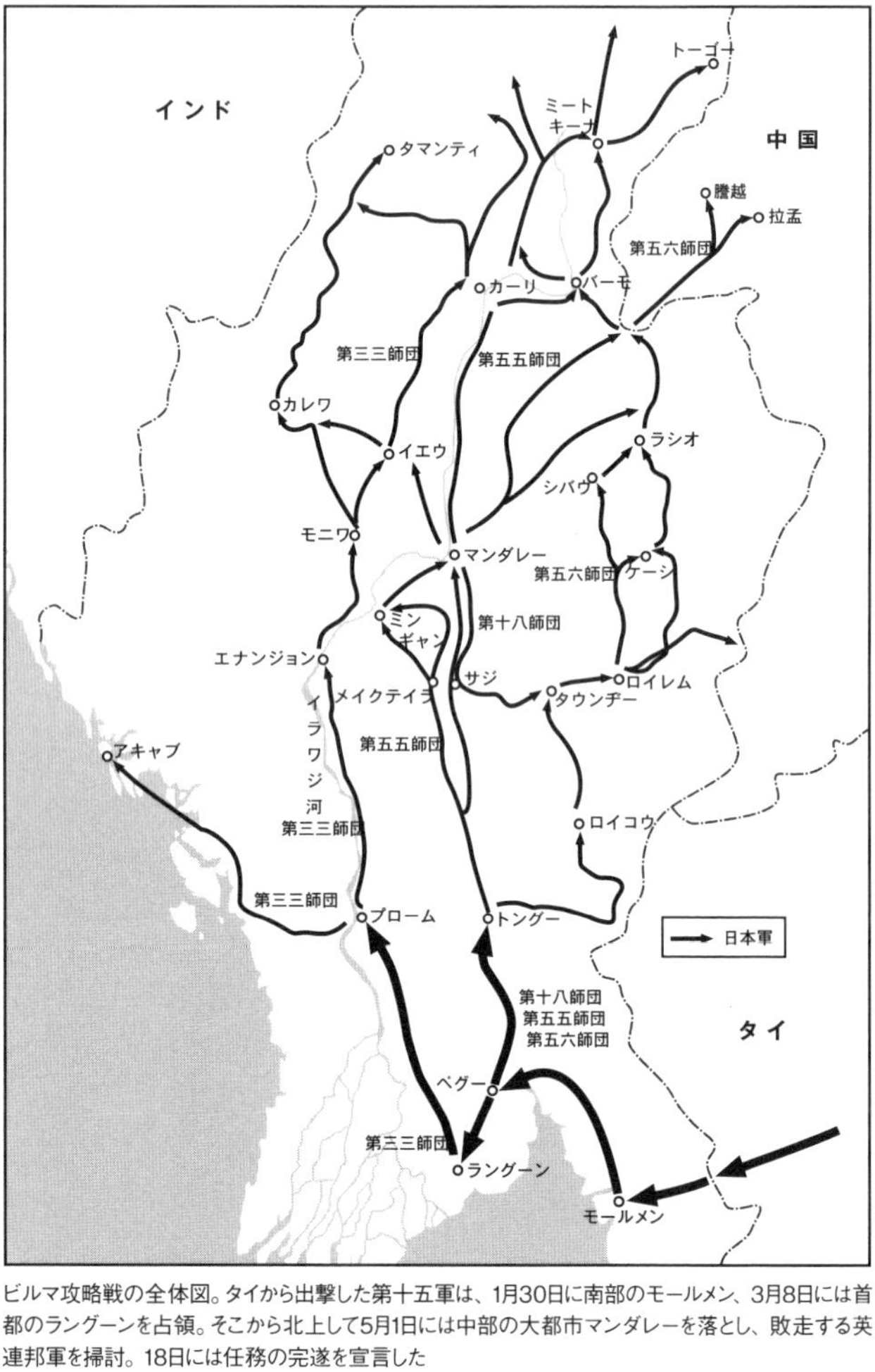

ビルマ攻略戦の全体図。タイから出撃した第十五軍は、1月30日に南部のモールメン、3月8日には首都のラングーンを占領。そこから北上して5月1日には中部の大都市マンダレーを落とし、敗走する英連邦軍を掃討。18日には任務の完遂を宣言した

2-7 赤軍冬季反攻とクルセイダー作戦

◆ソ連軍の冬季反攻

１９４１年12月、アジアではついに日本が開戦に踏み切り、破竹の快進撃でマレー・フィリピン・蘭印・ビルマなどを席捲したわけだが、ここで少し時計の針を巻き戻し、欧州及び北アフリカ方面に目を向けてみたい。

日本海軍が真珠湾に対して奇襲攻撃を行なう直前の12月5日、ドイツ軍はタイフーン作戦の中止を決定した。そしてまさにその同じ日に、ソ連軍は冬季反攻作戦を開始したのである。

思えば日本が太平洋戦争に踏み切った要因の一つに、ドイツ軍の快進撃ぶりがあった。ソ連領土を縦横無尽に暴れ回り、今にもソ連が降伏するかという幻想に囚われた日本の軍人の中には「バスに乗り遅れるな」とばかりに対ソ進攻を主張する者まで現われる始末だった。

結果として日本は北方ではなく南方に向かったわけだが、いずれにしても盟邦ドイツの勢いは日本を勇気づけた。にもかかわらず、そのドイツは首都モスクワを目前にして、ロシアの冬将軍の前に力尽きた。そしてまさにそのタイミングで、日本は戦争に踏み切ったことになる。皮肉といえば皮肉である。

それはさておき、ソ連軍の反攻の骨子はモスクワを中心としてその北及び南において前線を突破、ドイツ軍の後方にまで浸透して大包囲網を形成しようというものであった。

しかし、この当時のソ連軍はまだ戦術的にそこまで成熟していなかった。

モスクワの北では独第3装甲軍に対して赤軍第30軍がクリン付近で攻撃を開始した。そして戦線を突破すると南に転進し、ドイツ軍の補給路を断つ動きに出た。

ドイツ軍もすかさず装甲部隊を派遣して辛うじてこれを封じる。さらに反撃を企図していた矢先に、今度は第4装甲軍が攻撃の矢面に立たされた。すでに弱体化していたドイツ軍はこれを支えることはできず、13日にクリンから撤退した。

一方、南方面ではグデーリアン上級大将が指揮する第2装甲軍に対して赤軍第3軍・第10軍・第50軍・第1騎兵軍団などが攻撃を開始。トゥーラ包囲のために突出していた装甲軍は危機に陥ったがどうにかこれを脱出した。

1941年12月5日、ドイツ軍の「タイフーン」作戦に耐え抜いたソ連軍は反攻を開始した。写真は雪の積もった森林地帯を進撃するT-30軽戦車とソ連兵

さらに両翼の攻撃が概ね成功したことを受け、いよいよモスクワ正面においても反攻作戦が活発化した。

これに対してヒトラーは18日にモスクワ正面の全部隊に対して死守命令を発した。この死守命令にグデーリアンを始めとする前線の野戦指揮官は反発したが、一見すると現状を無視したような命令も、裏を返せばドイツ陸軍の統帥の混乱に起因する。

死守命令が出された日に中央軍集団司令官のフォン・ボック元帥が辞任し、翌19日、ドイツ陸軍総司令官のフォン・ブフウヒッチュ元帥が辞任。26日にはグデーリアンが、1942年1月1日には第4装甲軍司令官のヘープナー上級大将が命令不服従を原因として罷免された。

これら統帥の混乱は、一歩間違えれば総崩れを起こしかねない危険性を孕んでいた。しかし、皮肉にも死守命令によって救われたという側面もある。またソ連軍の戦術能力が未熟であり、大規模攻勢に対する補給見込みの甘さに救われたともいえる。

モスクワ北方に食い込んでいたドイツ軍の戦線は今や大きく後退した。そしてカリーニン戦線正面軍の赤軍第22軍・第29軍・第39軍は独中央軍集団左翼の第9軍に襲いかかったのである。

冬季反攻におけるソ連軍は、バルバロッサ作戦開始当初のドイツ軍による電撃戦を彷彿とさせるような浸透戦術を行なった。そしてドイツ軍の拠点を迂回、放置して、ひたすら後方の補給拠点を襲ったのである。しかしすでに死守命令が出されていたこともあり、ドイツ軍はどうにか拠点を守り抜いた。むしろ拠点を離れればソ連軍に攻撃される以前に、自然の猛威の前に部隊は消滅していたかもしれなかった。

◆反攻の終焉と膠着

年が明けて1942年1月7日、ソ連軍はスキー部隊に

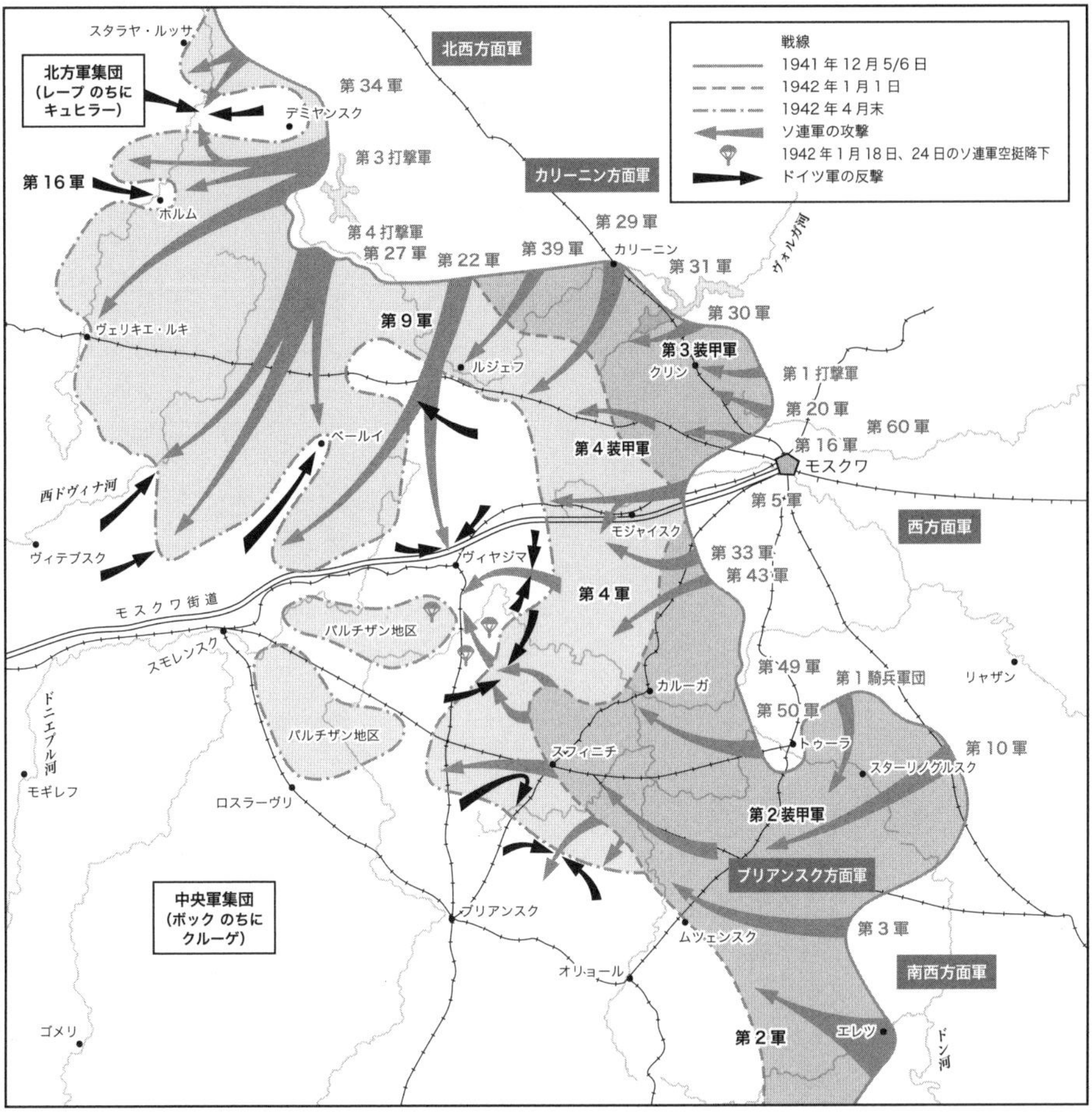

1941年〜42年のソ連軍の冬季反攻の戦況図。大突破によりドイツ軍の包囲殲滅を狙ったソ連軍だが、そこまでには至らず、ルジェフ、デミヤンスクなどの突出部を残してドイツ軍の戦線は維持された

よる浸透で独北方軍集団に属する第16軍に対して攻撃を開始した。レニングラードへ向かうべく、イリメニ湖方面へ向けた攻撃だったが、これはドイツ軍によって阻止された。

しかし、ソ連軍の本当の目的は違った。赤軍第11軍および第53軍は突如南下して独第16軍を攻撃、さらに第3打撃軍も前線を突破したため、デミヤンスクとホルムにいたドイツ軍は包囲されることとなった。

さらに赤軍第4打撃軍・第22軍・第27軍も前線を突破後、長駆進撃した。そして独中央軍集団の右翼でも赤軍第10軍が北上をはじめ、独第9軍はまるごと包囲されるかに見えた。

しかしここでもソ連軍の準備不足のため、ドイツ軍はかろうじてこれを持ち堪え、ついに進撃を止めたのである。

一方、南方軍集団の戦区でもソ連軍は反攻を行ない、ティモシェンコ将軍率いる南西軍はハリコフ前面の幅80㎞、深さ100㎞におよぶ地域を奪い返した。

こうして全戦線にわたって繰り広げられたソ連軍の冬季反攻だったが、補給不足による息切れと、春の訪れとともにやってきた泥濘のためにようやく終息し、両軍は暫しの膠着状態となった。

そしてその膠着状態は間もなく、ドイツ軍による大規模攻勢によって破られることになるのである。

◆クルセイダー作戦

雪吹きすさぶ東部戦線とはうって変わって、灼熱の北アフリカでも連合軍は反攻作戦を目論んだ。

エルヴィン・ロンメル将軍の登場によって北アフリカ戦線の趨勢は一変し、今や英連邦軍はリビアから追い出され、残る拠点はトブルクのみとなっていた。

つまり枢軸軍から見ればトブルクは目の上の瘤であり、連合軍からみればリビアにおける最後の砦ということになる。自然、このトブルクを巡って両軍は激しい戦いを繰り広げることになった。


反攻作戦に先立ち、英連邦軍はまず組織の改編と人事異動を行なった。それまでの西方砂漠部隊を第8軍とし、第30軍団と第13軍団を隷下におさめる。第30軍団は英第7機甲師団と南アフリカ師団を基幹とする機械化部隊である。他方、第13軍団はインド第4師団およびニュージーランド第2師団を擁する歩兵部隊である。

人事面では中東軍総司令官をウェーベルからオーキンレックに替え、第8軍司令官にはカニンガム将軍が就任した。

これらの結果、第8軍の総兵力は11万8000名となり、戦車700輌と砲800門を装備するに到った。

これに対して枢軸軍でも北アフリカのイタリア軍部隊をロンメルの指揮下に編入してアフリカ装甲軍とし、総兵力は11万9000名と連合軍に拮抗した。しかし装甲車輌については質量ともに劣り、イタリア軍の戦車を含んでも400輌程度でしかなかった。

ロンメルは先手をとって包囲中のトブルクを一気呵成に陥落させるべきだと考えていた。しかし、先手を取ったのは連合軍のほうであった。

1941年11月17日、英第8軍は隷下の2個軍団を柱として2正面で攻勢を開始した。これを「クルセイダー作戦」という。歩兵部隊である第13軍団は海岸道路沿いにハルファヤ峠とソルームを目指す。ハルファヤ峠は先の2回の戦いで手痛い目にあったこともあり、あえて機械化部隊を投入せず、歩兵部隊によってじっくり攻略する考えであった。

そして第13軍団がゆっくりと海岸道方面を進む中、機械化部隊である第30軍団は内陸を大きく迂回してドイツ軍に極力捕捉されないように進撃後、南方からトブルクの包囲線を突破する作戦であった。そしてこの作戦は図に当たった。少なくとも、ドイツ軍の目を眩ませることには成功した。

しかしロンメルの対応もまた早かった。11月19日、英第7機甲旅団はシディ・レゼグにまで到達、トブルク守備隊を救出するかに見えた。だが進撃はそこまでで、ロンメルは第15および第21装甲師団によって英連邦軍の側面を突いて損害を与え、攻撃を頓挫させた。さらにイタリアのアリエテ機甲師団をも加えて第30軍団を包囲する態勢を見せた。これにより英連邦軍は一時的に大混乱に陥る。

この有利な状況をさらに拡大させるべく、ロンメルは賭けに出た。第30軍団には止めを刺さず、海岸道方面の第13軍団の背後を突いたのである。成功すれば補給路を断つことができ、英連邦軍は崩壊するだろう。

しかしこの賭けは失敗に終わった。第15装甲師団は英第13軍団の背後を固めていたインド第4師団の攻撃に失敗し、さらにハルファヤ峠に向かった第21装甲師団も英連邦軍の陣地を抜くことができなかった。

戦場は次第に混迷の度合を増していった。英連邦軍で

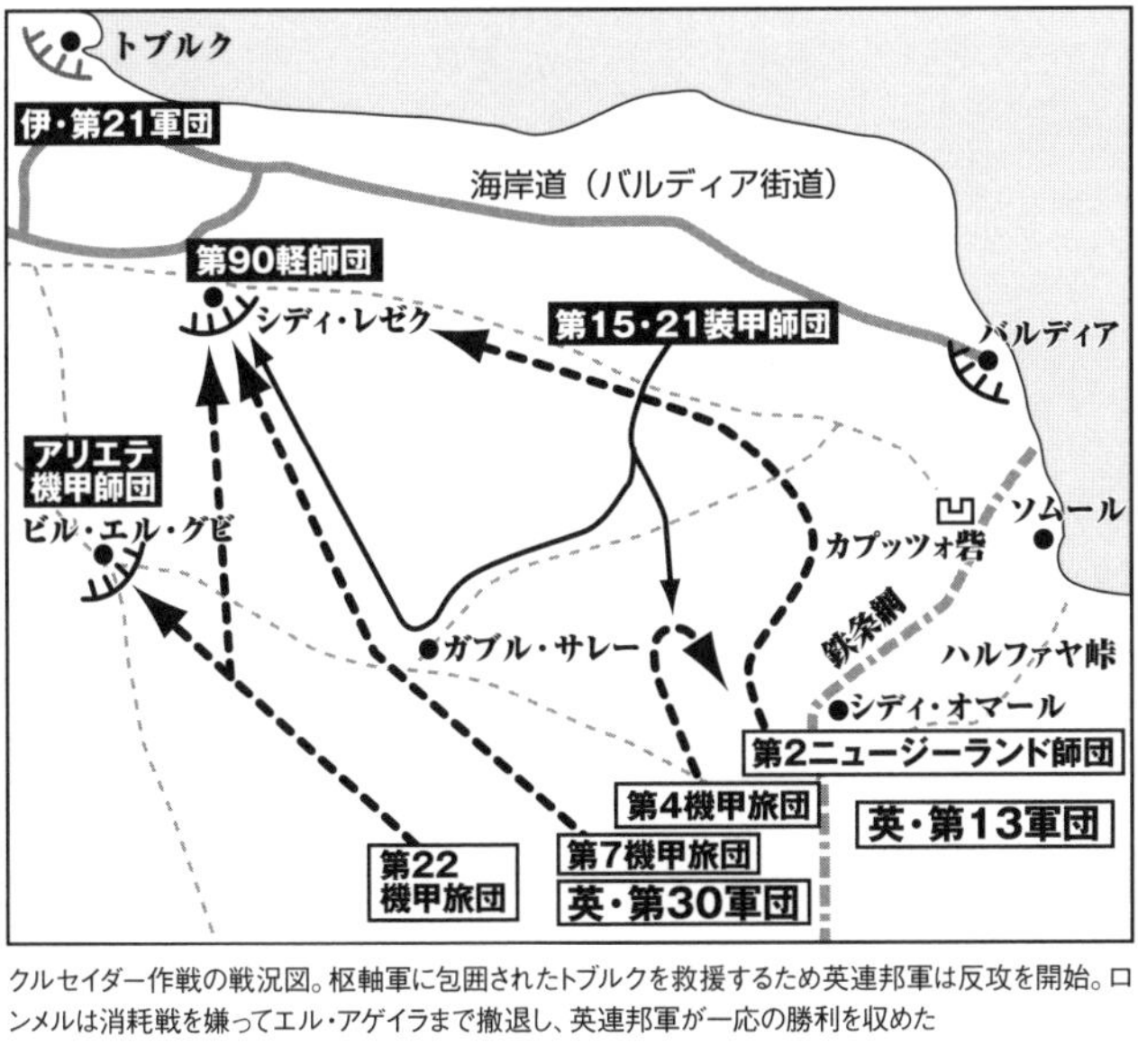

クルセイダー作戦の戦況図。枢軸軍に包囲されたトブルクを救援するため英連邦軍は反攻を開始。ロンメルは消耗戦を嫌ってエル・アゲイラまで撤退し、英連邦軍が一応の勝利を収めた

は第30軍団の攻勢が頓挫したことを受けてカニンガムが作戦の中止を決断した。だが、これに反対したオーキンレックはカニンガムを更迭《こうてつ》して副参謀長のリッチー少将を新たに第8軍司令官に任命した。

一方、つねに最前線にいたロンメルだったが、その乗車が故障して立ち往生してしまった。そのためアフリカ軍団司令官のクリューヴェル中将の車輌に相乗りしたのだが、これがあろうことか英連邦軍部隊の中にまぎれ込むという椿事が発生した。この時、二人のドイツ軍指揮官が捕まっていたら、その後のアフリカ戦線はだいぶ異なった展開を見せただろう。

ともあれ、12月に入ってもリビア国境周辺の混乱は収まらず、両軍とも決定打にかけていた。

その事態を動かしたのは、枢軸軍の補給不足だった。連合軍に比べて策源地から遠距離にあった枢軸軍の補給はもはや限界に達し、ロンメルは12月16日、ついにアジュダビへの撤退を命じたのである。

クルセイダー作戦の主力として活躍した英軍の巡航戦車Mk.VIクルセイダーMk.I。1941年から配備が開始された新鋭戦車で、主砲は2ポンド砲（40mm砲）、最大速度は42km/hと快速だが、エンジンの故障が多かった。写真は第3カウンティ・オブ・ロンドン・ヨーマンリー連隊（シャープシューターズ）のクルセイダーと乗員たち

連合軍はこれを追撃、海岸道方面と内陸の2方向から圧力を加えた。しかしロンメル指揮下のアフリカ装甲軍はかつてのイタリア軍とは異なっていた。勢いに乗る英連邦軍に対して機動反撃を行なって痛撃を与え、31日、無事にエル・アゲイラまでの撤退を完了したのである。

そして、新たな攻勢を開始すべくさっそく準備に取りかかった。エル・アゲイラに帰り着いたロンメルの元には、待ちわびた増援が到着していたのである。

2-8 インド洋作戦と珊瑚海海戦

ハワイ作戦を成功裏に終わらせた第一航空艦隊、すなわち南雲機動部隊だったが、休む間もなく太平洋上を駆け回った。

◆アジア情勢

ハワイ作戦からの帰投時、難戦に陥っていたウェーク島攻略の支援のために「蒼龍」「飛龍」の第二航空戦隊（二航戦）が派遣され、さらにニューブリテン島の支援にもあたった。その後、南雲機動部隊は分派と合流を繰り返しながら、ニューギニアやオーストラリア沿岸をも攻撃。

これに対して主力の戦艦隊を壊滅させられた米太平洋艦隊は正面から対抗できず、空母を中心としたタスクフォースを編成して日本が占領した島嶼などに対して嫌がらせのような空襲を実施した。

このように太平洋上では連合艦隊が圧倒的に有利な状態にあったが、セイロン島を拠点とした英東洋艦隊の存在は今後の作戦遂行に当たって大きな障害であった。

そのために計画されたのがインド洋作戦である。

本作戦を実施する理由は大きく二つあった。

一つには、陸軍によるビルマ進攻作戦の側面援護である。そしてもう一点、海軍にとってより重要だったのは、今後太平洋方面でさらなる作戦を行うために後顧の憂いを断つことだった。先のマレー沖海戦で英海軍の2戦艦を沈めたとはいえ、インド洋方面には未だ英海軍の戦艦5隻と空母3隻という侮りがたい戦力が存在したからである。

こうして「インド洋作戦」は昭和17年（1942年）4月1日に実施されることになったものの、第五航空戦隊（五航戦）の集結の遅れから5日に順延されることになった。そのうえ、「加賀」が座礁事故を起こしたために内地へ帰還することになる。

だが、結果的にこの

インド洋作戦において、空母「赤城」から発艦する九九式艦上爆撃機。艦爆隊は、セイロン沖海戦では約80％という命中率を発揮し、重巡2隻、空母1隻などを撃沈する大戦果を挙げた

遅延が日本に幸いした。

　じつは英軍側は米軍経由で日本海軍の機動部隊が攻撃に出ることを察知していたのだ。そのため3月29日より出撃して日本軍の捕捉に努めたが、見つけることができなかった。そこで燃料補給のために帰投したタイミングで南雲機動部隊は押し寄せたのである。

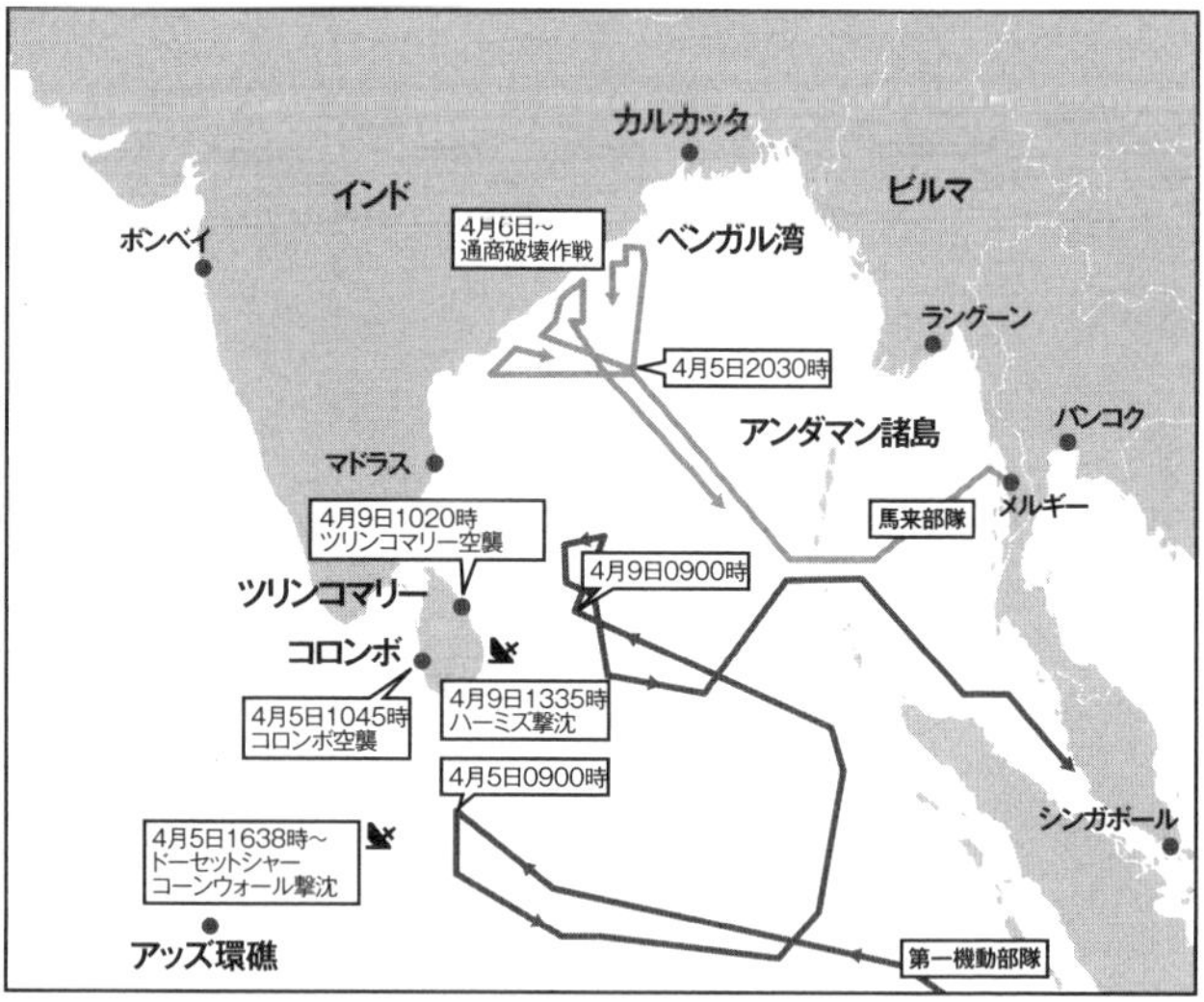

インド洋作戦の戦況図。日本海軍の空母「赤城」「蒼龍」「飛龍」「翔鶴」「瑞鶴」が参加し、英の小型空母「ハーミーズ」や英重巡2隻を撃沈するなど、英東洋艦隊に対し圧倒的な勝利を収めたが、兵装転換時に敵の爆撃を受けるなど、ミッドウェー海戦の伏線となる戦いでもあった

インド洋作戦における零戦二一型

◆セイロン沖海戦

　4月5日朝、淵田中佐を指揮官とした攻撃隊はコロンボを空襲し、駆逐艦1隻撃沈をはじめとする戦果を挙げた。しかし淵田中佐は戦果不十分と判断して二次攻撃の要請を行なった。この報告により、南雲長官は第二次攻撃を決心して雷爆換装を命じた。ところがその作業中に「敵巡洋艦2隻発見」の報告が飛び込んできたのである。

　南雲長官は改めて雷爆換装を命じるとともに、準備の整っていた艦爆隊のみで発艦、攻撃に向かわせた。そして「赤城」「蒼龍」「飛龍」を発艦したこの艦爆隊54機は、驚異的な命中率で重巡洋艦「ドーセットシャー」と「コーンウォール」を撃沈したのだった。

　これに対して、東洋艦隊司令長官のソマーヴィル提督は

5日深夜に艦隊を出撃させて日本軍を捜索したが、ついに捕捉することはできなかった。この時、南雲機動部隊は逆に南東へ向かっていたのである。結局、ソマーヴィル提督は会敵することもなく、8日になってアッズ環礁へと帰還した。

一方、南雲機動部隊はコロンボに続き、ツリンコマリーに対しても攻撃を加えた。9日午前10時30分、攻撃隊が発艦する。

しかしその直後、10時55分に索敵機が空母「ハーミーズ」発見の報を打電してきた。そして11時、南雲長官はただちにこれを攻撃することを命じ、11時43分、攻撃隊が発艦。13時30分、「ハーミーズ」を捕捉した攻撃隊は猛攻を加え、次々と命中弾を与えた。そして「ハーミーズ」は攻撃開始から30分も経たぬうちに海へと沈んでいった。さらにその10分後には随伴していた駆逐艦「バンパイア」も沈んだ。

ちょうどその頃、南雲機動部隊に対してイギリスの爆撃隊も襲いかかったが、高度からの水平爆撃、しかもわずか10機による攻撃だったために命中弾はなかった。

こうして「インド洋作戦」は日本軍の勝利に終わったが、その陰であまり顧《かえり》みられなかった重大な戦訓がある。

英海軍のカウンティ級重巡「ドーセットシャー」。基準排水量1万トン、主砲は20.3cm連装砲4基、雷装は53.3cm四連装魚雷発射管2基、速力は31.5ノット。1年前に戦艦「ビスマルク」にとどめの魚雷を放った本艦も、インド洋で敢え無く沈むことになった

日本海軍艦爆隊の猛攻を受け多数被弾、沈没していく「ハーミーズ」。基準排水量10,850トン、搭載機20機、速力25ノットの小型空母であったが、艦隊航空の先駆者・英海軍の空母が日本空母の航空隊に撃沈されるという、象徴的な海戦となった

すなわち、陸上基地と艦隊という二つの異なる目標を攻撃することの危険性と、艦隊防空の不備についてである。そしてこの戦訓を生かせなかったことが、後にミッドウェー海戦での大敗北に繋がっていくことになる。

◆珊《さん》瑚《ご》海《かい》海戦

今後の戦争遂行にあたり、連合艦隊にとってトラック島はなくてはならない重要な拠点だった。その防衛のためにラバウルを占領し、さらにそのラバウルを守るために東部ニューギニアに進出した。そしてさらにこれを万全なものとするためにポートモレスビーの攻略を決定、連合艦隊は第四艦隊司令長官である井上成美《しげよし》中将にこれを命じたのであった。

そして井上中将は攻略作戦にあたり、部隊を大きく二つに分けた。すなわち輸送船とその護衛艦隊からなる「MO攻略部隊」と、空母「翔鶴」「瑞鶴」を擁する「MO機動部隊」である。

昭和17年5月1日、MO作戦は発動された。そしてまず手始めとしてソロモン諸島にあるツラギ島を攻略し、ここに水上機基地を設置した。航続距離の長い飛行艇を配備して哨戒任務を行わせるためである。

こうして準備を整えたMO攻略部隊は5月4日にラバウルを出航、翌5日にはMO主隊の第六戦隊と会同して珊瑚海を目指した。

一方、ツラギ攻略の支援に当たっていたMO機動部隊は、敵機動部隊出現の報を受けてソロモン諸島の東端を迂回しつつ珊瑚海へ向かった。

5月6日、MO攻略部隊は哨戒中のB-17に発見される。このため攻略部隊はいったん北上して行動の欺瞞に努め、MO機動部隊、すなわち五航戦にもその旨を伝える。

ところが、なぜか五航戦は索敵機を飛ばさず、一方の米機動部隊も日本艦隊の捕捉に失敗した。この時、両者はお互いの存在に気づかないまま70浬の近距離にまで接近していたのである。

明けて7日。敵が至近にいることはお互いにわかっていた。そのため、この日は早朝から索敵機が飛び交うことになる。

先手を取ったのは日本だった。

日本側は「敵空母の存在確実」との報告に攻撃隊を発艦させるが、見つけたのは給油艦「ネオショー」と駆逐艦だけであった。仕方なくこの2隻を沈めて帰投する。

一方の米軍も、発見したのは五航戦ではなく、空母「祥鳳」を含むMO主隊であった。米艦載機の猛攻を受けて「祥鳳」は沈没。初めて沈められた日本海軍の空母となった。

そして夕方になってようやく米機動部隊の所在を掴んだものの、攻撃隊を送り出すには遅すぎる時間になっていた。それでも原少将はベテランを選抜して薄暮攻撃を敢行。だが、これは結果的に失敗に終わった。

明けて8日。両軍はほとんど時を同じくして敵を発見した。

五航戦の攻撃隊は米空母「レキシントン」と「ヨークタウン」に攻撃を集中

珊瑚海海戦において敵艦攻撃に向かう空母「翔鶴」搭載の九九式艦爆

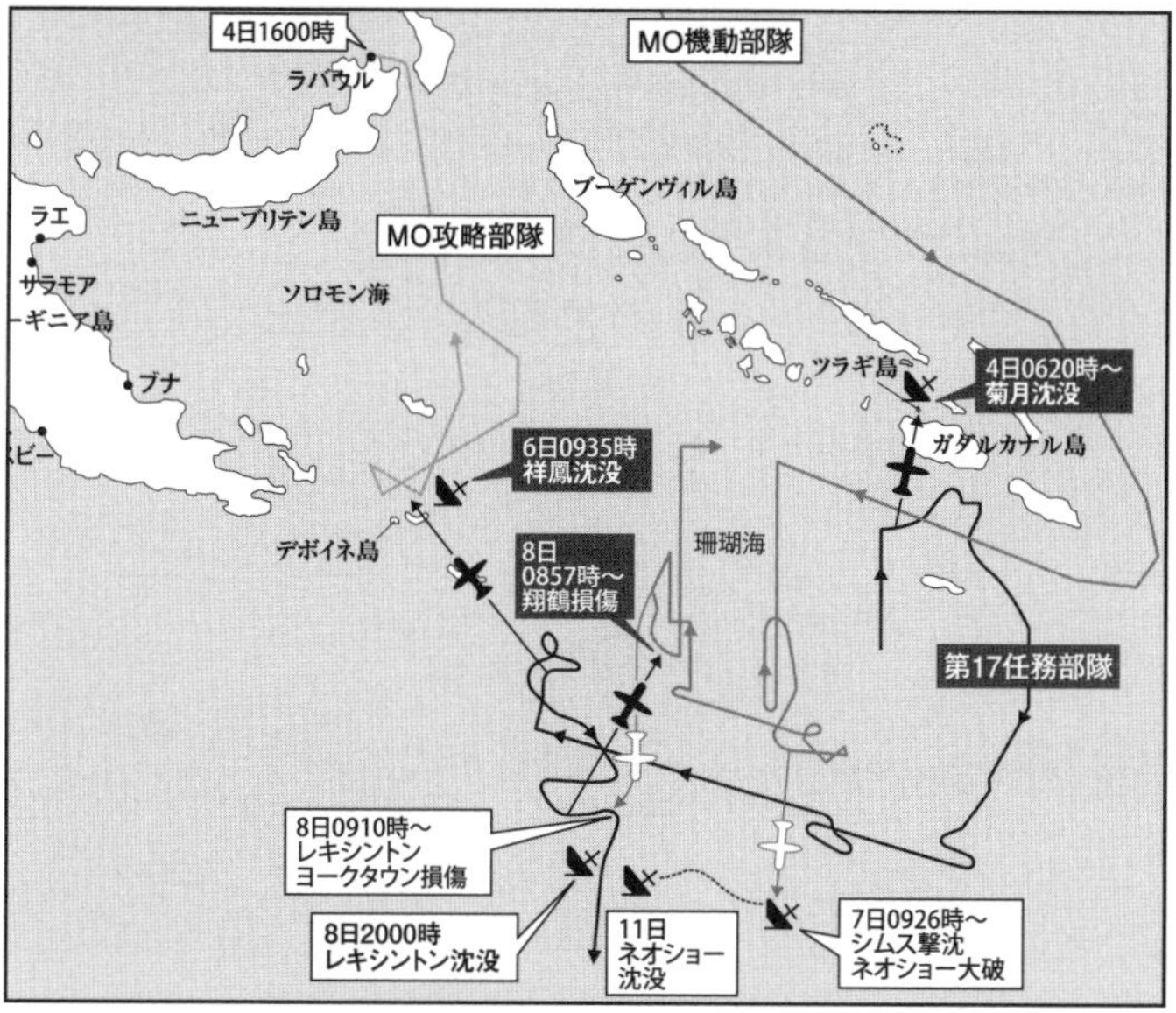

史上初の空母同士の航空戦であった珊瑚海海戦では、日本の大型空母「翔鶴」が中破、小型空母「祥鳳」が沈没、米海軍の大型空母「レキシントン」が沈没、「ヨークタウン」が中破した。損害だけ見れば日本の戦術的勝利だが、戦略的な目的が達成できなかったため日本の敗北ともいえる

し、両艦に損傷を与えた。とくに「レキシントン」は左舷に魚雷2本を受け、後に誘爆を起こしたため、味方駆逐艦の雷撃によって処分された。

一方同じ頃、五航戦にも米艦載機が襲いかかっていた。敵機が襲来した時、運良く「瑞鶴」はスコールの中に紛れて難を逃れたが、そのため「翔鶴」に敵機が集中。雷撃はすべてかわしたものの、急降下爆撃によって爆弾3発を飛行甲板に食らい、発着艦不能に陥った。

そしてようやく帰投した攻撃隊を収容したものの、攻撃続行は不可能と判断、井上中将もこれを受け入れて「MO作戦」の中止を決定したのである。

こうして珊瑚海海戦は終結した。そして「翔鶴」が中破したことで、この後の「MI作戦」に五航戦は参加できなくなってしまった。

海戦の結果だけを見れば米軍は正規空母1隻喪失・1隻中破であり、対する日本軍は軽空母1隻喪失・正規空母1隻中破である。このため、珊瑚海海戦は日本軍の辛勝と評されることも、「戦術的には勝利したが戦略的には敗北した」と評されることもある。

いずれにせよ、この時点において日本海軍には自軍が敗北したという自覚は皆無だっただろう。それ故に、セイロン沖海戦、珊瑚海海戦という貴重な空母戦の戦訓を省《かえり》みることなく、連合艦隊は総力を挙げてミッドウェーへと向かうことになるのである。

米艦爆隊の急降下爆撃にさらされる第五航空戦隊の旗艦「翔鶴」。姉妹艦の「瑞鶴」がほとんど被弾しない幸運艦だったのに対し、「翔鶴」はしばしば被弾し「被害担当艦」と自嘲された

珊瑚海海戦で大火災を起こす「レキシントン」。基準排水量約36,000トン、搭載機数78機、速力約33ノットという大型空母で、軍縮条約の影響で巡洋戦艦から空母に改造された、「赤城」とよく似た経緯の艦である。被弾によってガソリンが流出、気化して艦内に充満、それが誘爆して内側から艦が破壊されるという、後の日本の「大鳳」と似た最期を辿った

2-9 ミッドウェー海戦

◆第二段作戦と帝都初空襲

連戦連勝に、日本中が沸いていた。民間人の中にはもはや戦争には勝ったも同然、米英何するものぞと気炎をあげる者すらいた。そうした状況に冷や水を浴びせかけたのが帝都初空襲であった。昭和17年(1942年)4月18日、ジェームズ・ドゥーリットル中佐率いるB-25爆撃機が空母「ホーネット」より発艦、居合い切りの如く、爆弾を落とすとさっさと中国大陸に去って行ったのである。

これより少し前、大本営陸海軍部は今後の戦略をいかにすべきかで紛糾していた。その結果、ようやく落としどころとして成案を見たのが「FS作戦」だった。簡単に言えばフィジーおよびサモア諸島を占領して、アメリカとオーストラリアの連絡線を遮断するという作戦である。

一方、これとは別に連合艦隊司令部では独自に次の大作戦を立案していた。すなわち、ミッドウェー島の攻略である。ミッドウェー島そのものには本来それほどの戦略的価値はなかったが、建前上、ハワイ攻略のための足場として必要だと訴えた。しかし本音としては真珠湾攻撃の際に撃ち漏らした米空母群を誘引し、これを一挙に沈めようという考えであった。

この両者の作戦案は真っ向から対立し、解決策がなかなか見いだせないところに起こったのが、前述した帝都初空襲だったのである。その結果、大本営側も本土防空の観点からミッドウェー作戦の必要性を認めざるをえなかった。

こうして、連合艦隊は総力を挙げて大作戦を決行することになったのである。

◆M-作戦の発動

昭和17年6月4日、第一機動部隊はミッドウェー島の北西海域にあって、同島に向かい邁進していた。南雲忠一司令長官に与えられた目的は二つ。ミッドウェー島

1942年4月18日、空母「ホーネット」から発艦する、ドゥーリットル攻撃隊のB-25Bミッチェル双発爆撃機。帝都初空襲の戦果そのものはわずかだったが、日本軍に与えた衝撃は大きかった

に対する空襲および無力化、そして進出してくるであろう敵機動部隊の殲滅。もともと、この二つの目的を同時に達成することは非常に困難である。

しかし連合艦隊司令部では、米機動部隊が進出してくるのはミッドウェー島が攻撃されてからと決めてかかっていた。自分たちの攻撃意図が察知されているとは夢にも思っていなかったのである。したがって、まずミッドウェー島の航空基地を叩き、しかる後に現れた敵機動部隊を葬り去る。これが日本軍の作戦であった。

連合艦隊司令部が描いたこのシナリオ通りに事が運べば良かったが、そうはいかなかった。事前に日本軍の動きを察知していた米軍は、持てる空母戦力を全て投入して待ち構えていたのである。なんらかの異変を察知した軍令部では、この米軍の動きを無電で送っている。しかし、この知らせは第一機動部隊には届かなかった。連合艦隊旗艦「大和」では受信したが、それも無線封止のために転送されなかったのだ。つまり、第一機動部隊は敵機動部隊の存在を知らずにミッドウェー島攻撃に臨むことになった。

第一機動部隊がミッドウェー島に近づきつつあった6月3日までは近辺海域の天候は不順で、幸いにも米軍の索敵機に発見されることはなかった。しかしミッドウェー島を攻撃予定の4日早朝に、第一機動部隊は発見されてしまう。米軍はただちにミッドウェー島で待機している全航空機を離陸させ、第一機動部隊への攻撃に向かわせた。

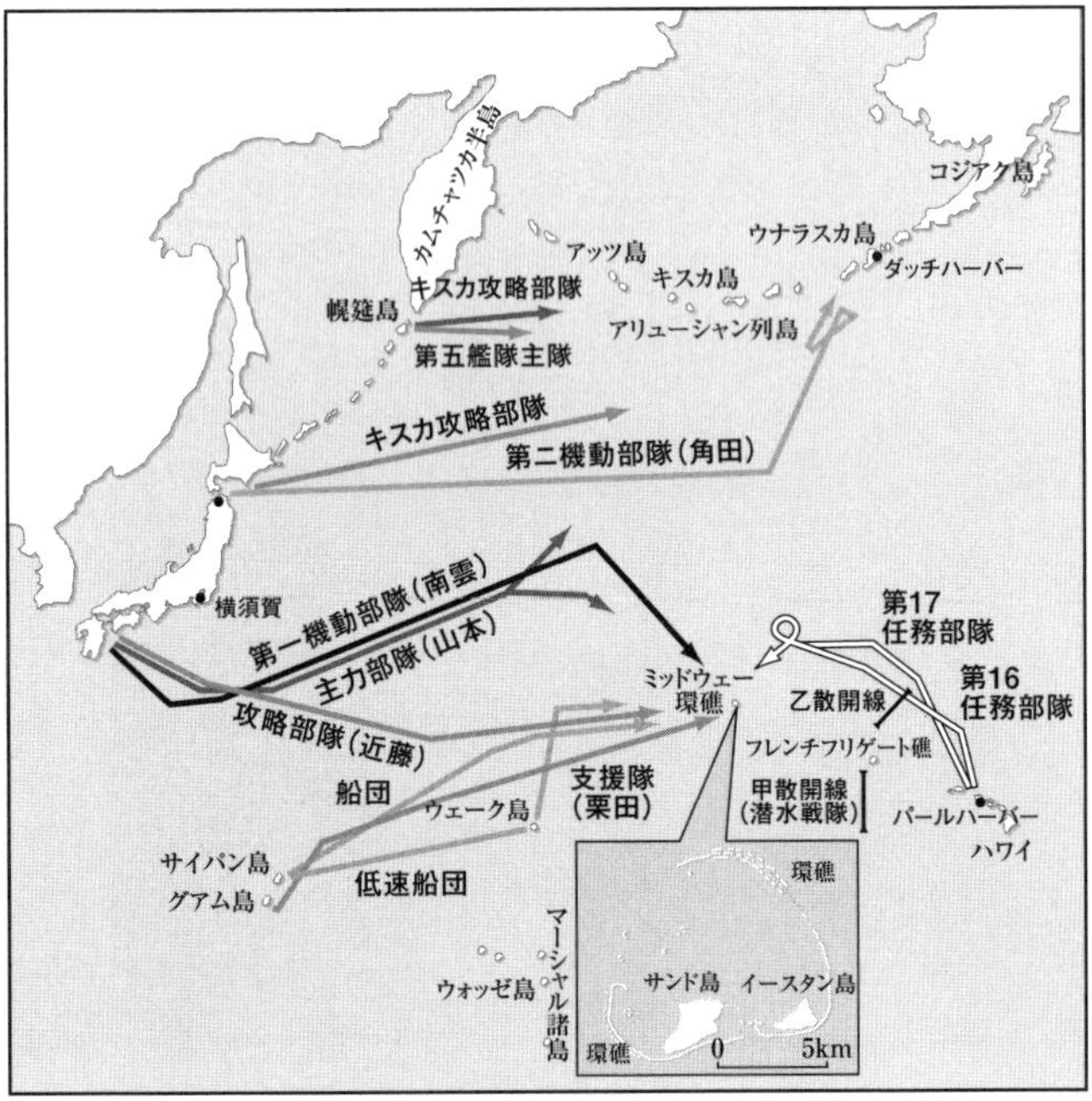

ミッドウェー海戦における日米の艦隊行動図。日本側は第一機動部隊のほか、ミッドウェー島の占領にあたる攻略部隊、戦艦中心の主力部隊が出撃。さらに陽動のため、空母「龍驤」「隼鷹」を擁する機動部隊でのダッチハーバー攻撃やキスカ島を攻略するアリューシャン作戦も同時に進行した。対する米海軍は空母「エンタープライズ」「ホーネット」を基幹とする第16任務部隊、そして珊瑚海海戦で損傷した「ヨークタウン」に突貫修理を実施して第17任務部隊として出撃させた

一方、第一機動部隊も攻撃隊の発進準備に取りかかった。

ミッドウェー島に対する攻撃は空母「飛龍」飛行隊長の友永丈市大尉が指揮をとることになった。戦爆合計１０８機の第一次攻撃隊がミッドウェー島に向かう。基地の対空砲火も上空警戒機も歴戦の日本の母艦航空隊の敵ではなかった。思う存分基地を

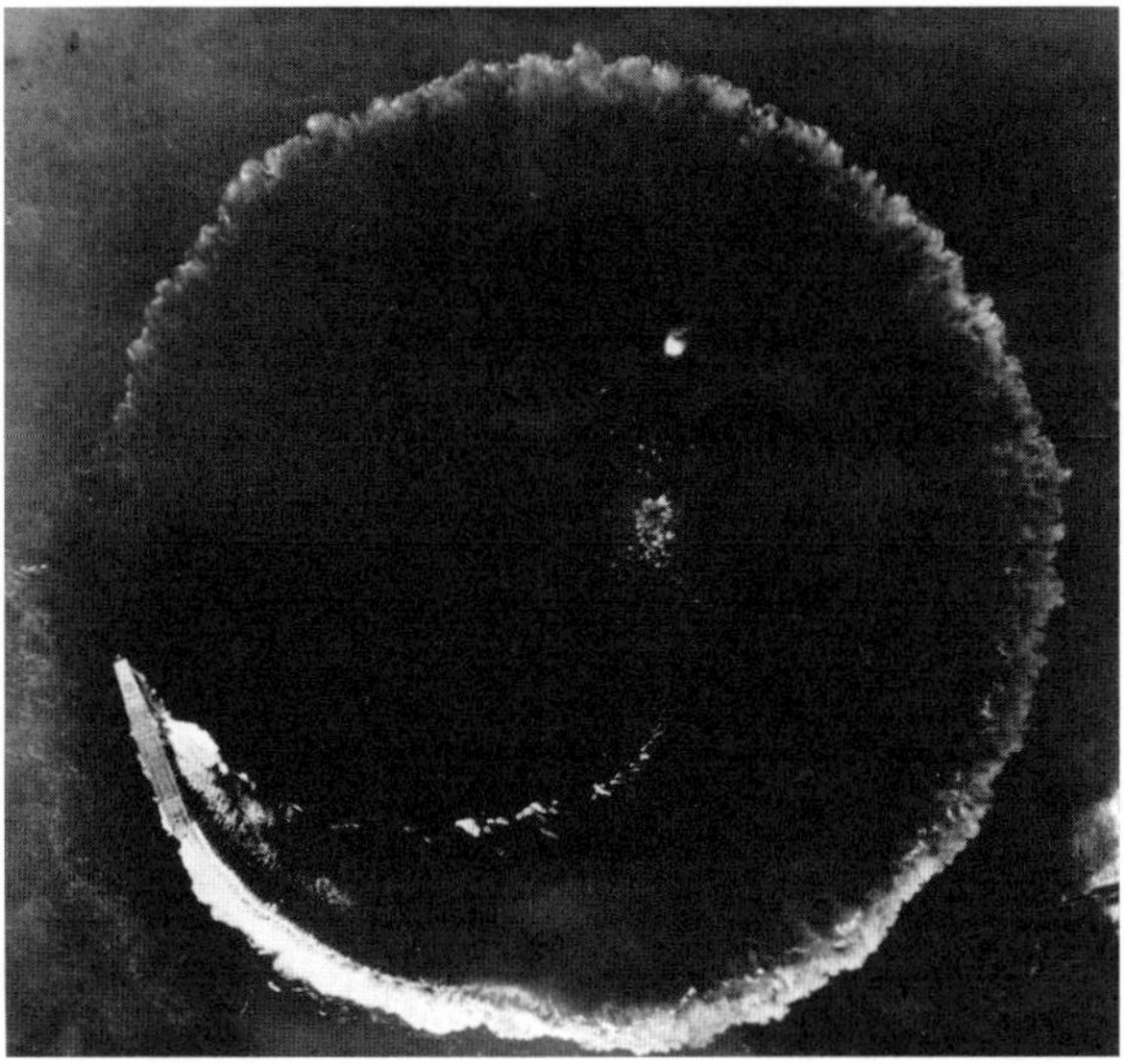

ミッドウェー基地の米陸軍爆撃機から空襲を受け、回避運動中の空母「蒼龍」。この空襲も第一機動部隊にミッドウェーへの第二次攻撃を決意させる一因となった

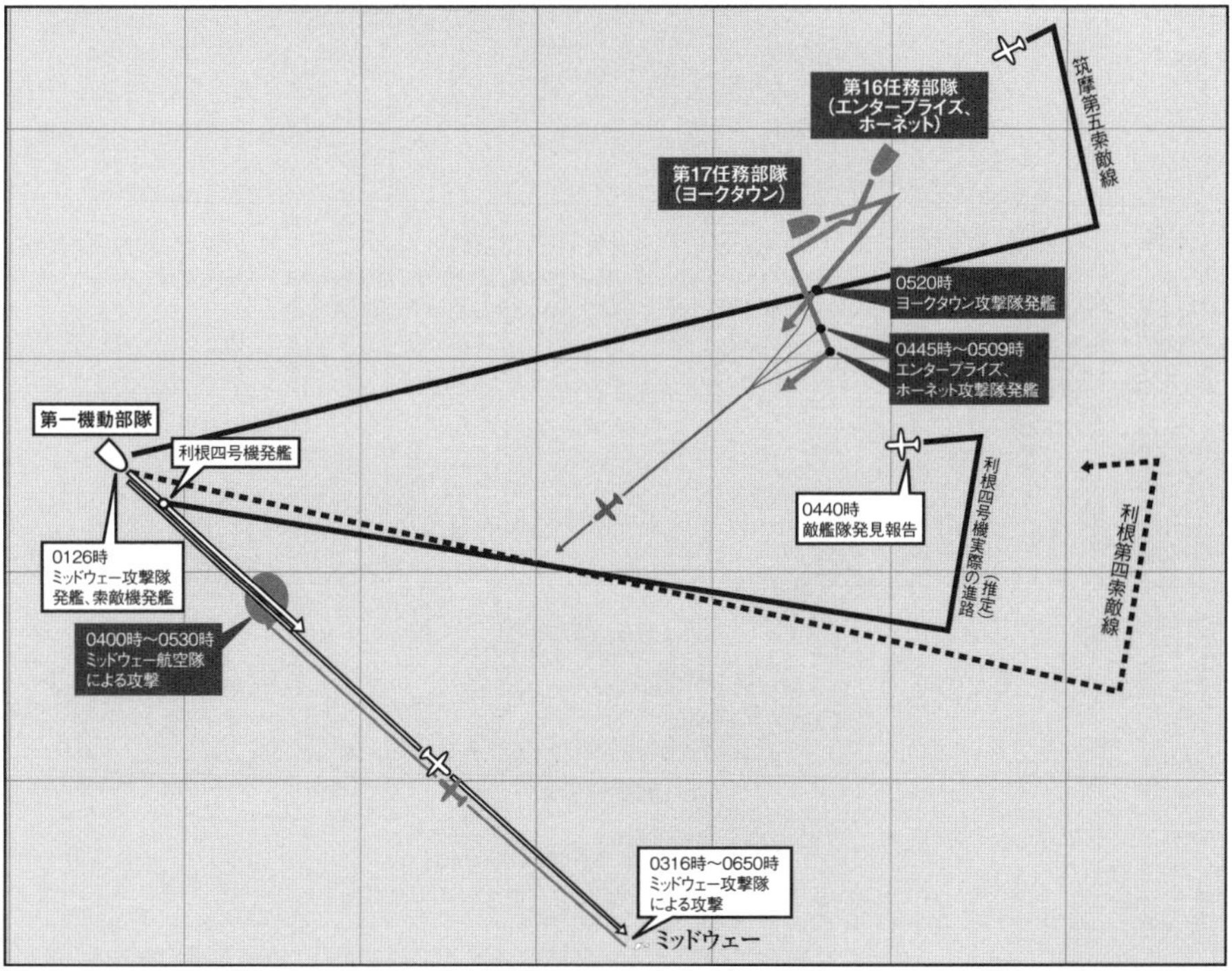

6月5日午前4時40分頃（日本時間）、第一機動部隊は「利根」搭載の水偵から米艦隊発見の報告を受けたが、すぐには空母の有無が判明せず、陸用爆弾への兵装転換を続行する。しかしこの時、すでに米空母では攻撃隊の発艦がはじまっていた

叩いた攻撃隊は帰途につく。その際、友永大尉は旗艦「赤城」に対して「二次攻撃の要ありと認む」と報告。燃料タンクに被害が出たため基地上空は黒煙に覆われていたが、飛行場、それも滑走路は大した被害を受けていないように見えたのである。

この時、第一機動部隊はミッドウェー基地からの敵機に悩まされていた。幸い、対空砲火と上空直掩の零戦によって艦船に被害はなかったが、この基地機の存在が南雲長官の判断に微妙な影を落とした。索敵機の報告では未だに敵機動部隊を発見できない。しかも、攻撃を仕掛けてくるのは陸上機ばかりで艦載機ではない。やはり、敵機動部隊は近辺海域にいないのではないか……。万一、敵機動部隊が存在していた時に備えて対艦用の兵装をしていた第二次攻撃隊は、こうして対地攻撃用に換装されることになったのである。

ミッドウェー海戦時、ヨークタウン級空母2番艦の「エンタープライズ」上に並んだVT-6（第6雷撃飛行隊）のTBDデバステーター艦上攻撃機。日本空母に雷撃を試みたTBD艦攻隊は、ほとんどが直掩の零戦に撃墜されたが、その犠牲もあってSBD艦爆隊が奇襲に成功した

空母「加賀」への爆撃を成功させ、空母「ヨークタウン」に着艦したVB-6（第6爆撃飛行隊）のSBDドーントレス。尾翼に被弾している。元々「エンタープライズ」搭載機だが、燃料が不足していたため「ヨークタウン」に着艦している。その後「ヨークタウン」と共に失われた

◆敵機直上、急降下！

この兵装転換の真っ最中に、重巡「利根」から発進した索敵機が敵の水上部隊発見の報を送ってきた。しかし、南雲長官はそのまま換装作業を続行させる。利根機からの

報告では、その水上部隊に空母は含まれていない。それならばこのまま基地を再度叩き、敵陸上機の憂いを取り除いておくべきだと考えた。

しかし、間の悪い時はなにもかも上手くいかないものだ。兵装転換が終りかけた頃、先の利根機から再び打電があった。「敵水上部隊は空母らしきものを伴う」。

この報告により、南雲長官は再度、対艦攻撃用に兵装転換するよう命令を下した。そこへ第一次攻撃隊が帰艦してきたため、着艦のために甲板上を空けなければならない。甲板上で作業していた搭載機を一旦格納庫へ降ろし、そこで作業を続行する。時間がないために換装した魚雷や爆弾はその場に積まれていく。

まさにそのタイミングで米艦載機が飛来したのである。6月4日午前7時、まず第一波としてTBD雷撃機の編隊が空母に襲いかかった。しかし、これらは上空直掩の零戦によって撃墜され、雷撃による被害はなかった。

そして、上空直掩の零戦が全て低空に引きずられているその時に、敵のSBD急降下爆撃機が一気にダイブを開始した。もはや彼らを制止できるものはなにもない。彼らは技量では日本軍のベテランに遥かに及ばなかった。実際、命中率だけを比べればその差は歴然である。

しかし、彼らはたった数発の爆弾を命中させるだけでよかった。通常、急降下爆撃だけで大型艦に致命傷を与えるのは難しいとされている。ただ、今回は事情が違った。第一航空艦隊の女王たちは爆弾や魚雷を剥き出しのまま晒し、しかも甲板上には航空燃料を満載した搭載機が所狭しと整列していたため、次々に誘爆、大火災が発生していった。「赤城」の運命はたった2発の爆弾で決まった。「加賀」は4発、「蒼龍」は3発。日本海軍は一瞬にして3隻の航空母艦を失ったのである。

これより前、山本長官はじめ連合艦隊司令部要員は珊瑚海海戦で損傷を受けた

基準排水量38,200トン、搭載機数75機を誇った日本最大の空母であった「加賀」も、爆弾4発を食らって一瞬にして戦闘不能に陥り、大火災を起こして沈んでいった

「翔鶴」を訪れ、その惨状を目の当たりにしている。いかに空母が敵の攻撃に対して脆弱な存在であるか見ていたはずである。そして、過去の戦訓を活かせなかったツケを払わされたのだ。

◆単艦残った「飛龍」の反撃

もはや第一機動部隊は壊滅といっても過言ではなかった。ただ一隻、離れていて難を逃れた「飛龍」を除いては。

「赤城」から軽巡「長良」に乗り換えた南雲長官に代わり、「飛龍」に座乗していた第二航空戦隊司令官・山口多聞少将（戦死後中将に昇進）はただちに攻撃隊を発進させた。このままやられっぱなしで終わるわけにはいかない。

「飛龍」を飛び立った攻撃隊は帰還する米機の後をつけ、空母「ヨークタウン」に迫った。小林道雄大尉を指揮官とする九九艦爆18機・零戦6機の第一次攻撃隊である。直掩機に次々と撃墜されながらも3発の命中弾を与えた。

そして引き続き「飛龍」からは友永丈市大尉率いる第二次攻撃隊が発艦した。わずかに九七艦攻10機、零戦6機である。レーダーによって来襲を察知していた米軍は直掩機を上げ、必死の防戦を試みる。次々に撃墜される九七艦攻。しかし、二手に別れた片方である5機の艦攻は雷撃をおこない、

「飛龍」に座乗していた第二航空戦隊司令官・山口多聞少将。「赤城」「加賀」「蒼龍」が失われた後、反撃を試みて「ヨークタウン」を大破させた

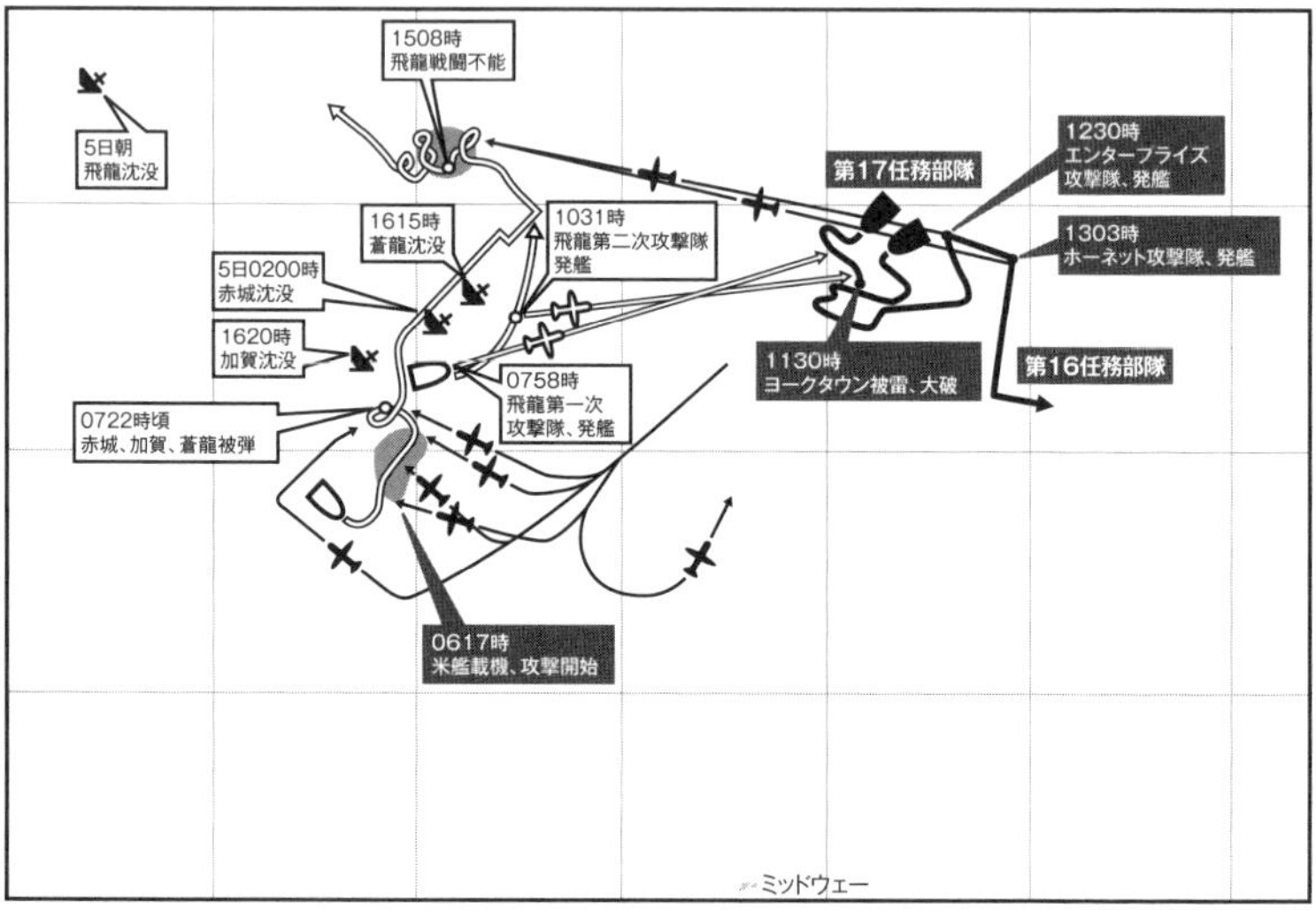

午前7時22分頃より始まった米艦爆隊の急降下爆撃により、第一機動部隊の空母「赤城」「加賀」「蒼龍」が次々と被弾炎上。米雷撃機への回避運動で一隻だけ離れて雲下にあった「飛龍」のみが被弾を免れ、二波に渡る攻撃隊を発進させて「ヨークタウン」を大破せしめた

「飛龍」から出撃した九九艦爆の急降下爆撃で被弾炎上する「ヨークタウン」。後に九七艦攻からの魚雷も被雷して航行不能に陥り、曳航されて退避中のところを伊一六八潜に雷撃され沈没した。本艦はヨークタウン級空母1番艦で、基準排水量21,000トン、搭載機数80～90機という優れた大型空母だった

魚雷2本を命中させた。

だが、「飛龍」の孤軍奮闘もここまでだった。

スプルーアンス少将指揮する2隻の空母、「エンタープライズ」と「ホーネット」の攻撃隊が襲いかかったのである。午後5時、最後の攻撃隊を発艦させるべく準備していたところに、「エンタープライズ」のガラー大尉率いる艦爆隊が爆弾を投下、「飛龍」は4発の命中弾を受け、さらに誘爆をおこして大破炎上し、やがて6日午前9時、その姿を海中に没した。

こうして「MI作戦」は日本軍の完敗に終わった。山本長官は一度は夜戦を決意するも叶わず、結局5日午前2時55分、作戦の中止を命じた。日本軍にとって唯一の慰めは、「飛龍」攻撃隊によって大破し、その後、伊一六八潜によって止めをさされた「ヨークタウン」の存在だけであった。

6月6日、空母「鳳翔」の偵察機が撮影した大破炎上中の「飛龍」。爆弾3発が直撃した前部飛行甲板が完全に破壊されている。「ヨークタウン」に一矢報いた「飛龍」だったが、この後波間に姿を没した

2-10 ポートモレスビー攻略

◆「AL作戦」の成功

大本営による次期戦略目標選定の迷走と、ドゥーリットル隊による帝都初空襲の結果、連合艦隊は総力を挙げて「MI作戦」を発動した。それと共に実施されたのが「AL作戦」、すなわち「アリューシャン作戦」である。

作戦目的は「MI作戦」の陽動であると同時に、米ソ連絡線の遮断、および北方からの米軍侵攻の予防ということにあった。

この作戦のために第五艦隊および第二機動部隊が投入され、全般指揮は第五艦隊司令長官の細《ほそ》萱《がや》戊《ぼ》子《し》朗《ろう》中将が執った。

一方、米軍は「MI作戦」同様、「AL作戦」についても暗号解読によって察知しており、太平洋艦隊司令長官のニミッツ大将はロバート・シオボルド少将率いる第8任務部隊をアリューシャン方面へ派遣した。ただし第8任務部隊は空母を伴っていなかったことから、作戦行動は基地航空隊の航続距離内に限定し、主としてダッチハーバーの防衛に力を注ぐこととした。

商船改造空母「隼鷹」と共にAL作戦の主力となった小型空母「龍驤」。基準排水量10,220トン、搭載機数は約30機、速力29ノット

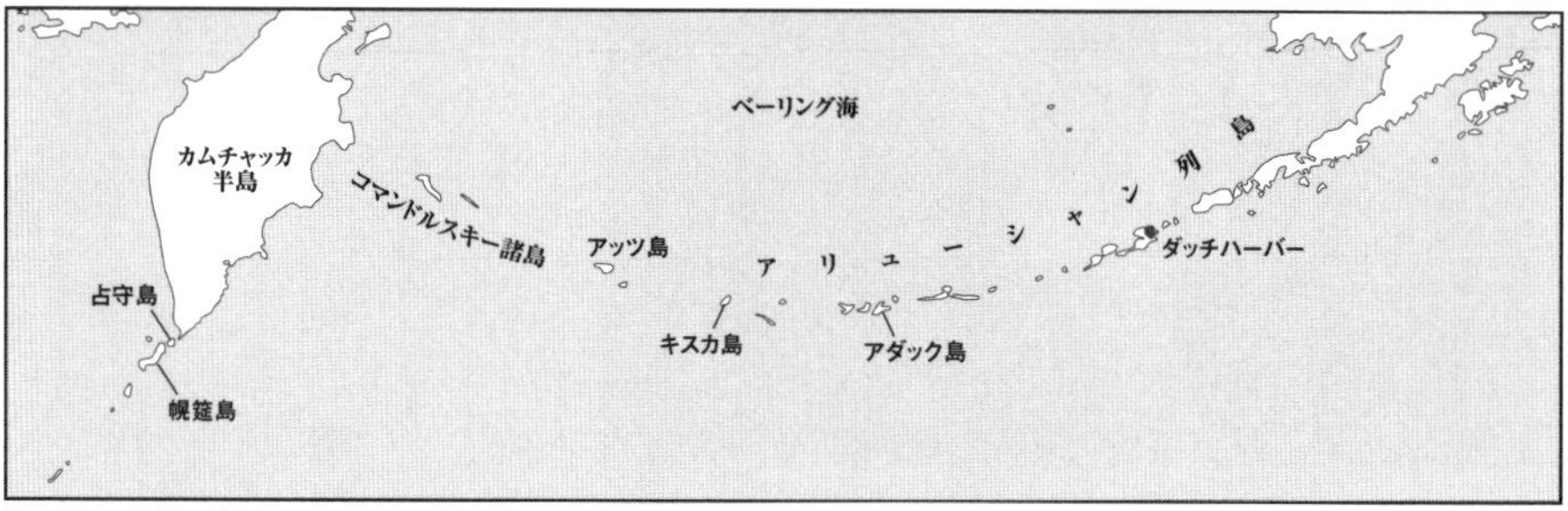

ミッドウェー海戦の直前の6月3～4日、日本海軍の第二機動部隊はアリューシャン列島の一大軍港であるウナラスカ島のダッチハーバーを空襲。さらに日本軍はアッツ・キスカ両島を占領した

「AL作戦」は6月3日より開始され、この日早朝より第二機動部隊は攻撃隊を発進、まずはダッチハーバーの空襲を企てた。先制して制空権を確保し、そのうえでアッツ島およびキスカ島へ上陸を行うためである。

しかし悪天候のために攻撃隊の半数以上は帰還を余儀なくされ、「龍驤《りゅうじょう》」攻撃隊が兵舎や港湾施設に対して空襲を行った。

翌4日、前日の攻撃では戦果不十分と判断した第二機動部隊司令官の角田覚治少将は再度ダッチハーバーに対する空襲を企図した。ちょうどこの頃、連合艦隊司令部から「速やかに第一機動部隊に合流すべし」という命令を受領したが、ミッドウェー方面の戦況を知らされてい

1942年6月3日、ダッチハーバーを守備する塹壕内の米海兵隊員

ダッチハーバー空襲では、「龍驤」飛行隊の古賀忠義一飛曹の零戦二一型が被弾してアクタン島に不時着。古賀一飛曹は戦死したが、機体はほぼ無傷だったため、アメリカ軍が鹵獲して様々なテストに使用し、当時無敵とも称された零戦の弱点を研究した

なかったため、攻撃実施後に南下することとした。

16時40分に発進した攻撃隊は18時頃よりダッチハーバーを再度空襲し、地上施設や在泊中の船舶を攻撃した。若干の損害を出しながらも攻撃を終えた第二機動部隊は、すぐさま南下を開始した。その直後、連合艦隊司令部は「MI作戦」を中止し、「AL作戦」の延期も発令された。

しかし細萱中将は独断で作戦の続行を決定し、6日にキスカ島、7日にアッツ島の無血占領を果たした。

「MI作戦」の陽動としての役割は果たせなかったものの、「AL作戦」そのものは成功裡に終わった。ただし、当初の予定でアッツ・キスカ両島の占領は一時的ですぐに撤退するはずだったところを、急遽占領状態を維持する変更がなされた。このために後々厳しい撤退戦を強いられることになるのである。

◆ポートモレスビー攻略

第一段作戦を成功させた日本軍は、次の戦略目標を米豪遮断に定めた。その方法については紆余曲折あったものの、まずはオーストラリアに楔を打ち込むために計画されたのがポートモレスビー攻略である。これは米豪遮断とともに、前進拠点であるラバウルの防衛にも寄与する、一石二鳥の作戦に思われた。

しかし、海路からの攻略を目指した「MO作戦」が珊瑚海海戦の結果により頓挫すると、大本営は陸路からの攻略を考えるようになった。

ポートモレスビー攻略を担当する南海支隊主力がバサブアに上陸したのは昭和17年8月18日のことである。これに先立って、横山先遣隊（独立工兵第十五連隊基幹）は7月21日にゴナに上陸し、29日には山麓のココダ集落を占領している。

南海支隊は遅滞戦術を繰り返す豪軍を撃退しつつ、峻険なオーエンスタンレー山脈へと足を踏み入れ、9月1日にはココダから10キロほどの地点にあるイスラバの占領に成功した。豪軍の戦力は4個大隊ほどで、イスラバではかなり頑強な抵抗を見せたため、占領までに5日を要したが、マレー半島では常套戦術となっていたジャングルの迂回機動を行なって敵を敗退させたのである。

しかし当初から危惧していたとおり、日本軍は前線部隊への補給に問題を抱えていた。標高3000m以上の山脈を徒歩で運ばなければならなかったからだ。それに加えて、行軍の困難さが最初から判明していたために、南海支隊は携行した装備もまた貧弱だった。たとえば主力である歩兵第百四十四連隊の場合、重装備は機関銃18挺（各大隊6挺）、大隊砲3門、速射砲および連隊砲が各1門ずつだけだった。

それでも、どうにか9月5日には山脈山頂部へと到達し

ココダ道のブラウン川の橋を渡る、オーストラリア軍第25旅団第2大隊と第33旅団第2大隊の兵士たち

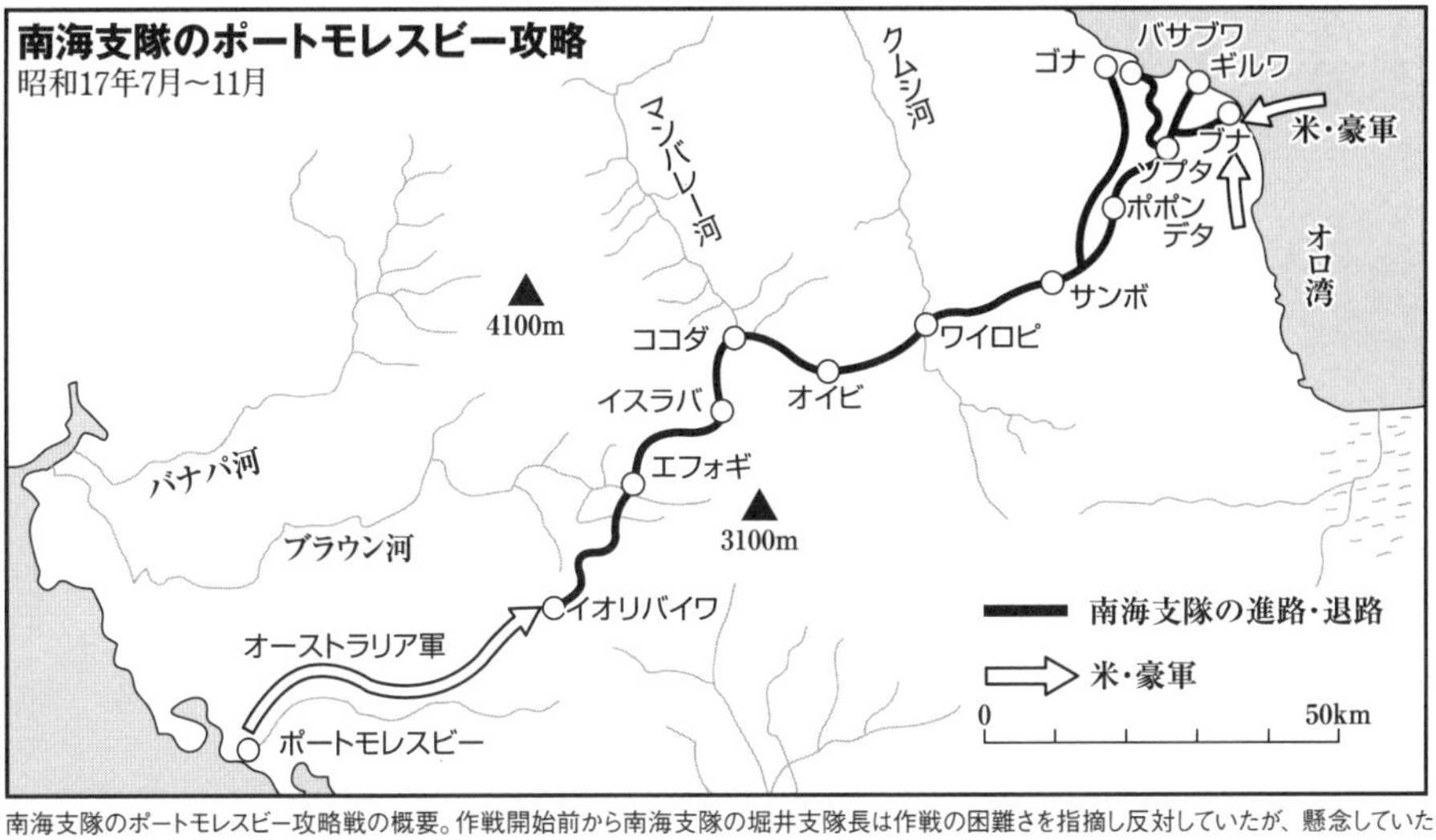

南海支隊のポートモレスビー攻略戦の概要。作戦開始前から南海支隊の堀井支隊長は作戦の困難さを指摘し反対していたが、懸念していた通り補給が尽き、豪軍と米軍に挟撃される凄惨な結末になってしまった。なお、堀井支隊長はカヌーでクムシ河口まで下り、海路ギルワに向かったが、途中でカヌーが転覆して事故死した

山中を行軍する第16オーストラリア旅団の兵士たち

25ポンド野砲を牽引してオーエンスタンレー山脈の山道を行軍するオーストラリア兵

たのである。

しかしポートモレスビーを目前にした9月13日、南海支隊司令部に第17軍より撤退命令が届けられた。これは大型無線機を搬送することができなかったが故に起こった連絡の不備が原因であった。

南海支隊を率いる堀井富太郎少将は、悩んだ末に撤退を決意する。

しかし敵を背後に残しながらの撤退は容易ではなく、そのうえ食料も少なく、道も険しい。

10月4日、なんとかココダにたどり着いた時には、海岸方面で米第32師団の攻撃が開始されていた。その一方で、背後には豪軍が迫っている。つまり南海支隊は完全に挟撃されたのである。

こうした状況下、堀井支隊長は撤退中に事故死し、南海支隊の残存部隊はどうにか海岸の陣地帯へ帰着した。しかしそこではすでに米軍との間に激しい戦闘が繰り広げられており、翌年の元旦にブナが玉砕したのを始め、各陣地の陥落が相次いだ。このブナ地区の防衛戦で日本軍は7000名以上の戦死傷者を出し、クムシへ向けて撤退したのだった。

◆ラビ攻略

南海支隊がポートモレスビー攻略を開始した頃、ニューギニア島のミルン湾に海軍陸戦隊が上陸を開始した。

ミルン湾は亀の形に似たニューギニア島の尻尾部分、東南端にある。そのミルン湾からほど近いラビに豪軍が飛行場を設営したことが航空偵察によって判明したことから、日本軍は同地の攻略を計画した。ラビの飛行場を放置することは、南海支隊の策源地であるブナ地区のみならず、さらに後方のラエ・サラモアも空からの脅威に晒されることになるからである。

しかし、この時期はちょうどガダルカナル島へ米軍が上陸を開始したこともあり、陸軍はこれ以上の戦力の派出を渋った。それゆえ、海軍は独力で攻略することを決定し、海軍陸戦隊を送り込むことにしたのである。

ラビ攻略を行うのは呉鎮守府第五特別陸戦隊（呉五特）で、同隊は2隻の輸送船に分乗、これを軽巡「天龍」以下8隻の護衛隊が護衛にあたる。こうしてラビ攻略隊は8月24日にラバウルを出発した。

日本海軍の特別陸戦隊は、陸軍の部隊でいえば概ね大隊規模の諸兵科連合部隊に該当する。

これに対して、豪軍では7月にミルン湾に上陸させていた第7オーストラリア旅団にくわえ、陸戦隊がラ

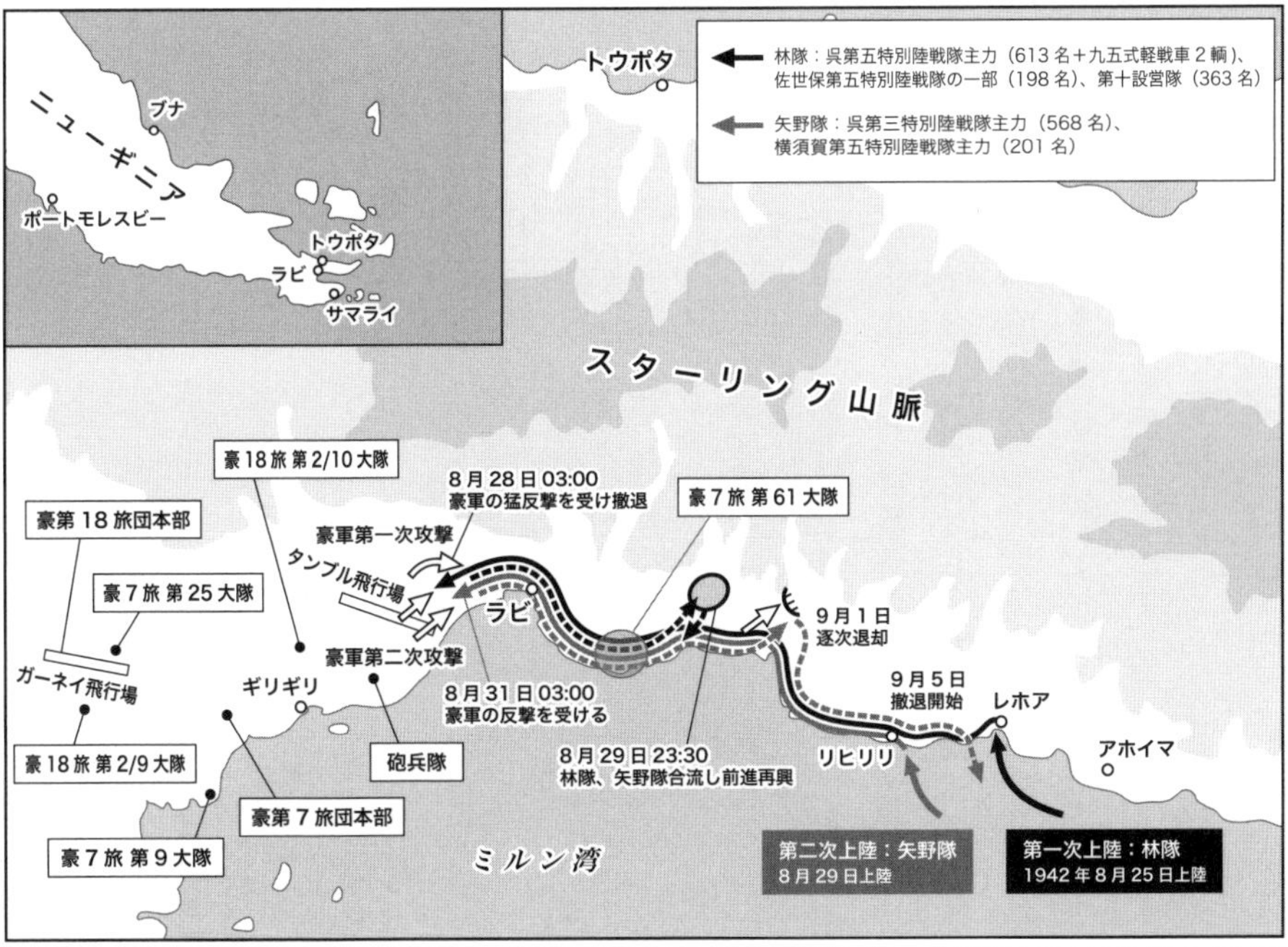

ラビ攻略戦（ミルン湾の戦い）の戦況図。日本海軍陸戦隊は飛行場を奪取するためにラビを目指したが、5倍以上の兵力を有するオーストラリア軍の反撃を受け、衆寡敵せず退却した

バウルを発つ2日ほど前に第18オーストラリア旅団を増強していた。英連邦軍の1個旅団は日本陸軍のおおよそ1個連隊に該当する。その他支援部隊なども含めると、豪軍は約1万名ほどが防備に当たっていたことになる。

8月25日夜半、本来の予定地点を間違えて上陸を開始した陸戦隊は、敵の抵抗を受けることなく無血上陸を果した。そして九五式軽戦車2輌を先頭に立てて飛行場へ向けて進撃を開始すると、豪軍の抵抗を排除して急進した。

当初は奇襲効果もあり、日本軍に戦車が存在したこともあって豪軍は一時的に混乱状態に陥った。しかしすぐに態勢を立て直すと、遅退戦術によって陸戦隊の前進を阻み始めた。

そして苦心の末にようやく陸戦隊は飛行場付近まで前進したものの、早くもその衝撃力は激減していた。事前の作戦計画の甘さや調査不足が露呈し、大した距離でもないのに前線までの補給の維持が出来なかったのである。

しかし最大の問題点は豪軍の戦力を過小に見積もったことにある。これは上陸後にも是正されることがなかった。それゆえに、ラビ攻略部隊の苦戦を知った第八艦隊司令部は、今少し増援を送れば攻略できると判断し、呉三特と横五特（横須賀鎮守府第五特別陸戦隊）の一部部隊を送り込んだのである。

当然、焼け石に水であった。だが増援を得た攻略部隊は8月31日、飛行場に対して最後の攻撃を敢行し、そして失敗に終った。

9月4日、第十八戦隊司令官の松山光治少将は作戦中止を命じ、陸戦隊を収容して帰還した。収容人員は1318名、戦死者は612名に達し、およそ3割が戦死した計算になる。

こうして日本軍の緒戦勝利の輝きは、陸海ともに早くも陰りを見せ始めていた。

ラビ近くに遺棄された日本海軍陸戦隊の九五式軽戦車

第3章
枢軸軍、各戦線で大敗——大戦の転換点

1942年2月18日、北アフリカ戦線のガザラの戦いにおいて進撃する、イタリア陸軍のM13/40あるいはM14/41中戦車

1942年9月15日、ガ島攻防戦において日本海軍の伊一九潜水艦の魚雷を被雷し、大炎上するアメリカ海軍の空母「ワスプ」

3-1 ツェルベルス作戦と青《ブラウ》作戦

◆英仏海峡突破《チャンネル・ダッシュ》！ ツェルベルス作戦

最新鋭戦艦「ビスマルク」を失ったことで、ドイツ海軍は戦略の見直しを迫られていた。幸い、1942年初頭の時点でUボートによる通商破壊戦は好調だったものの、水上艦艇によるそれは陰りを見せ始めていた。

ドイツ海軍首脳部は水上艦艇による通商破壊戦を未だ諦めてはいなかったが、ヒトラーはそれに対して明確にNOを突きつけた。そしてノルウェー沿岸の防備のため、フランスのブレスト港に在泊する主力艦艇をドイツ本国へ引き揚げる指示を出した。この頃、ブレスト港が英空軍による爆撃に晒されていたこともこれを後押しした。そして大胆にも、英仏海峡を突破させるように命じたのである。

海軍首脳はあまりにも危険すぎると反対したものの、結局ヒトラーに押し切られる形で「ツェルベルス（ケルベロス）作戦」が決行されることになった。

1942年2月11日、戦艦「シャルンホルスト」と「グナイゼナウ」は重巡「プリンツ・オイゲン」のほか駆逐艦6隻と水雷艇14隻とともに密かに出航し、英仏海峡に向かった。

ドイツ海軍が危惧したように英仏海峡の制海権は完全に英軍にあり、くわえて空の安全も確保できるとは言いがたかった。それでも万全を期すため、事前に航路上の掃海を密かに実施し、また敵レーダーに対して妨害電波を発して少しでも発見を遅らせようと努めたのである。これらが功を奏し、英軍は完全に裏をかかれた。ま

シャルンホルスト級2隻は大戦序盤に大西洋の通商破壊戦「ベルリン作戦」で大きな戦果を挙げたが、ヒトラーの命によってドイツ本国に引き上げることになった。写真は2番艦の「グナイゼナウ」

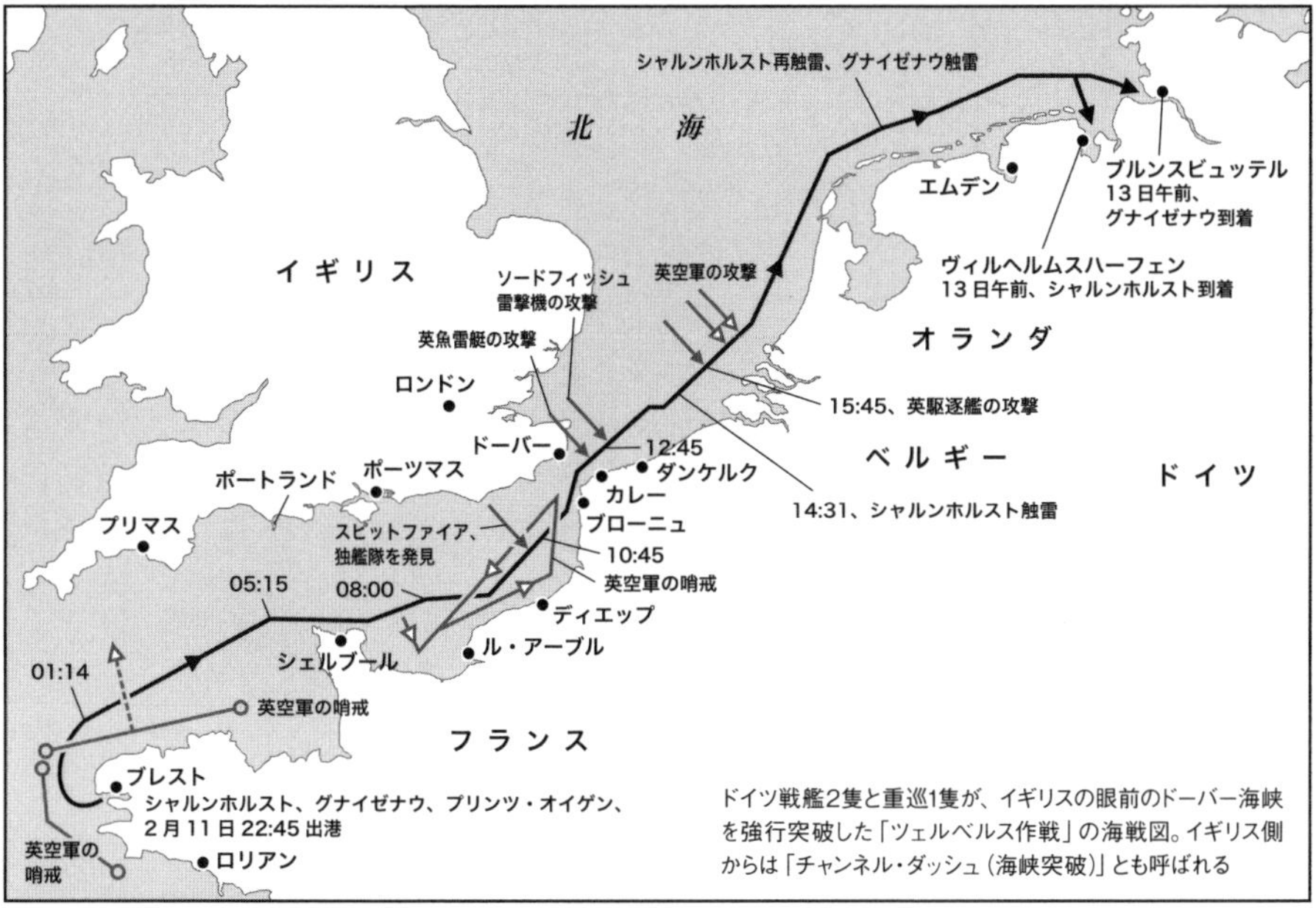

ドイツ戦艦2隻と重巡1隻が、イギリスの眼前のドーバー海峡を強行突破した「ツェルベルス作戦」の海戦図。イギリス側からは「チャンネル・ダッシュ（海峡突破）」とも呼ばれる

1942年2月11日、英仏海峡を突破するドイツ艦隊。なお「ビスマルク」攻撃時にも活躍した、ユージン・エズモンド大尉率いるソードフィッシュ6機が、海峡を突破する「シャルンホルスト」ら独艦隊に挑んだが、対空砲火と護衛のFw190戦闘機の前に全機が撃墜された

さか白昼堂々、ドイツ軍の戦艦が英仏海峡を突破するとは思っていなかったのだ。

英軍がその事実に気がついた時には、ドイツ艦隊はドーバー海峡に差し掛かっていた。英軍は散発的な空襲と沿岸砲台による妨害を行ったが、さしたる損害を与えることは出来なかった。結局、2戦艦が触雷によって損傷したものの、ドイツ艦隊は大した被害も受けずにドイツ本国へ帰還を果たした。

この壮挙にドイツ国内は沸き返る一方、英国民は政府と軍部を糾弾した。もっとも、「グナイゼナウ」はその後、空襲によって大破して事実上戦力外となった。また「シャルンホルスト」も修理に半年以上がかかる見込みであり、手放しで喜べる成功とは言いがたかった。

◆サン・ナゼール奇襲

水上艦艇による通商破壊戦に見切りを付けたヒトラーの思惑とは裏腹に、英国は「ビスマルク」の同

サン・ナゼール強襲にも投入されたイギリス第4コマンド部隊の隊員たち。トンプソン短機関銃やブレン軽機関銃を携行している

型艦である「ティルピッツ」の動向に神経を尖らせていた。Uボートへの対応で手一杯なところに、巨大戦艦が投入されて暴れ回られては英国の通商路が危機に瀕することは明白だったからだ。

こうした背景があったことにくわえ、国内の戦意高揚を図るうえでも英軍は小なりといえども白星を欲していた。そして目を付けたのがサン・ナゼールにある巨大ドックだった。

仮に「ティルピッツ」が大西洋に現れたとしても、その巨体ゆえに入渠できるドックは限られていた。つまりサン・ナゼールのドックを予め破壊してしまえば、それだけ「ティルピッツ」の行動を掣肘《せいちゅう》できることになる。こうした発想のもと、英軍コマンド部隊が強襲をかけてドックの破壊を試みることになった。これを「チャリオット作戦」という。

爆薬を搭載してサン・ナゼールのフォルム・エクルーズ水門に突っ込んだイギリス駆逐艦「キャンベルタウン」

作戦は1942年3月27日夜半から28日にかけて決行された。15隻のモーターランチに600名あまりのコマンド部隊を乗せて、これを駆逐艦3隻が護衛する。

午前1時半ごろ、ドイツ軍に発見された襲撃部隊は集中砲火を浴び、この時点で強襲要員の多くが失われた。それでも砲火をかいくぐって駆逐艦「キャンベルタウン」はフォルム・エクルーズ水門に突入、艦首部に搭載した3トンの爆薬を爆破すべく、工作を開始した。一方、随伴していた高速魚雷艇はドックに通じるもう一つの水門に対して雷撃を行い、これを破壊した。

そして上陸した襲撃部隊はそれぞれの目標に向かい、破壊を試みたものの、事前の損害が大きすぎて任務を達成することはできなかった。もはや作戦の失敗は明らかで、上陸した隊員の大半は戦死するか、さもなくば捕まり、脱出できたのはわずか4名に過ぎなかった。さらに、突入した「キャンベルタウン」の信管も作動せず、水門の破壊にも失敗した。

こうして「チャリオット作戦」は失敗に終わったかに思われた。ところが翌朝、「キャンベルタウン」は周囲で調査中のドイツ人技師ら多数を巻き込んで突如大爆発を起こし、水門を完全に破壊した。

多くの犠牲者を出したものの、英軍は一応の目的を達成したのだった。

◆コーカサスに先行し、セバストポリ要塞を占領

タイフーン作戦の失敗と、それに続くソ連軍の冬期反攻により、東部戦線のドイツ軍は一時危機に直面した。そしてデミヤンスクやホルムのように包囲下に置かれた部隊もあったが、春の訪れとともに事態は改善へ向かい、次第に戦線も安定してきた。

そうなると、ドイツとしては新たな攻勢を企図することになる。いったんソ連本土へ攻めこんだ以上、中途半端な妥協はあり得ない。

そこでヒトラーが出した答えは、南方資源地帯の制圧・占領であった。コーカサス方面の石油や鉱物資源を抑えることは、ドイツにとって今後の戦争遂行に必要なものである。同時に、これはソ連経済に打撃を与えることにもなる。

これに対してドイツ国防軍は諸手を挙げて賛同したわけではない。ただ、もはやソ連との戦いは、これまでの戦いのように敵国の首都を占領したら終わるという前時代的な戦争とは明らかに異なっていた。そうであるなら、戦争経済を論じたヒトラーの言葉にも一理はある。

ともあれ、東部戦線のドイツ軍は可能な限りの戦力を南方に集中し、敵野戦軍を撃滅しつつ、カスピ海沿岸のバクー油田を目指すことになった。この大作戦を「青（ブラウ）作戦」と呼ぶ。

だが、その前にドイツ軍には片付けておかなければならない宿題があった。クリミア半島の完全制圧、なかでも攻略を延期したセバストポリ要塞はなんとしても占領しなければ

1942年6月、セバストポリ湾を守るコンスタンチノフスキー要塞に向け砲撃する、ドイツ軍の10.5cm leFH18榴弾砲

ばならなかった。

一方、ソ連軍もまた、南方での攻勢を強めていた。冬期反攻に呼応してハリコフの奪還を目指したが、激戦の末、ドイツ軍の粘り強い防衛の前に敗退した。

また、クリミア半島東端のケルチでも1942年2月27日より攻撃を発起したが、4月上旬までにこれも頓挫した。対して、ケルチ方面のドイツ第11軍は5月8日より攻撃を開始した。やや突出していたソ連軍の北側戦線を前線部隊で拘束し、その間に南方側面から部隊を上陸させて挟撃。これによりソ連軍の戦線は崩壊して5月16日までにケルチを完全制圧した。

また、ドイツ第54軍団が主攻部隊、第30軍団がその助攻にあたり、6月7日からセバストポリ要塞に対する攻撃が開始された。激しい戦いが繰り広げられたが、ドイツ軍はじりじりと防衛線を圧迫していった。

そして北部戦線では17日より総攻撃を開始し、19日にはセベルナヤ湾に到達する。一方西部戦線でも20日までに周囲の堡塁をすべて制圧し、30日までに戦線を大幅に前進させた。

こうして7月3日、ついにセバストポリ要塞は陥落し、ドイツ軍はクリミア半島を完全に制圧したのだった。

◆総統指令第41号「青作戦」発動

1942年6月28日、ついに「青作戦」が発動された。まず最初に、第4装甲軍がヴォロネジを目指して前進を開始、次いで第6軍が30日に行動を開始した。

第4装甲軍の目的地はヴォロネジではあったが、より重要な任務は敵野戦軍の撃滅であった。そのため、ヒトラーは必ずしもヴォロネジの早期占領を望んだわけではない。ただ、前線ではドン河渡河が想定以上に順調に進んだため、ヴォロネジを一撃で占領できると判断した。

ところがソ連軍はヴォロネジが占領されるとモスクワ

方面への道が開くと判断したため、急遽増援を送り込んで頑強に抵抗した。このため、ドイツ軍によるヴォロネジ占領は予想より遙かに遅れ、この間に肝心のソ連軍主力は整然と退却してしまった。

「ブラウ作戦」が発動された1942年夏、Ⅲ号戦車と共にロシアの平原を前進するSS師団“ヴィーキング”の将兵たち

一方、7月9日から第1装甲軍と第17軍が南方より攻撃を開始して快進撃を続けた。しかしこれも、ソ連軍が戦略的撤退を決めていたためであった。もはや、ソ連軍は独ソ戦開始当初とは異なり、スターリンの考え方も以前よりは柔軟になっていた。

だが、ヒトラーはこれを見誤った。1年前と同様、ソ連軍の戦線は崩壊し、潰走していると錯覚したのである。

そして新たに総統指令第45号を発し、南方軍集団をA軍集団とB軍集団に分割、前者をコーカサス方面に、後者を

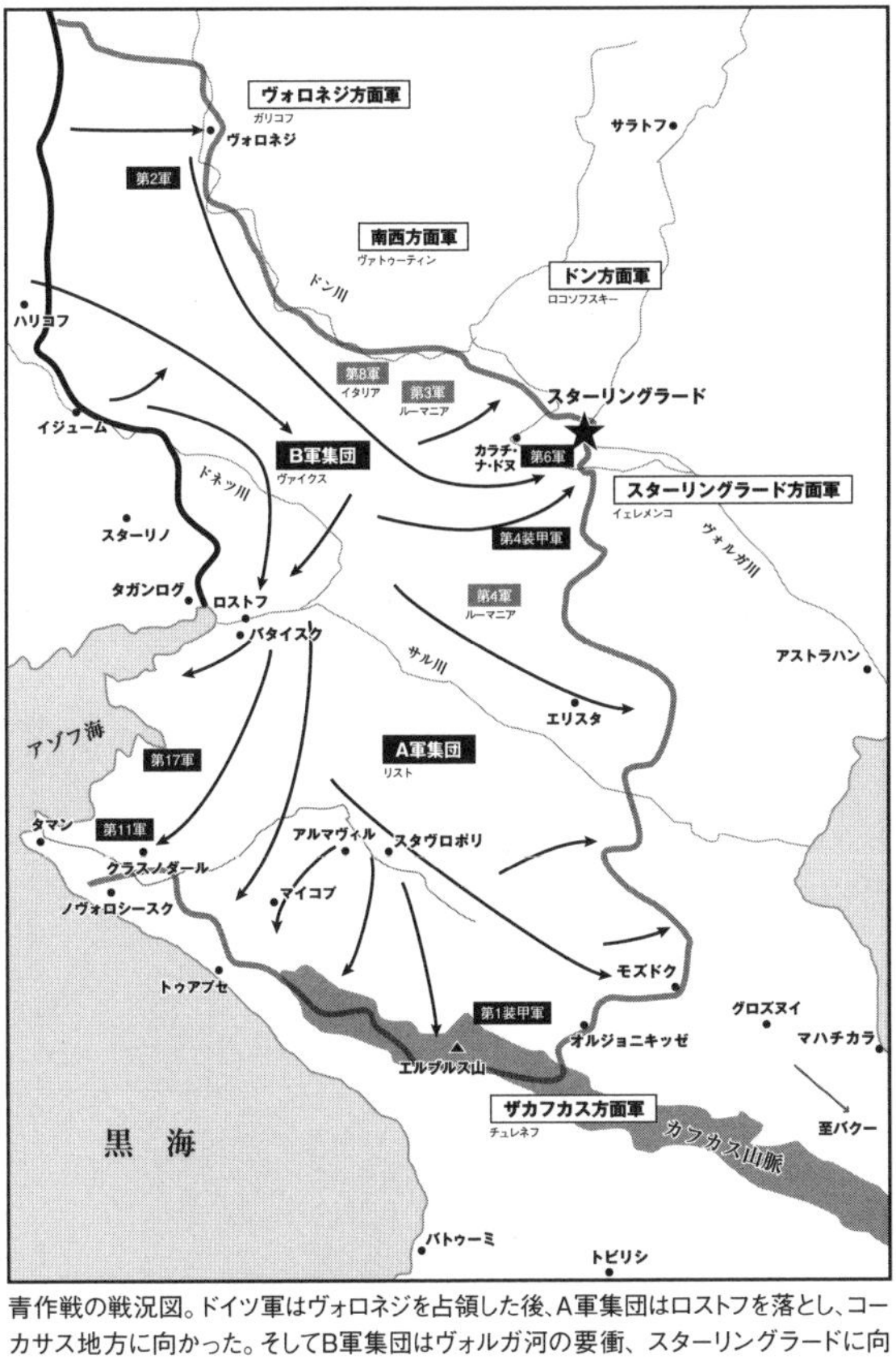

青作戦の戦況図。ドイツ軍はヴォロネジを占領した後、A軍集団はロストフを落とし、コーカサス地方に向かった。そしてB軍集団はヴォルガ河の要衝、スターリングラードに向かったが…

スターリングラードへと向かわせた。

しかしこの再編には問題もあった。もはや作戦の成功は時間の問題と考えたヒトラーは、精鋭7個師団を引き抜いて他方面へ転用したのである。そのうえ2正面作戦を展開した結果、各方面の衝撃力は格段に低下してしまった。

ところが先述したようにソ連軍は崩壊したわけではなく、あくまで戦力を温存して戦略的撤退をしたに過ぎない。この結果、ドイツ軍は進めば進むほど苦しい状況に直面することになる。

7月22日、要衝ロストフに到達したA軍集団は激戦の末、25日にこれを制圧した。そして地獄の釜を開けたが如く、南方に向けて快進撃を続けた。ところが8月に入ってコーカサスの山岳地帯に入ると途端に進撃速度は鈍った。そして9月、10月と一進一退を続けることになった。敵野戦軍の撃滅に失敗したツケが回ってきたのだ。

一方、ヴォルガ河方面に向かったB軍集団もしばらくの間は無人の野を行くが如く快進撃を続けたが、8月末、スターリングラード前面に来てようやくその動きは停止した。

そしてこれ以降、血みどろの市街戦に巻き込まれていくことになるのである。

1942年9月、コーカサス地方の山あいを進撃するドイツ軍装甲部隊

3-2 トブルク陥落

ドイツとソ連の戦い、すなわち東部戦線の開幕は、海上にも新たな戦場を生み出した。極寒の北洋における戦いである。

そして独ソ戦は政治の世界においても新たな局面をもたらした。従来、協調関係にあったとは到底言いがたい、西側連合国とソ連が手を結んだのである。

◆北極圏の戦い

その結果、米英はソ連に対して援助することを決定し、1941年10月に秘密協定が締結された。これを受けて、北方の海上ルートを経由して輸送船団をムルマンスクまたはアルハンゲリスクまで送り込むことになった。

とはいえ、ドイツ海軍がこれを座視するはずがない。そのため、極寒の地において熱い戦いが繰り広げられることになったのである。

西側からソ連へ向かう輸送船団はPQ船団と呼ばれ、通しナンバーが付された。同様に、ソ連からイギリスに向かう船団をQP船団と呼ぶ。

その第1回、すなわちPQ1船団がアイスランドを出航したのは1941年9月29日のことである。以後、回数が重ねられていったが、PQ17船団の時に悲劇が起こった。

1942年6月22日にアイスランドを出航した船団は33隻の輸送船からなり、これをL・H・K・ハミルトン少将率いる巡洋艦戦隊ほかが護衛にあたった。そしてこれとは別に、出撃してくるであろうドイツ艦隊を葬るために、イギリス本国艦隊（戦艦2隻・空母1隻・重巡1隻・軽巡2隻・駆逐艦14隻）をトーヴィー提督が率いる。

一方、ドイツはUボートと200機以上の航空機にくわえ、戦艦「ティルピッツ」「アドミラル・シェーア」、重巡「アドミラル・ヒッパー」を中心とした水上部隊が迎え撃つ。

PQ17船団は出航からわずか3日後にはドイツ空軍の哨戒網にかかり、早くも発見されてしまった。数次にわたる空襲を受け、船団は7月4日に輸送船3隻を喪失。それでも船団はソ連を目指した。

やがてドイツ軍の水上部隊が出撃したことを航空偵察で探知した英本国艦隊も出撃、ドイツ艦隊の捕捉を目指す。

ところが、出撃したドイツ艦隊はその日の夜には帰還命令を受けて反転してしまった。PQ17船団はすでに分散してしまっていたうえに、英本国艦隊出撃の情報を受けたためである。

ドイツ軍の偵察機から撮影されたPQ17船団

PQ17船団を襲撃したのちに帰還したドイツ海軍のU-408（手前）とU-255（奥）。U-255は4隻の輸送船を撃沈した

他方、本国艦隊もまたドイツ艦隊捕捉の見込み無しとして引き返してしまった。

この結果、分散した船団の輸送船はその後、Uボートと航空機により各個に攻撃され、22隻が沈められてしまった。

この後、PQ18船団の出航は9月まで延期されたうえに13隻を失い、PQ船団はこれをもって打ち切られた。そして12月からはJW船団と名称を改めて再開されることになったのである。

◆マルタ島を巡る海戦

1941年、北アフリカでは枢軸軍と連合軍が一進一退の攻防を続けていた。この北アフリカでの戦いを枢軸陣営から見た時、鍵となるのが地中海に浮かぶ小島である英領マルタ島の存在だった。

ロンメル率いるドイツ・アフリカ軍団は確かに強力ではあったが、補給がなければその強さを発揮することもできない。そしてその補給は、地中海を経由した海上輸送に頼らざるを得なかった。

つまりマルタ島は枢軸陣営の海上輸送路を脅かす最後の牙城であった。そのため、これを攻略すべく作戦計画が立てられた。作戦名は「ヘラクレス」である。

一方、イギリスもなんとかしてマルタ島を保持すべく困難な補給作戦を続けた。その結果、マルタ島に向かう輸送船団およびその護衛部隊と、これを撃滅せんとするイタリア艦隊との間に数次にわたる海戦が繰り広げられることになった。

北海と地中海周辺の地図。北アフリカでは独伊枢軸軍と英連邦軍が一進一退の戦いを続けていたが、地中海の中心に位置するマルタ島は、独伊軍にとって「のどに刺さった骨」であった

イギリスは3月にアレキサンドリアから4隻の輸送船をマルタ島に向かわせたが、そこに戦艦「リットリオ」に率いられた重巡2隻、軽巡1隻、駆逐艦10隻からなるイタリア艦隊が襲いかかった。対するイギリスの護衛艦隊は第15巡洋艦戦隊など軽巡5隻・駆逐艦18隻で、戦力差は歴然としていた。

それでもイギリス艦隊はどうにかイタリア艦隊を退けたものの、結果的にマルタ島への到着が遅れて輸送船団は空襲により壊滅してしまった。これを第二次シルテ湾海戦と呼ぶ。

こうしてマルタ島はもはや風前の灯火であったが、イギリス軍は

タラント空襲の大破から復帰した戦艦「リットリオ」は、第二次シルテ湾海戦で英駆逐艦「ハヴォック」「キングストン」などに命中弾や至近弾で損害を与えた

ここで起死回生の作戦を実施する。アレキサンドリアとジブラルタルという地中海の東西両端から同時にマルタ島へ輸送船団を送る作戦で、前者が「ヴィガラス作戦」、後者が「ハープーン作戦」と名付けられた。

しかし本命のヴィガラス作戦は度重なる枢軸軍の空襲により損害を被り、生き残った輸送船はアレキサンドリアに引き返してしまった。

またハープーン作戦もイタリア海軍の第7戦隊（軽巡2隻・駆逐艦5隻）の迎撃を受け、イギリス護衛部隊と

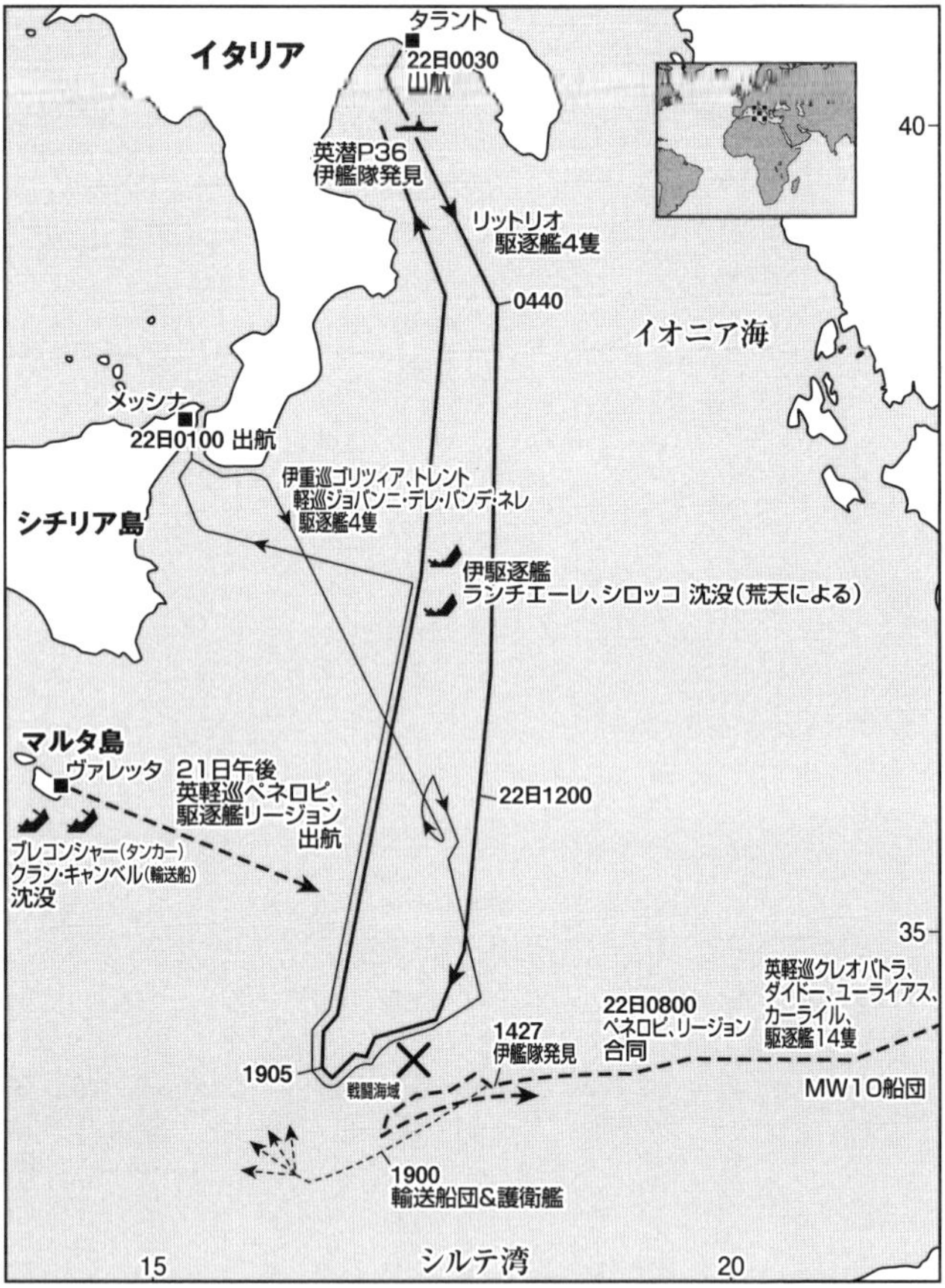

英海軍は4隻の輸送船・タンカーからなるMW10船団をマルタ島へ送り込むMG1作戦を発動し、イタリア海軍は「リットリオ」を旗艦とする艦隊で迎撃した。「リットリオ」の活躍もあってマルタ島への輸送はおおむね阻止し、イタリア海軍の勝利に終った(第二次シルテ湾海戦)

ダイドー級軽巡洋艦の「ユーライアラス」。両用砲10門を搭載した防空艦で、同型艦の「ダイドー」「ユーライアラス」「クレオパトラ」と第15巡洋艦戦隊を組んで第二次シルテ湾海戦に臨んだ。基準排水量5,600トン、主武装は13.3cm連装両用砲5基と53.3cm三連装魚雷発射管2基、速力32.25ノット

の間にパンテレリア沖海戦が勃発した。第7戦隊はイギリス艦隊に損害を与えはしたものの、肝心の輸送船団を取り逃がしてしまう。しかし輸送船団もその後の空襲によって損害を被り、結局マルタ島に入港できたのは2隻に過ぎなかった。

この状況下で「ヘラクレス作戦」が実施されていたら、あるいは地中海、そして北アフリカの様相は大きく変わっていたかもしれない。

だが、事態は思わぬ方向に動いていくことになる。

第二次シルテ湾海戦で煙幕を張る「クレオパトラ（奥）」を「ユーライアラス」から見る。同海戦で「クレオパトラ」はイタリア軽巡「ジョバンニ・デレ・バンデ・ネーレ」の主砲（あるいは「リットリオ」の副砲）の15.2cm砲弾を艦橋に被弾して大きな損害を受けた

英輸送船4隻、駆逐艦2隻を撃沈したパンテレリア沖海戦でイタリア艦隊を率いた、デュカ・ダオスタ級軽巡洋艦「エウジェニオ・ディ・サヴォイア」。基準排水量8,450トン、主武装は15.2cm連装砲4基と53.3cm三連装魚雷発射管2基、速力36.5ノット

◆ガザラの戦い

1941年末、エルヴィン・ロンメル将軍率いるドイツ・アフリカ軍団は、今一歩というところで要衝トブルクの奪取に失敗。戦力の消耗と補給の不足から一旦エル・アゲイラまで退いた。

そこでロンメルは新たな増援を手に入れて態勢を立て直すことに成功した。それというのも、マルタ島からの妨害がなくなり、地中海経由の補給が順調に行われたためだ。

そして準備を整えたロンメルは、再び攻勢を開始した。

1942年1月21日早朝、枢軸軍は部隊を二手に分け、アフリカ軍団は海岸沿いに、マルクス集団はそれより内陸を前進する。不意を突かれたイギ

ガザラの戦い中の1942年6月19～20日、Sd.Kfz.250/3装甲無線車“グライフ号”（ハーフトラック）に乗って前線を視察するロンメル上級大将

リス軍は混乱状態となり、まともに応戦もできないまま退却を開始した。そしてドイツ軍は25日に内陸部の要衝であるムススを占領した。

ドイツ軍のこの快進撃の矢面に立ったイギリス第8軍司令官のリッチー中将は、ロンメルは前年同様に再び内陸を突破してメキリを目指すと判断した。そしてそのための防衛態勢の構築を急がせた。

ところがロンメルはその裏をかき、海岸にあるベンガジを強襲。わずか1日の攻撃でベンガジは1月29日に陥落し、ロンメルは大量の補給物資を獲得することに成功した。

これによりイギリス軍は再び退却を開始し、一方のアフリカ軍団はこれを猛追した。

しかしアフリカ軍団の急進撃にストップがかかる。同盟国であるイタリア軍が追撃を拒んだためである。この枢軸軍の不協和にイギリス軍は救われた。そしてトブルク西南を最前線として防御陣地を構築し始めたのである。

しかしここで攻勢を止めては意味がない。マルタ島も虫の息である今、トブルクを占領すれば北アフリカの戦勢は枢軸軍側に一気に傾くであろう。

ロンメルはヒトラーから攻撃の許可を取り付けると、5月26日より再び攻撃を開始。クルーヴェル将軍の部隊にガザラ正面に対して陽動攻撃を行わせ、自らは装甲部隊を率いて南方に大きく迂回し、トブルク西方のアクロマを目指す。要するに、装甲部隊による大迂回でイギリス軍を包囲しようという作戦である。

だがこの攻撃はイギリス軍の抵抗により成功せず、むしろアフリカ軍団は敵中に孤立する格好になってしまった。そのためロンメルは巨大な円形陣地を構築して兵力を結集させた。これを「大釜陣地」と呼ぶ。

普通に考えれば、ほとんど袋のネズミ状態と言ってもいい。しかしロンメルの凄まじさは、この期に及んでも攻勢に出ることを考えていたことだ。そしてそれは成功する。

6月5日、イギリス軍はアフリカ軍団を殲滅すべく攻勢

ガザラの戦いにおいて、戦いに備えているイギリス第4機甲旅団第3王立戦車連隊の巡航戦車クルセイダー“CYNIG号”

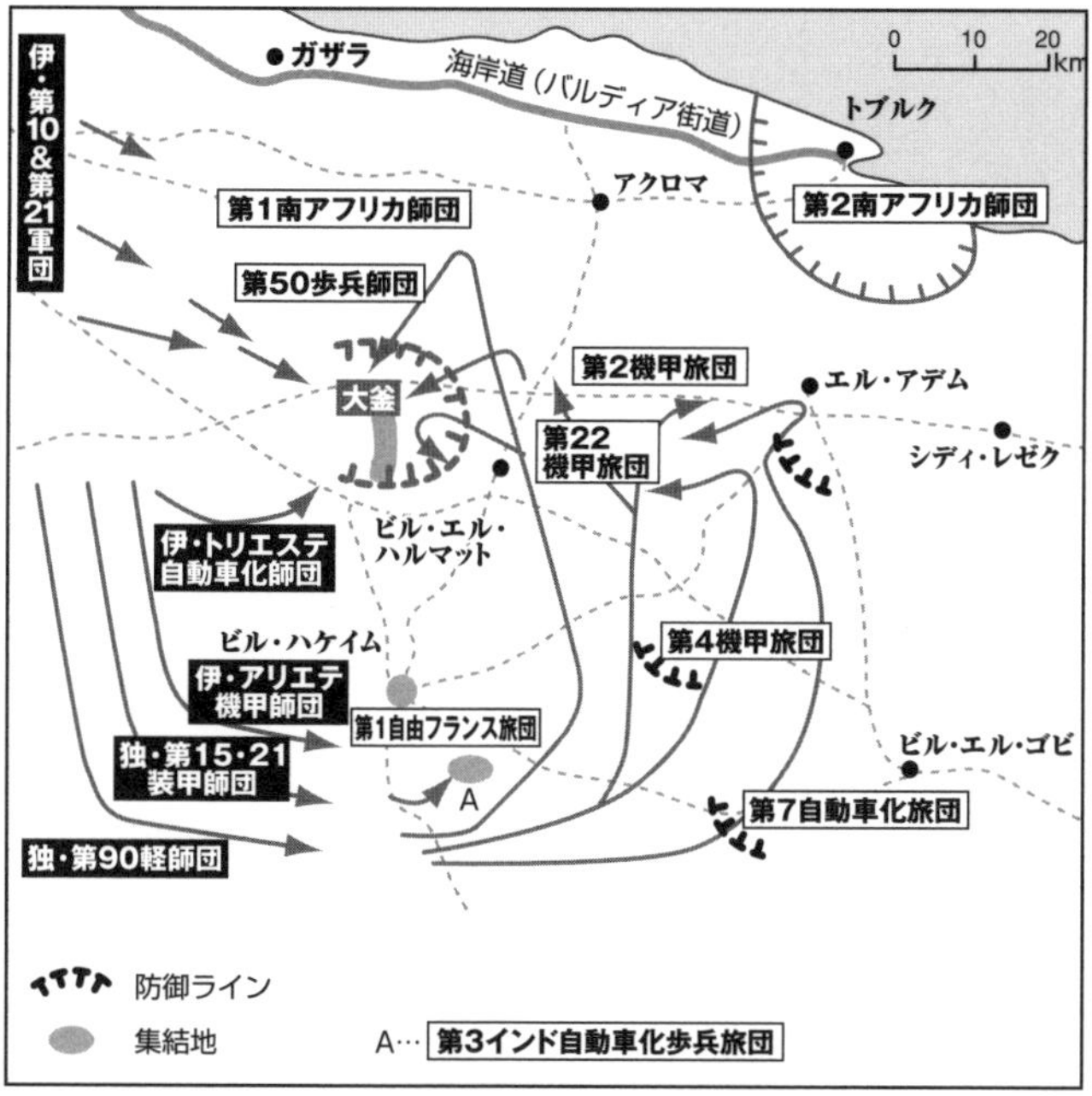

ガザラの戦い（大釜の戦い）の戦況図。敵前線で孤立しつつあったロンメルは「大釜」陣地を築いて英連邦軍の攻撃を撃退、最終的には機動戦を発起して英連邦軍を撃破、トブルクを攻略した。ロンメルの輝かしい戦歴の中でも、とりわけ会心の勝利として取り上げられることが多い

を開始、イタリア軍のアリエテ機甲師団を破って前進した。ところがこれは仕組まれた罠で、ロンメルは誘い込んだうえでイギリス軍に痛撃を与え、返す刀で反撃を開始した。

第15装甲師団が大釜陣地南方の地雷原を突破して東方へ向かって進撃を開始し、さらにビル・ハケイムで頑強に抵抗していた自由フランス旅団に対しても攻撃をおこなってこれを撃退した。

もはやイギリス軍にはドイツ軍の奔流を止める術はなく、後退を重ねる。そしてロンメルは勢いを止めることなくトブルクに対しても攻撃を開始した。6月20日、のべ600機にも及ぶ航空支援を受け、第15装甲師団はトブルク防衛線を突破、夜までに市街のほとんどを制圧した。翌21日、ついにトブルク守備隊は降伏した。そしてこの戦功により、ロンメルは元帥に昇進した。

だがこのトブルク陥落は思わぬ副産物を残した。あまりに鮮やかな勝利だったため、ヒトラーとムッソリーニは、もはやアレキサンドリアの攻略もスエズ陥落も時間の問題と判断した。そしてマルタ島の攻略を延期する決定を下した。結果から言えば、これは大きな過ちであった。

6月10日、ガザラの戦いにおいて砂漠を前進するイタリアの第132装甲師団“アリエテ”のM13/40、あるいはM14/41中戦車。主砲は長砲身47mm砲、装甲は最大30mm厚、速力は最大33㎞ /hと、同時期の独英の戦車に比べると性能で劣った

3-3 第二次長沙作戦と北支治安戦

◆第二次長沙作戦

太平洋戦争開戦直前の昭和16年（1941年）9月から10月にかけて、支那派遣軍隷下の第十一軍は「加号作戦」と呼ばれる「第一次長沙作戦」をおこなった。なお、中国側の呼称では「第二次長沙作戦（戦役）」と呼び、のちに行われた「第二次長沙作戦」を中国側では「第三次長沙作戦」と呼ぶ。

「第一次長沙作戦」は中国の穀倉地帯である湖南一帯を戦場として行われたもので、日本側としては重慶政府に対する圧力を強めるという意味合いもあった。

この作戦は一定の戦果を挙げた後に反転、原駐地へと帰還した。実際、長沙市街にまで突入して掃討戦をおこない、作戦全期間を通じて国民党軍は3万名を越える戦死者を出している。

ところが、国民党政府はこれを自軍の大勝利として喧伝した。日本軍は負けて後退したのだという理屈である。今も昔も、中国軍はこういう宣伝戦には長けている。日本としてもそれなりの対応をするなり、取り合わなければいいのだが、昭和の日本陸軍にそのような理性的対応は難しかった。

第十一軍司令官の阿南惟幾《あなみこれちか》中将は、せっかくの勝利に水を差されたようでまったく面白くなかった。

昭和16年9月～10月の第一次長沙作戦において、汨羅江の対岸の中国軍（国民党軍）に向けて九二式重機関銃を放つ第四師団の兵士

そうこうしているうち、12月8日に太平洋戦争が開戦し、援蒋ルートの一つでありながらイギリスの租借地だったことから手を付けられなかった香港攻略が始まった。

第十一軍はこの攻略に直接は関係ないが、香港攻略をおこなう第二十三軍の背後を狙って、中国軍の第4軍と暫編第2軍が蠢動《しゅんどう》し始めた。阿南中将はここぞとばかり決断を下し、これら中国軍の南下を牽制するために作戦を発起した。これが「第二次長沙作戦」である。

本作戦は用意周到におこなわれた「第一次長沙作戦」と異なり、中国軍の動きに反応して行われた作戦である。そのため準備も十分ではなく、また作戦目的そのものもあやふやな点があった。

ともあれ第十一軍は隷下の3個師団を中核とした部隊を投入し、12月24日から作戦を開始した。当初の作戦目的は汨水《べきすい》南側の中国軍第37軍に打撃を与えることで、作戦期間は2週間の予定だった。

しかし作戦開始前から長沙まで進攻すべしという意見もあり、また阿南軍司令官自身もそれを望んでいた。そして結局は一部の強硬意見に引きずられる格好でそれは実現することになる。

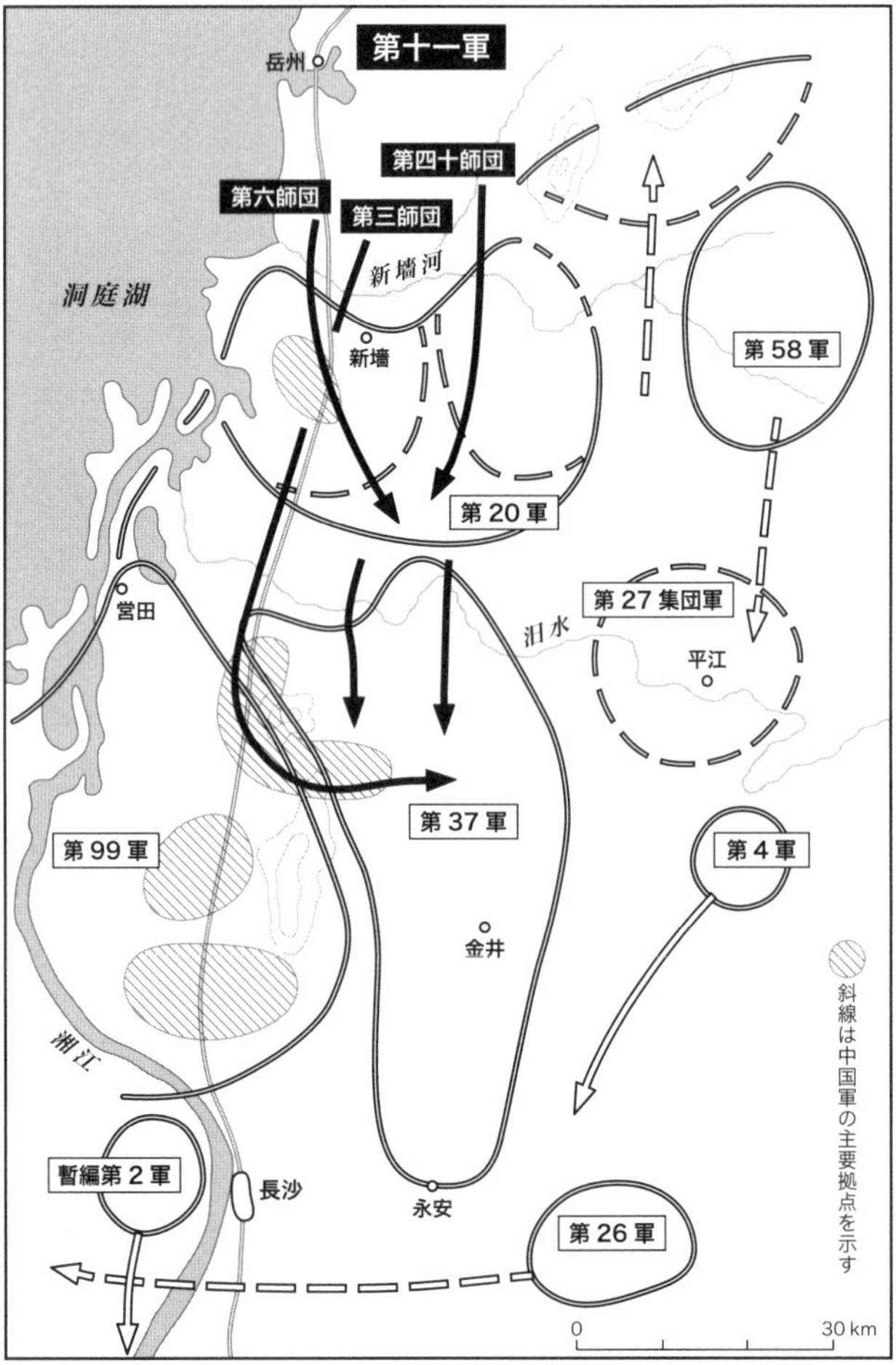

第二次長沙作戦前、第十一軍が把握していた敵の情報と、第二次長沙作戦の作戦構想図

一方、中国軍側の第9戦区軍司令官の薛岳上将は、日本軍の進攻に対して一種の焦土戦を行おうとしていた。すなわち進攻当初は正面から戦わず、インフラを破壊しつつ日本軍を奥へと誘い込む。そして長沙周辺まで引き入れたところで一気に包囲攻撃をおこなおうと考えた。これを「天炉戦法」という。

いわば焦土戦術と縦深防御を合わせ、さらに反転攻勢を行うという、独ソ戦中期以降のソ連軍の戦い方に近い考え方である。

こうして12月24日、日本軍の第六師団と第四十師団が新牆河を渡河して作戦が開始された。

作戦は当初、順調に推移した。それもそのはず、前述のように中国軍は当面まともに戦う気がなかったからだ。

その状況に気をよくしたのか、第三師団長の豊嶋房太郎中将が長沙へ進攻することを意見具申した。もともと長沙まで進攻したがっていた阿南軍司令官がこれに乗らないはずはない。司令部では慎重論もあったが、結局、阿南軍司令官はこれを決済した。むろん、支那派遣軍の許可は取っていない。そして、結果的に事後承諾でこれを認めさせたのである。

これで戦果を挙げられれば良かったのだが、現実にはその真逆となった。準備万端の中国軍の中に第三師団は飛び込んでいったからだ。

昭和16年（1941年）の第一次長沙作戦においての日本陸軍第六師団

年が明けて昭和17年（1942年）1月1日、第三師団は長沙郊外まで進み、いよいよ長沙城への攻撃を開始しようとしていた。しかしその矢先、中国軍による激しい砲撃で損害が続出。たちまち難戦に陥った。

豊島師団長はたまらず第六師団に加勢を頼むが、第三師団の独断専行を快く思っていなかった神田正種中将はこの要請を握りつぶした。

その後、軍司令部からの命令によってようやく行動を開始したが、もはやその時には中国軍は包囲環を狭めつつあった。

この状況を正しく判断した第十一軍司令部では阿南軍司令官に対して作戦中止を訴えたが、すぐには決断しなかった。しかしその後も粘り強く意見具申した結果、ついには阿南軍司令官も承諾し、作戦中止と反転が決定した。

ただ、反転が命じられたものの、豊島第三師団長はなかなか承服しなかったとされる。それでも神田師団長らの説得によってようやく反転準備を開始して、翌4日から撤退を開始した。

しかしこの貴重な時間の空費により、大きな代償を払わせられることになる。

各地で激しい戦闘を繰り返しながら撤退を続けたが、第六師団は敵の重囲下に入り込み、各個に目前の敵を撃破しつつ、どうにか包囲を脱出することに成功する。

もっと悲惨だったのは独立混成第九旅団だ。この部隊は主力部隊の撤退を援護するために南下してきたもので、1

昭和17年（1942年）、日本軍の第二次長沙作戦を迎え撃った中国軍（国民党軍、正しくは国民革命軍）の兵士と将校。1930年代までドイツから軍事援助を受けていたため、ドイツ軍風のヘルメット（フリッツ・ヘルメット）を被っている

月6日に中国軍の大部隊に襲われた。これを突破するために山崎茂大尉を指揮官とする臨時部隊を編成し、8日に夜襲を決行した。結果、この山崎部隊は壊滅したが、そのおかげで第六師団は虎口を逃れることができたのである。

ともあれ、16日までに部隊の大部は撤退を完了した。この作戦により第十一軍は1600名あまりの戦死者と、4000名以上の負傷者を出している。むろん、戦果は無きに等しい。

いや、それどころか前回以上に国民党政府は勝利を喧伝したのだから始末が悪い。

太平洋方面では連戦連勝だった時期なので見過ごされがちだが、第二次長沙作戦は紛れもなく失敗だったといえるだろう。

◆北支治安戦

大規模な作戦が何度も行われた中南支に比べ、北支方面はもっぱら粛正戦、すなわち共産匪賊に対する討伐が主体だった。

そもそも昭和13年（1938年）の武漢攻略戦以降、中国大陸方面での大規模戦闘は控えるというのが陸軍中央の方針であった。とはいえ敵も同じように考えてくれるわけではなく、現地の部隊としては当然これに対応せざるを得ない。

そのため北支では大小合わせると数え切れないほどの粛正戦が行われたわけだ。

なにしろ曲がりなりにも軍隊の体をなしている国民党軍と異なり、中共軍の大多数はいわゆるゲリラである。しかも本来戦闘員ではない近隣の農民をも協力者としていたので、日本軍としては非常に対応が難しかったといわれる。

中共ゲリラは農村に入り込み、土地所有者から土地を奪ったうえで一般の農民に分け与える。言ってみれば農民からすれば中共の人間は義賊のようなものである。

かたや日本軍は自国に勝手にやってきた軍隊であり、ただいるだけならまだしも食料その他を調達という名で奪っていく。

結局、こうしたことの繰り返しが延々と行われたわけである。

そうした粛正戦も、時には大規模に行われることがあった。中共勢力が看過できないほど大きくなった時や、敵部隊が集結しているという情報があった場合などである。

昭和16年に実施された主な粛正討伐戦としては「晋察冀辺区粛正討伐作戦」「沁河作戦」「博西作戦」「第二次魯

南作戦」などがあった。

「晋察冀辺区というのは中共軍の抗日根拠地の一つで、晋は山西省、察は察哈爾省、冀は河北省を指す。また辺区というのはこれら各省の山岳地帯のことをいう。つまりこの3省にまたがる広大な山岳地一帯に対して行われた作戦というわけだ。

作戦は昭和16年8月10日から10月15日まで実施され、北支那方面軍直轄の3個師団・2個旅団のほか、第一軍の各部隊や駐蒙軍が参加した。敵兵力は4万名ないし5万名とされ、中共軍に一定の損害を与えた。

「博西作戦」は山東省中部に対して行われ、昭和16年9月19日から10月1日にかけて実施。作戦を行ったのは第十二軍の2個旅団基幹で、中共軍の討伐を行うと同時に、炭田を始めとする資源獲得の目的もあった。

「沁河作戦」は山西省中部に対する作戦で、昭和16年9月22日から10月28日にかけて行われた。参加戦力は第一軍の2個師団・1個旅団を基幹とし、敵は約2万名と目された。

「第一次魯南作戦」は山東省南部地域における作戦で、敵は中共軍約4万名。作戦地域をぐるっと包囲するように遮断壕を掘り、中心に向かってじわじわと包囲環を縮めるように攻め上げた。遺棄死体は1600名あまりとされるが、それ以上に鹵獲兵器が大量にあったという。

またこれ以降も各地で同様の治安維持のための戦いが繰り広げられた。

昭和17年4月から5月にかけて「冀南作戦（十二号作戦）」、同じく4月から6月にかけて「冀東作戦（一号作戦）」5月から6月にかけて「冀中作戦（三号作戦）」、5月から7月には「晋冀像辺区粛正作戦」などが行われた。

このように大陸北部では終戦まで延々と討伐戦が繰り返されていくのだった。

中国戦線でも日本陸軍の歩兵部隊を火力支援する主力歩兵砲として活躍した「大隊砲」こと九二式歩兵砲。口径は70mm、口径長は11口径（砲身79cm）と短いため初速が遅く、命中精度も優れなかった

3-4 第一次エル・アラメイン戦とガ島戦の開始

◆第一次エル・アラメイン戦

１９４２年６月21日、長らく北アフリカ戦の焦点となっていたトブルクがついに陥落。ロンメル率いるドイツ・アフリカ軍団は休む間もなくエジプト領内へとなだれ込んだ。

一方、トブルク失陥という事態に、中東軍司令官であるオーキンレック大将はリッチー中将を解任して、自ら第８軍の指揮を執ることにした。

オーキンレックは前線で踏みとどまろうと画策したものの、ドイツ軍の第90軽師団は早くも25日にメルサ・マトルーに到達。その南翼を進む第21装甲師団に対して第２ニュージーランド師団が強攻したことで、どうにか急場を凌ぐことができた。

そしてこの第２ニュージーランド師団による反撃で得た貴重な時間を生かし、英軍はエル・アラメインに向けて退却を開始したのだった。

エジプトを守る英軍にとって、アレキサンドリアの陥落はアフリカ戦線での敗北を意味する。そしてエル・アラメインはそのアレキサンドリア防衛のための最後の砦であり、逆に枢軸軍にとっては最後の関門であった。

オーキンレックがエル・アラメインに防衛線を敷く決断を下したのには理由があった。海岸沿いにあるエル・アラメインから南に約60キロほど下ったところには、カッターラ低地と呼ばれる砂漠地帯が広がる。ここは通過不可能

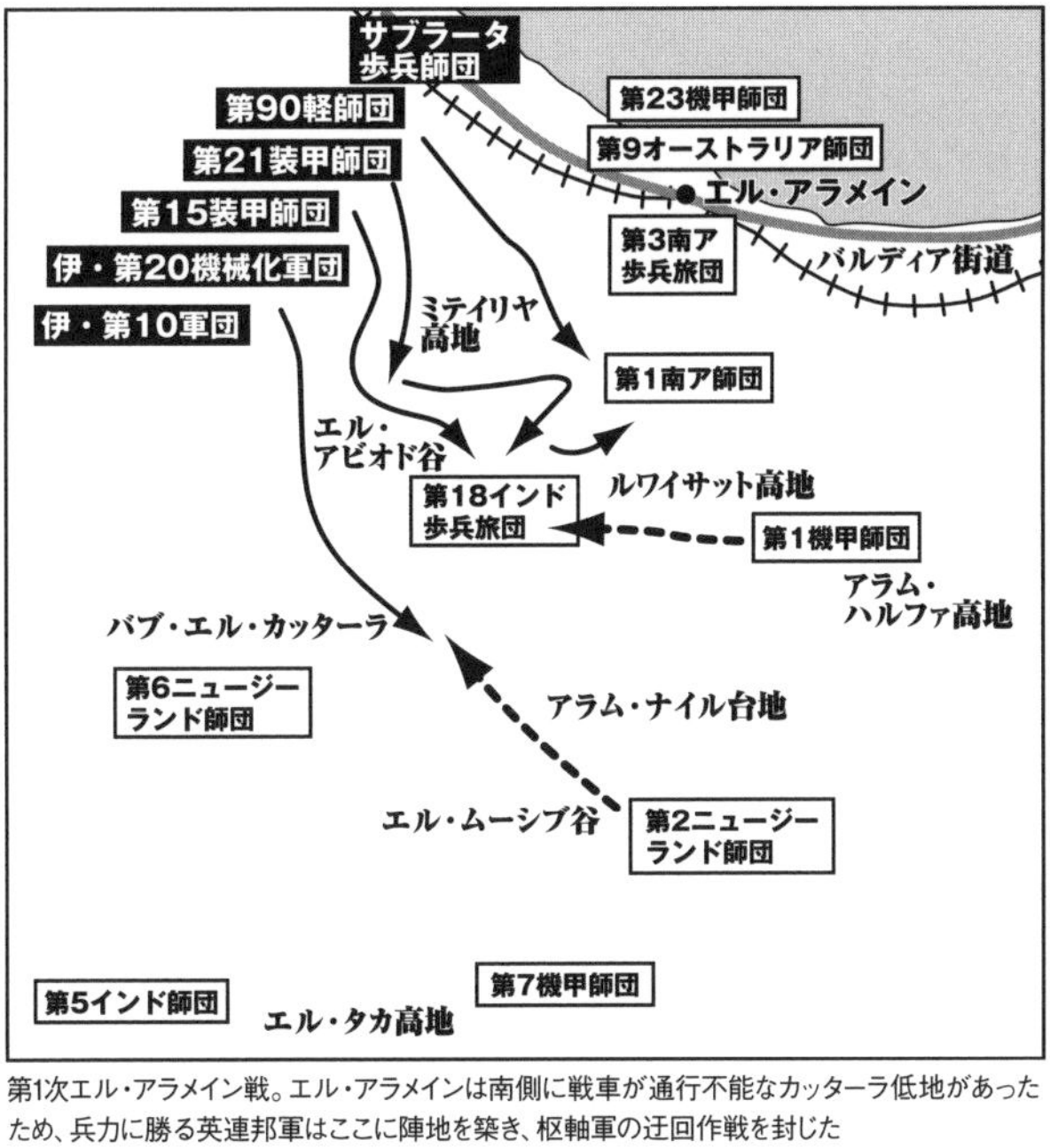

第1次エル・アラメイン戦。エル・アラメインは南側に戦車が通行不能なカッターラ低地があったため、兵力に勝る英連邦軍はここに陣地を築き、枢軸軍の迂回作戦を封じた

なため、ロンメル得意の南方からの迂回機動を封じることができるのだ。

すなわち、この60キロほどの防衛線を堅守すれば、枢軸軍のこれ以上の進撃を食い止められるというわけだ。

反対にこれをロンメルの立場から見た場合、どうにかして敵戦線に綻びを生じさせ、そこに戦車部隊を投入して突破を図るしかない。そこでロンメルは第90軽師団に北側面を守らせる一方で、主力である第15および第21装甲師団を南進させてミテイリヤ高地を突破させ、さらに東に転じてルワイサット高地の奪取を企図した。これが成功すればエル・アラメインを半包囲する格好となる。いわば小規模な南方迂回によって戦局の打開を図ろうとしたのである。

しかし7月1日より開始されたドイツ軍の攻撃は、初手から躓《つまず》きを見せた。主力の装甲部隊は予期せぬ敵部隊との遭遇に時間を浪費させられ、さらに目標であったルワイサット高地にはインド第18師団が陣地を築いて待ち構えていた。そして高地西端のデイル・エル・シェインをどうにか奪ったものの、激戦の末に稼働戦車の三分の一を喪失したのである。

第一次エル・アラメインの戦い中の1942年7月15日、遠方の戦況を観察するドイツ・アフリカ軍団のSd.Kfz.250装甲観測車

第一次エル・アラメイン戦において、ルワイサット高地で枢軸軍を待ち受けるイギリス軍の巡航戦車クルセイダーと歩兵たち

翌日、翌々日とロンメルは攻撃を続行させたが、英軍の頑強な抵抗の前に前進は叶わず、むしろ損害だけが増え続けていた。そのためロンメルは一旦攻勢を中止させ、再攻を期すことにした。

そして9日、ロンメルは第21装甲師団とアリエテ師団によってバブ・エル・カッターラを攻撃させてこれを奪取した。ところが、ほとんど時を同じくして英軍も反撃に転じ、エル・アラメインのボックス陣地から出撃したオーストラリア第9師団と南アフリカ第1師団がイタリア軍の戦線を突破して枢軸軍戦線の後方に進出したのである。これに対してロンメルは第21装甲師団を急遽応援に向かわせたものの、すでに戦車が激減していたために効果的な反撃には至らなかった。

一方、ルワイサット高地方面でも激戦が続き、一進一退の戦いが繰り広げられていたが、ここでも先に音を上げたのは枢軸軍であった。

英軍と枢軸軍では補給源からの距離が大きく異なり、補充能力も補給品も英軍が遙かに上回っていた。枢軸軍に勝機があるとすれば、それを上回る早さで攻め抜くことだったが、衝撃力は次第に細まり、もはや攻勢限界は明らかであった。

しかし英軍も、この状況から大きく攻勢に出るには明らかに準備不足であった。このため図らずも両軍は陣地を築き、戦力の回復に専念することになったのである。

◆ガダルカナル戦の開始

東部戦線と北アフリカで盟邦ドイツが連合軍に対して攻勢を強めていたころ、日本軍も次の一手に着手していた。

第一段作戦を成功させた日本軍は、紆余曲折の末に次の戦略目標を米豪の遮断に決したのである。それにはフィジー・サモアを攻撃・占領する必要があるが、そのための第一段階としてポート・モレスビーの攻略に着手した。

しかし珊瑚海海戦の結果、海上からのポートモレスビー攻略は中止となり、さらにミッドウェー海戦での敗北から中部太平洋における日本軍の優勢は大きく揺らぐことになってしまった。

この事態を受け、前進拠点であるラバウルを守るために、海軍は航空部隊の前線基地としてソロモン諸島のガダルカナル島に進出し、同地において飛行場の建設を行う決定を下した。そして7月6日にルンガ岬に上陸すると、ただちに設営を開始したのである。

一方、この時期は米軍にとっても苦しい状況が続いて

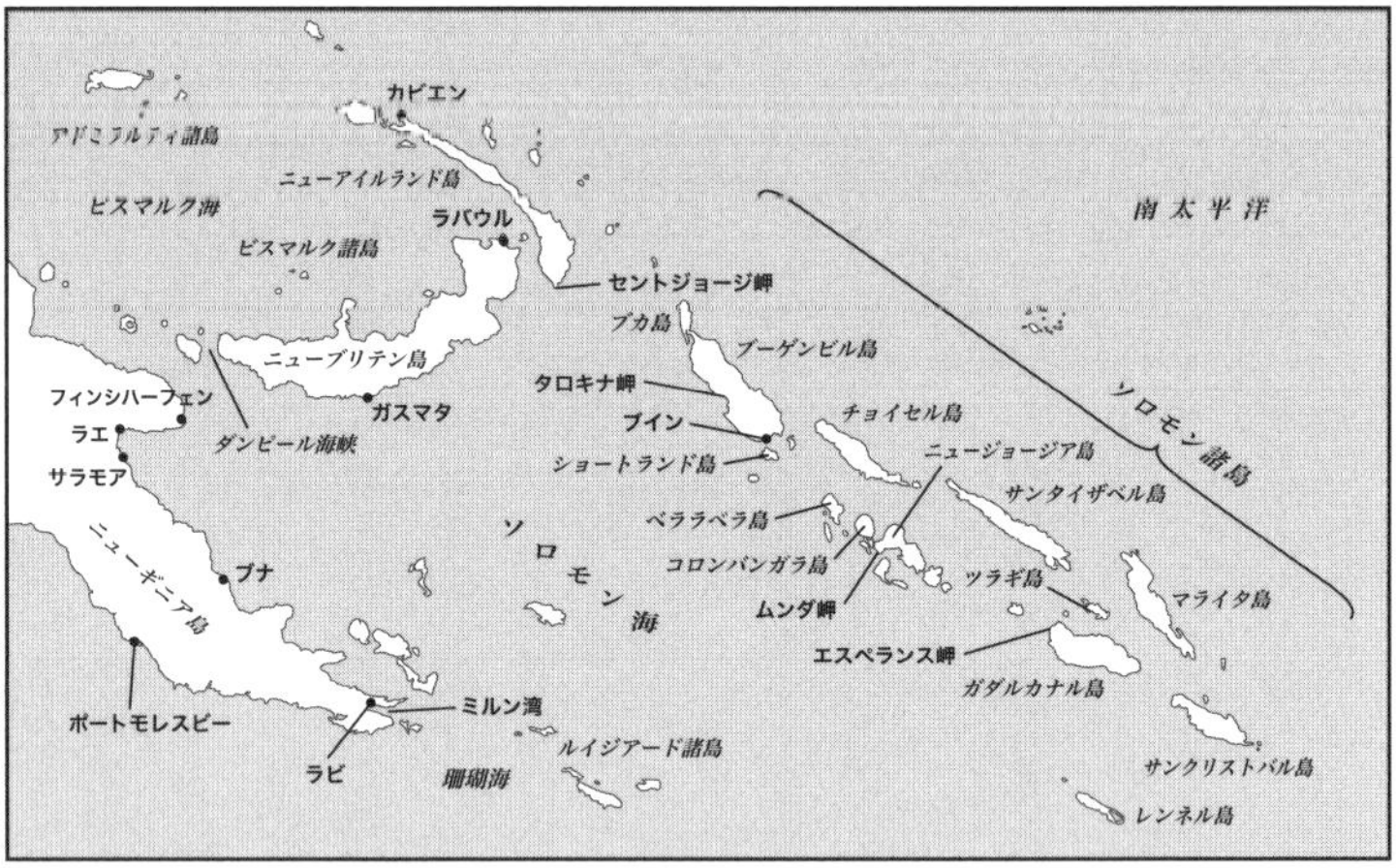

ソロモン諸島の全体図。日本海軍はラバウルを守るためガダルカナル島に航空基地を建設していたが…

いた。大局的には敗勢だったところを、ミッドウェー海戦でどうにか一矢報いたに過ぎず、少なくとも陸戦においては未だ勝ち星はなかった。それゆえに、最前線の将兵の士気はお世辞にも良好とは言いがたい状態であった。

しかし、むしろこうした状況を打破するため、米軍は限定的な反攻開始を決断する。それは日本軍が想定していたよりも半年以上も早い行動であった。

反攻を行うに当たり、米軍が目を付けたのがガダルカナル島だった。航空偵察によってここに日本軍が飛行場を建設中であることを知るや、これを奪取することにしたのである。

1942年8月7日、「ウォッチタワー作戦」の開始と共にガダルカナル島の浜辺に上陸したアメリカ海兵隊員たち

「ウォッチタワー（望楼《ぼうろう》）作戦」と名付けられたこの作戦は、1942年（昭和17年）8月7日に開始された。

日本軍はガダルカナル島に大した守備兵力を置いていなかった。もともと海軍が単独で進出していたこともあり、戦闘部隊としては呉第三特別陸戦隊と警備隊の250名足らずが配備されていたに過ぎない。また、ガダルカナル島の対岸にあるツラギ島には、第八十四警備隊が置かれていた程度だった。

これに対して、米軍は「ウォッチタワー作戦」に第1海兵師団・約1万8000名を投入した。

この圧倒的な戦力差の前には、いかなる抵抗も無駄であった。まさに鎧袖一触、日本軍守備隊と設営隊は僅かな抵抗の後に退却した。またガダルカナル島と異なり、逃げ場もないツラギ島およびガブツ島の守備隊は文字通り全滅したのである。

しかし大本営は米軍によるこの一連の上陸を本格的な反攻とは考えず、あくまで威力偵察程度と判断した。そしてろくな情報収集もせずに安易にそう決めつけた挙げ句、ミッドウェー島攻略がキャンセルされて宙に浮いていた一木支隊を送れば事足りると考えた。

これが泥沼への第一歩とも気づかずに……。

◆第一次ソロモン海戦

米軍のガダルカナル島上陸の報は、それでも陸海軍上層部に衝撃を与えたことは確かである。また、これを放置しても問題ないと考えた者もいなかった。

ツラギの日本軍守備隊が全滅したことは先述したが、この部隊は全滅するまでの間に、貴重な情報を発信し続けていた。

そしてその報を受けた第八艦隊司令長官・三川軍一中将は、連合艦隊司令部の命令を待つことなく直ちに艦隊の出撃を決断した。

とはいえ、第八艦隊は編成されて日が浅く、艦隊としての錬成度は低い。そのため艦隊参謀の神《かみ》重《しげ》徳《のり》大佐は、至ってシンプルな作戦案を提示した。すなわち、麾下の重巡部隊（旗艦の「鳥海」と第六戦隊「青葉」「衣笠」「古鷹」「加古」）のみを鉄底海峡に突入させ、単縦陣で一航過、敵輸送

三川軍一司令長官が座乗していた、第八艦隊旗艦の高雄型重巡「鳥海《ちょうかい》」。基準排水量11,538トン、主武装は20.3cm連装砲5基と61cm連装魚雷発射管4基、速力35ノット。第一次ソロモン海戦では指揮官先頭の原則に従って艦隊の先頭を走り奮闘したが、自らも第一砲塔や艦橋後部に20.3cm砲弾を被弾した

船団を攻撃して離脱するというものであった。

しかし同艦隊所属の第十八戦隊司令官・松山光治少将も出撃を談判し、集合時間に間に合った軽巡「天龍」「夕張」、駆逐艦「夕凪」もこれに加わった。

8月7日午後2時30分にラバウルを出撃した第八艦隊は、途中米軍機による接触を受けながらも無事にサボ島沖に到達。午後9時20分に単縦陣に組みなおすと、南水道から泊地への突入を開始した。

一方、連合軍はこの海域に護衛部隊として重巡6隻・軽巡2隻・駆逐艦8隻を投入していた。司令官のクラッチリー少将はこれらを3隊に分けてサボ島北方および南方、そしてルンガ泊地に配置していた。

このため第八艦隊はまず連合軍の南方部隊と接触した。午後10時43分、幸運にも第八艦隊はサボ島南水道を哨戒中の2隻の米軍駆逐艦に発見されることなく通過。

日本初の重巡である古鷹型2隻は第一次ソロモン海戦にそろって参加した。開戦時の基準排水量は8,700トン、主武装は20.3cm連装砲3基と61cm四連装魚雷発射管2基、速力32.95ノット。写真は改装前の20cm単装砲6基時代の古鷹型で、手前は「古鷹」、左奥は「加古」

8月7日～8日（現地時間8日～9日）の第一次ソロモン海戦時、探照灯に映し出された米ニューオーリンズ級重巡「クィンシー」。基準排水量10,136トン、主兵装は20.3cm三連装砲3基、速力32.7ノット。この後、砲弾と魚雷多数を被弾して転覆、沈没した

三川中将は午後11時31分に突撃命令を下令し、重巡「キャンベラ」「シカゴ」ほか駆逐艦2隻に対して砲雷撃を開始した。そしてわずか6分間の戦闘でこれらを戦闘不能に陥らせた。味方の損害は皆無である。

第八艦隊はここで舵を左に切り、サボ島を回り込むよう

にして北方へと向かった。この時、「古鷹」以下「天龍」「夕張」が敵艦を避けようと転舵した結果、先頭部隊とはぐれる格好となった。

その状態のままサボ島北方海域に突入すると、新手の連合軍部隊を発見。午後11時52分、「鳥海」が探照灯を照射して攻撃を開始。この照射によって敵艦隊を発見した後続の「古鷹」「天龍」「夕張」も攻撃を開始した。偶然ながら分離したため、結果的に連合軍の北方部隊は挟撃される格好となり、ろくに反撃もできないまま重巡「アストリア」「クインシー」「ヴィンセンズ」は集中砲火を浴びることとなった。

こうして第八艦隊による夜間殴り込み戦闘は見事に連合軍部隊に大打撃を与え、日本海軍の夜間戦闘能力の高さを見せつけることとなったのである。

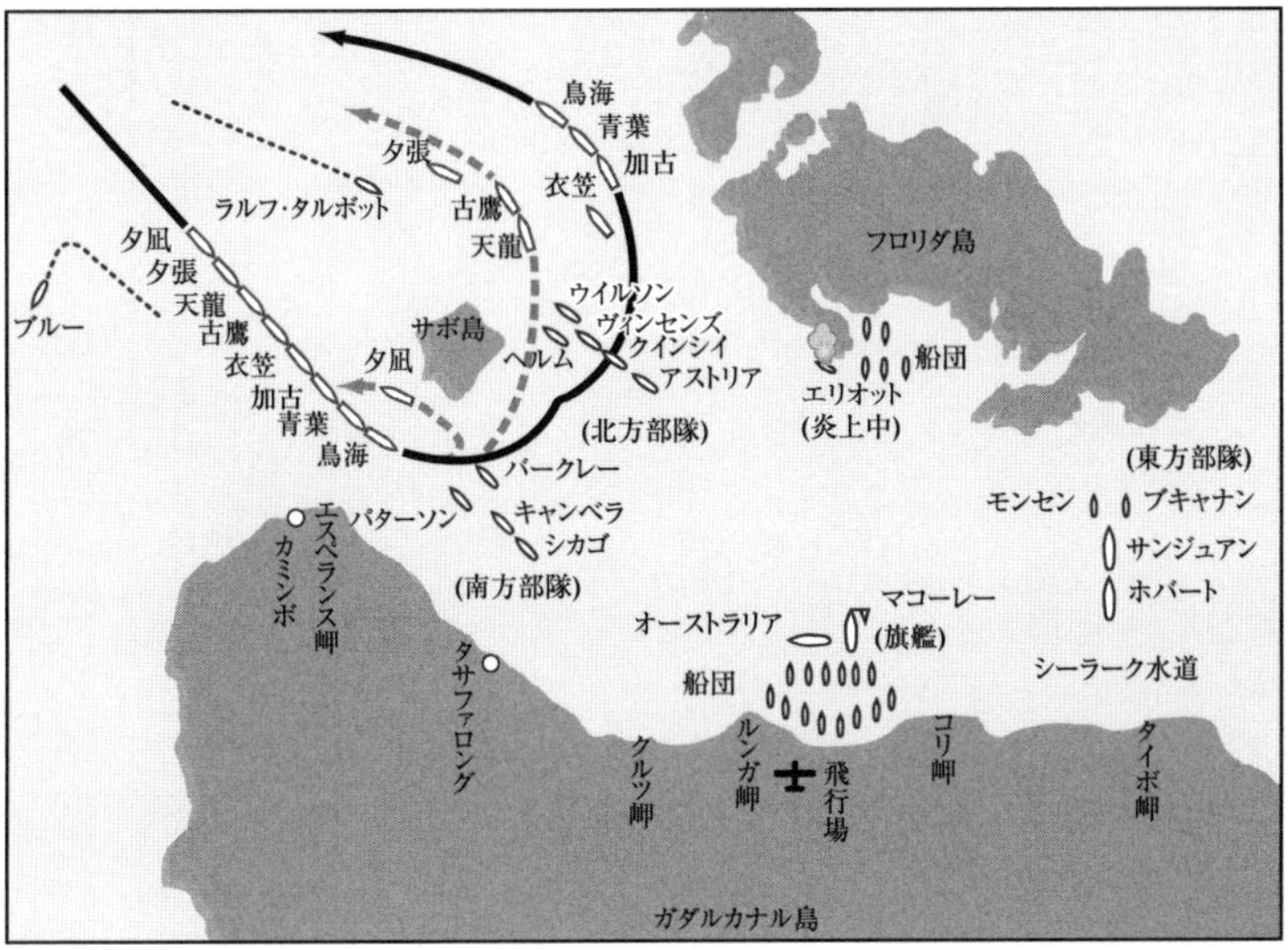

第一次ソロモン海戦の戦況図。日本海軍は先頭の「鳥海」が小破したのみで、豪重巡「キャンベラ」、米重巡「ヴィンセンズ」「クインシー」「アストリア」を撃沈、「シカゴ」を大破させる完勝を収めたが、本来の目標である米輸送船団への攻撃は果たせなかった。なお帰路に重巡「加古」が米潜S-44に撃沈されている

8日昼間、大炎上して艦首を失い、右舷に傾斜する3本煙突のオーストラリア海軍・ケント級重巡「キャンベラ」(後に沈没)。基準排水量9,850トン、主兵装は20.3cm連装砲4基、53.3cm四連装魚雷発射管2基、速力31.5ノット。駆逐艦「ブルー(左)」と「パターソン(右)」が乗員を救出しようとしている

3-5 ガダルカナルの戦い

◆一木支隊の全滅

ガダルカナル島への米軍上陸の報は、日本軍にとって寝耳に水の出来事だった。しかし建設中だった飛行場がほぼ完成していたこともあり、そのまま放置するわけにもいかない。

そこで陸軍は急遽、グアム島にあった一木支隊（歩兵第二十八連隊を基幹とし、他に工兵1個連隊と独立速射砲1個中隊を配属）を送り込むことにした。この時点で、上陸した米軍はせいぜい1個連隊程度と大本営では判断していた。したがって、装備優良の現役兵部隊である一木支隊なら十分だと考えたのである。

しかし急なことでもあり、支隊すべてを一度に送る船舶が足りない。そのためまずは1個大隊規模（約900名）の先遣隊を昭和17年（1942年）8月18日にタイボ岬に上陸させた。

そして一木清直大佐は上陸後、ただちに将校斥候を出して敵情を探らせるとともに、米軍が奪取したルンガ飛行場（米軍はこれをヘンダーソン飛行場と改名）に向けて前進を開始した。

ところがガダルカナル島に上陸した米軍は海兵1個師団、約1万8000名である。日本軍の上陸を察知した米

敵情を事前に知らされなかった軽武装の一木支隊先遣隊は、火力に優れる米海兵隊に攻撃を仕掛け、敢え無く壊滅した

軍はイル河の対岸に応急の防衛線を敷き、機関銃を中心とした火網を形成した。そしてその背後にはLVT（Landing Vehicle Tracked：水陸両用装軌車）や軽戦車を配置して日本軍を待ち構えたのである。

そうとは知らない一木支隊は、海岸沿いに強襲を仕掛けた。一木支隊の攻撃を受け止めたのは米第1海兵連隊第2大隊で、兵力的には大差ないが、火力差は圧倒的だった。そのため一木支隊の攻撃は頓挫し、翌朝、身動きできなくなっていたところ、南方を迂回した第1海兵大隊に側撃されて全滅に近い損害を被った。

その後、一木支隊長は自決し、部隊の残余は撤退したのだった。

◆川口支隊の攻撃

一木支隊全滅の報は大本営に衝撃を与えた。そこでさらなる増援を決定し、川口支隊（指揮官は川口清健少将で歩兵第百二十四連隊基幹）を送り込むことにした。しかし敵に制空権を握られている以上、輸送船団を組んで白昼堂々と上陸することはできない。そのため駆逐艦に分乗した「鼠輸送」と、大発などの小型舟艇を使った「蟻輸送」を併せ、部隊を二手に分けて輸送することになった。

そして鼠輸送による部隊は8月31日に上陸、さらに一木支隊の後続部隊（熊大隊）と青葉大隊（第四連隊第二大隊）も9月4日に到着した。

これらの戦力をもって全力で飛行場の奪取を企図し、9月12日に夜襲を決行することになった。

川口支隊による攻撃は、中央隊（第一、第三大隊および青葉大隊）がムカデ高地の南部から海岸方面に向かい、飛行場の奪還を目指すものだった。また熊大隊は右翼隊としてイル河上流を渡河後、東側から飛行場突入を目指す。さらに蟻輸送によって別地点に上陸した岡部隊（歩兵第百二十四連隊第二大隊）は、マタニカウ河を越えて西側から飛行場に迫る。

要するに、主攻は密林を踏破して飛行場南部から北上し、これに呼応して左右からも別同部隊が攻撃を仕掛けるわけだ。形的には半包囲

ガ島に上陸した青葉大隊

であり、彼我の戦力差が逆だったら上手くいったかもしれない。

　しかし川口支隊長が出発前に手渡された地図はお粗末なもので、島の内陸部には道らしい道もない。このため各部隊の行軍は遅れ、攻撃は13日となった。

　しかも右翼隊は迷走した挙げ句に飛行場の遙か手前で敵の陣地帯にぶつかり、猛烈な防御砲火の前に立ち往生、大隊長の水野鋭士少佐は戦死した。

　また岡部隊の行軍も遅れに遅れ、結局中央隊の攻撃には間に合わなかった。

　一方、中央隊による攻撃は、夜襲が功を奏して当初は順調に進捗した。しかし米軍が態勢を立て直すと猛烈な火力の前にまたもや前進を食い止められてしまう。

　それでも青葉大隊は敵師団司令部の目前まで迫り、また一部は飛行場への突入まで果たしたものの後が続かなかった。そして朝になって攻撃は中止され、またもや日本

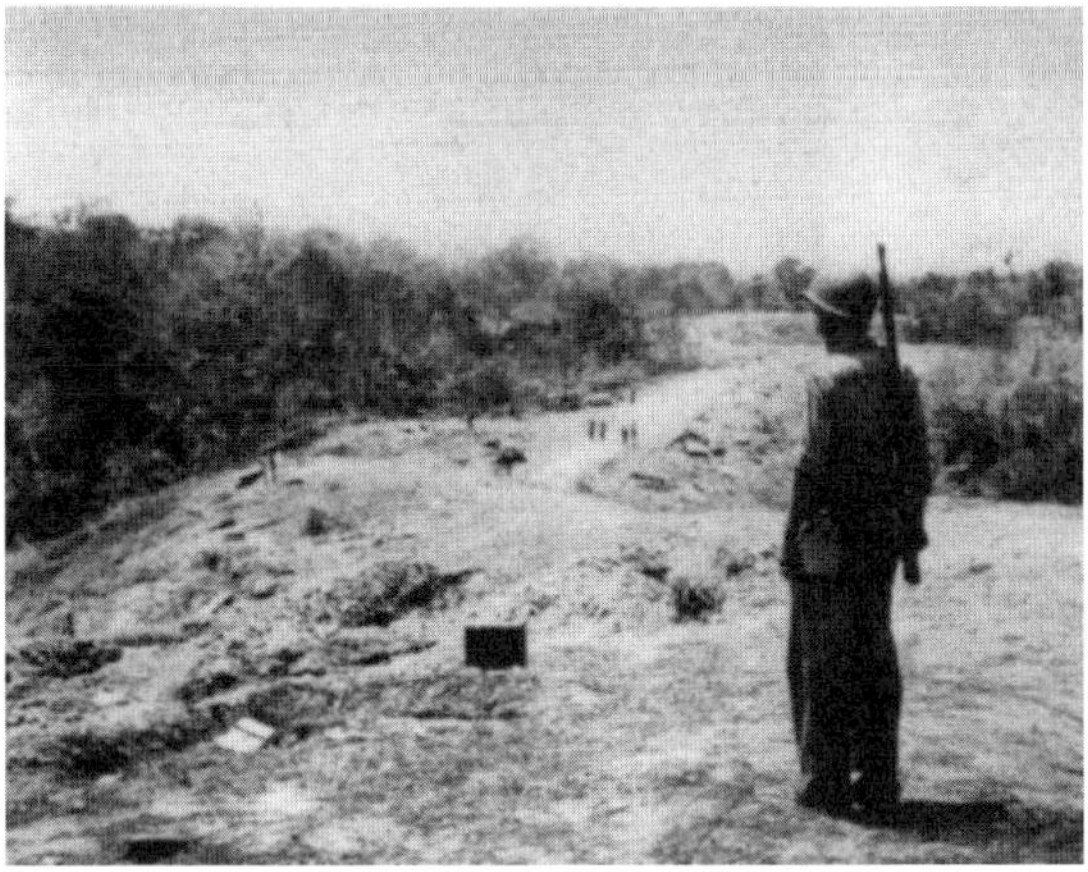

激戦の後にムカデ高地（エドソンズ・リッジ）を撮影した写真。曲がりくねっており、「ムカデ」と呼ばれた理由が分かる

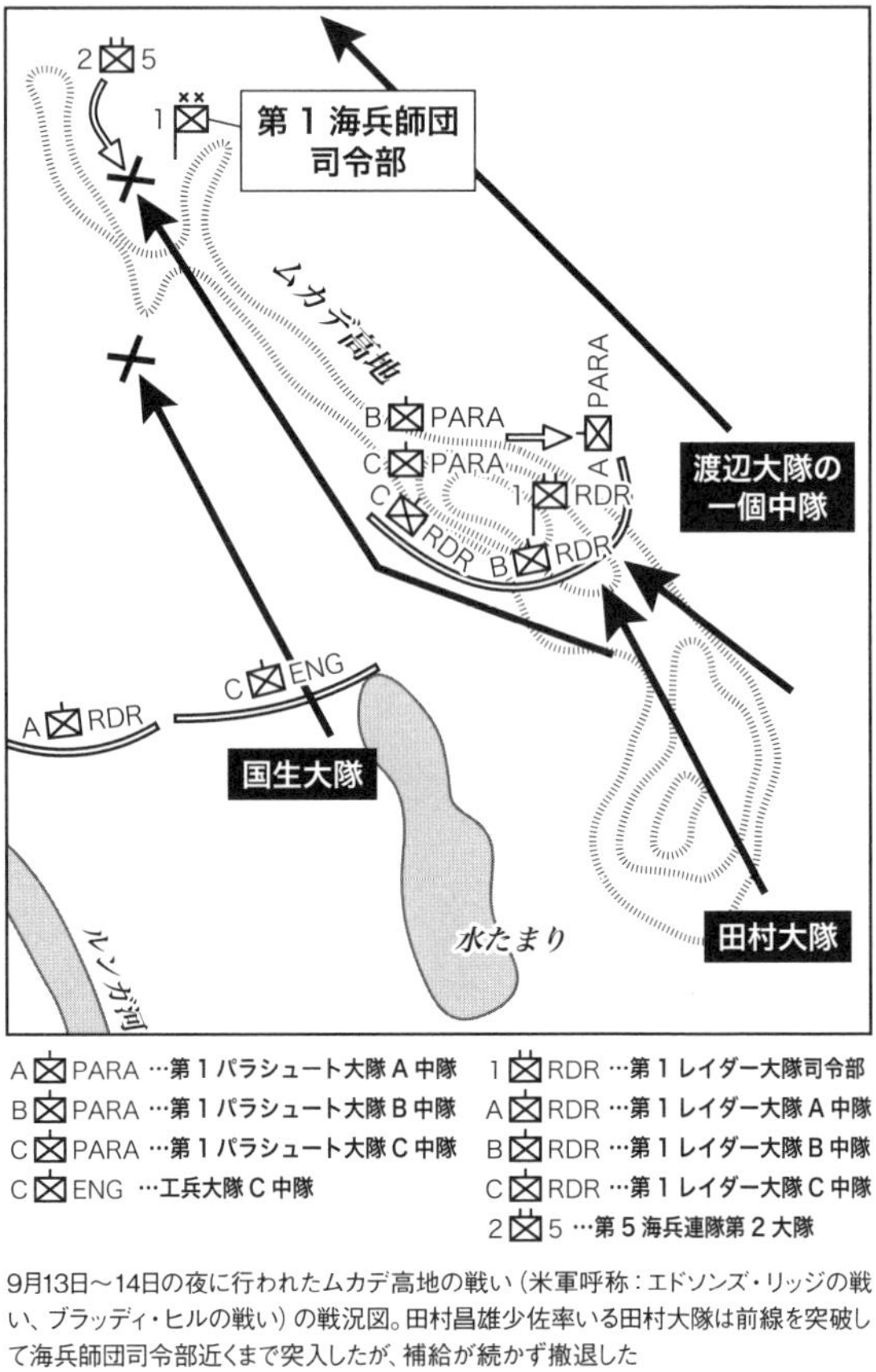

A PARA …第１パラシュート大隊Ａ中隊
B PARA …第１パラシュート大隊Ｂ中隊
C PARA …第１パラシュート大隊Ｃ中隊
C ENG …工兵大隊Ｃ中隊
1 RDR …第１レイダー大隊司令部
A RDR …第１レイダー大隊Ａ中隊
B RDR …第１レイダー大隊Ｂ中隊
C RDR …第１レイダー大隊Ｃ中隊
2 5 …第５海兵連隊第２大隊

9月13日〜14日の夜に行われたムカデ高地の戦い（米軍呼称：エドソンズ・リッジの戦い、ブラッディ・ヒルの戦い）の戦況図。田村昌雄少佐率いる田村大隊は前線を突破して海兵師団司令部近くまで突入したが、補給が続かず撤退した

軍は敗退したのだった。

◆第二次ソロモン海戦とサボ島沖海戦

ガダルカナル島を巡る戦いは、陸海空の三次元戦闘だった。端的に言えば、制空・制海権を得られなかった日本軍は、陸上戦闘においても勝てなかったわけである。

この制海権を巡ってガダルカナルの周辺海域、いわゆる鉄底海峡では幾度となく激しい海戦が繰り広げられた。

先に第一次ソロモン海戦には触れたが、それに続いて8月23日には第二次ソロモン海戦が起こり、日本は小型空母「龍驤」を失った。

同海戦はミッドウエー海戦後に編成された第三艦隊（空母「翔鶴」「瑞鶴」基幹）による初陣で、南雲忠一中将が指揮した。

一方、米軍はフレッチャー提督が率いる第61任務部隊（空母「エンタープライズ」「サラトガ」「ワスプ」基幹）が

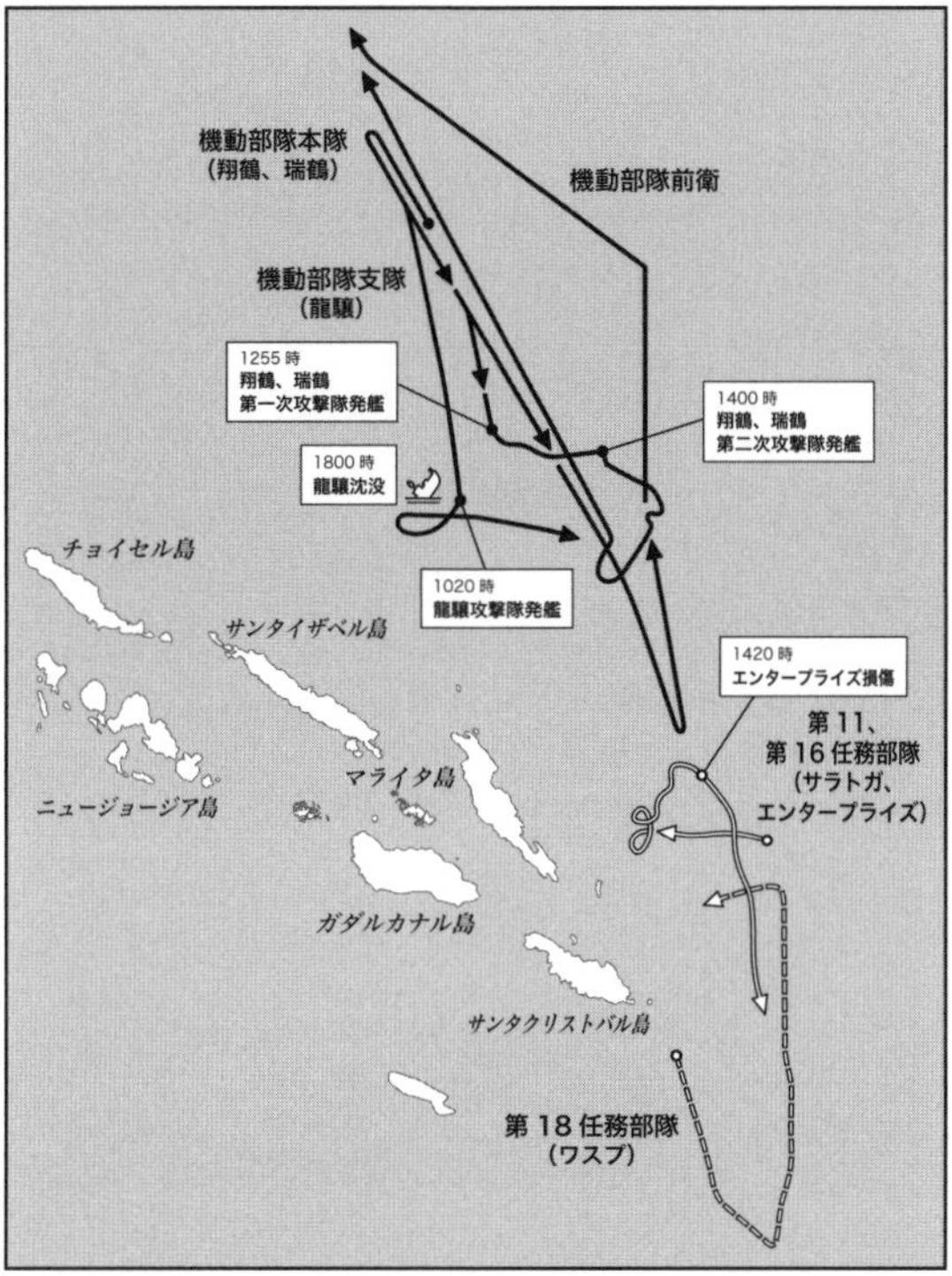

第二次ソロモン海戦の海戦図。8月24日朝、「龍驤」を含む機動部隊支隊は本隊より分離、1020時からガ島攻撃隊を発進させた。しかし支隊は米空母部隊に発見されて集中攻撃を受け「龍驤」は沈没。この後「翔鶴」と「瑞鶴」が攻撃隊を放ち、「エンタープライズ」を中破させた

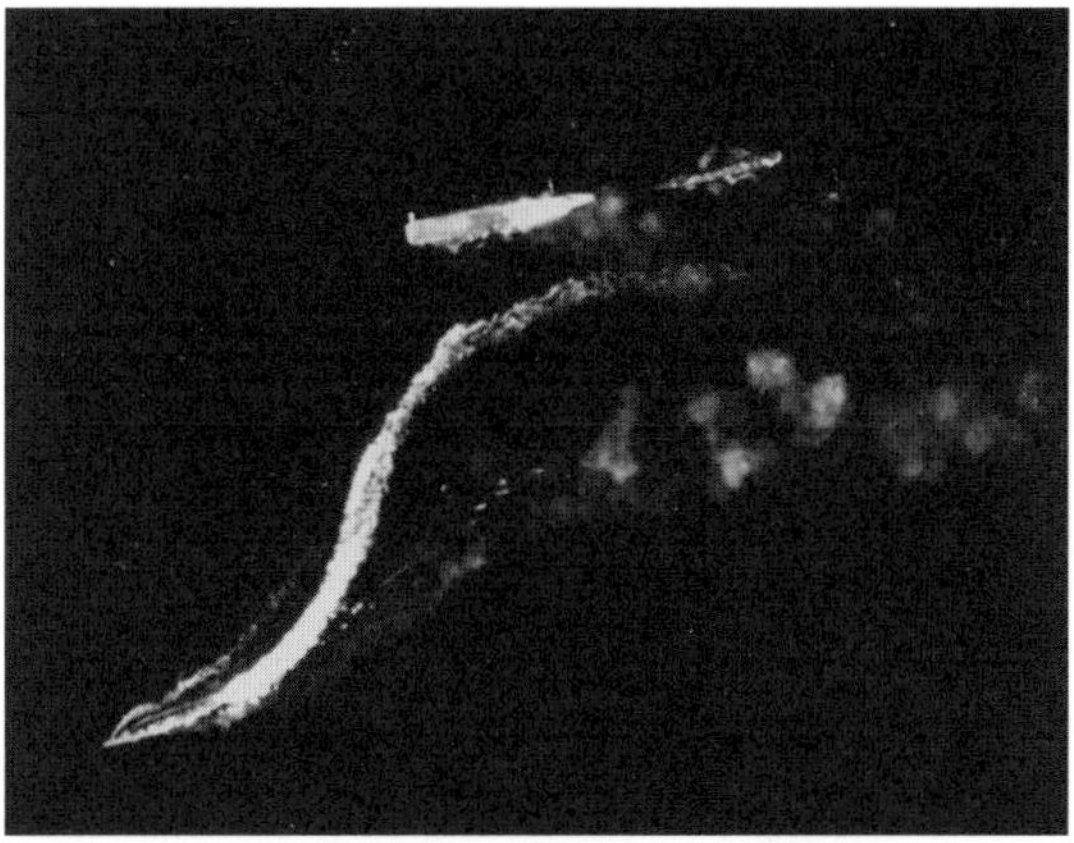

8月24日、第二次ソロモン海戦で被弾、行動不能となった「龍驤」（中央上）をB-17から撮影した写真。左下は駆逐艦「天津風」、右は「時津風」とみられる

これを迎え撃った。

先に発見されたのは日本軍で、ガダルカナル島攻撃のために分派していた「龍驤」が攻撃され行動不能に陥った。その後、日本軍も反撃を開始して「エンタープライズ」に損害を与えたものの、日没により戦闘は終息した。

第二次ソロモン海戦で日本機の攻撃を受け、炎上する空母「エンタープライズ」

サボ島沖海戦で集中攻撃を受け大破し、ブーゲンビルに帰還した重巡「青葉」。重巡とはいうものの基準排水量9,000トンとやや小ぶりで、武装は20.3cm連装砲3基と61cm四連装魚雷発射管2基、速力は33.43ノット

この結果、日米両軍の機動部隊は戦闘海域から離脱、そのため航空支援を失った輸送船団は陸上機からの攻撃により損害を出し、作戦は中止されたのである。

なお、9月15日には米の中型空母「ワスプ」が伊一九潜水艦に撃沈されている。

こちらもサボ島沖海戦で重巡「衣笠」から主砲弾を浴びて大破、フィラデルフィア海軍工廠に帰還した米ブルックリン級軽巡「ボイシ」。ブルックリン級軽巡は基準排水量9,767トン、武装は15.2cm三連装砲5基、速力32.5ノットという強大な砲力を持つ大型軽巡だった

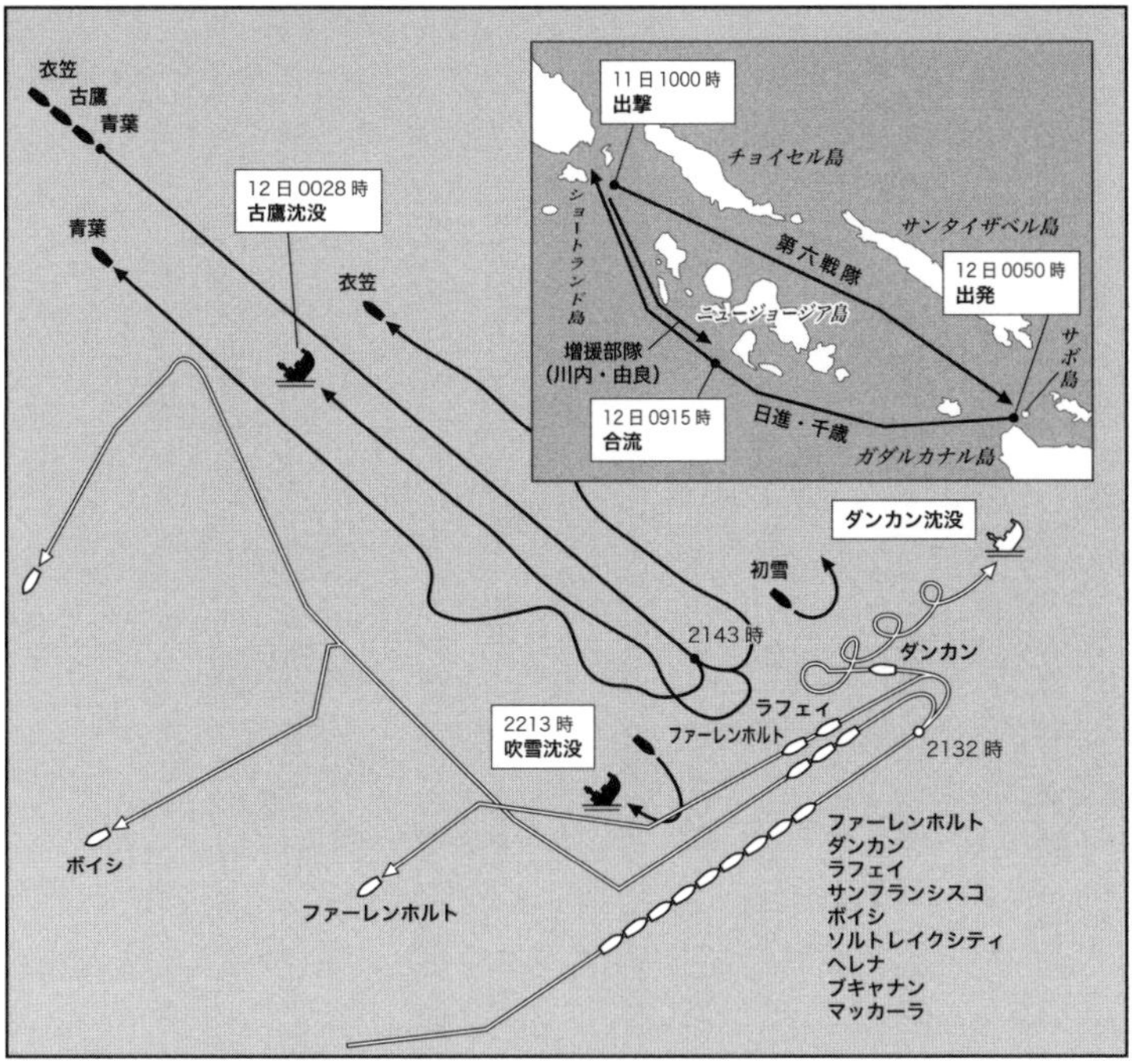

サボ島沖海戦の海戦図。第六戦隊は輸送作戦を支援すべく、ガ島方面に進出したが、それを探知した米艦隊にT字陣形で迎撃された。先頭の「青葉」に攻撃が集中し大破、それを援護しようとした「古鷹」も戦闘不能となり後に沈没した。一方「衣笠」は孤軍奮闘し、軽巡「ボイシ」を大破させ、「ソルトレイクシティ」を損傷させている

その後も駆逐艦による鼠輸送は細々と続けられたものの、ガダルカナル島の日本軍は常に補給不足に悩まされ続けた。そのせいもあって川口支隊による攻撃は失敗に終わり、補給はますます先細りになっていった。

この状況を打開するため、日本軍は水上機母艦「日進」「千歳」をはじめとする高速輸送船団を送り込むことにしたのだが、その護衛には五藤《ごとう》存知《ありとも》少将率いる第六戦隊（旗艦：重巡「青葉」）があたった。

そして日本軍のこの動きを察知した米軍は、巡洋艦部隊を率いるノーマン・スコット少将に迎撃を命令した。

10月11日夜、こうしてサボ島沖海戦が始まった。午後9時25分、軽巡「ヘレナ」のレーダーが接近する日本の支援隊を捕捉、スコット少将は全艦に対して反転を命じた。これに対して五藤少将も前方に艦影を確認したが、これを味方の輸送船団と誤認した。

やがて米軍が先に発砲したが、同士討ちを恐れた五藤少将は、発光信号によって「ワレアオバ」と送った。

この発光信号が仇となったか、米軍はレーダー射撃を次々と命中させ、第六戦隊は大損害を被って敗退。重巡「古鷹」と駆逐艦「吹雪」が失われた。

しかし、その甲斐あって輸送船団の揚陸は成功し、どうにか目的は達成したのだった。

◆10月攻勢～転進

二度におよぶ失敗に、大本営はようやく事態の深刻さを

把握した。そしてついに1個師団規模の戦力投入を決定したのである。しかし従来の鼠輸送ではそれだけの戦力を運ぶのには無理がある。そこで敵の飛行場を無力化するために水上部隊を投入して砲撃を行い、使用不能に陥らせたうえで短時間のうちに揚陸作業を実施することにした。

この作戦はどうにか上手くいき、第二師団の揚陸に成功する。しかも今回は重砲や戦車まで送り込んでおり、大本営の本気ぶりもわかろうというものである。

また、ガダルカナル島での戦いが重要度を増したことから、第十七軍の担当からニューギニア方面を切り離し、同司令部もガダルカナル島へ上陸して直接指揮することとなった。

こうして第十七軍は戦力を整えると、さっそく米軍飛行場を奪取すべく行動を開始した。

作戦方針は基本的に先の川口支隊の作戦と同様、主力部隊は内陸部を迂回して飛行場南方まで進出する。一方、独立戦車第一中隊を配属された住吉支隊は海岸方面から東進し、マタニカウ河を渡河して米軍陣地に対して牽制攻撃を行うものとした。

この作戦計画に基づき、第二師団主力部隊(歩兵第二十九連隊および川口支隊残余部隊)は10月中旬に海岸付近から内陸部に入り、アウステン山を大きく迂回して攻勢発起点に向かった。

ところが、先の川口支隊と同様、やはり密林内での行軍は難渋を極め、しかも後送されるはずの補給物資も滞りがちだった。

こうしたこともあって攻撃開始は二度にわたって延期され、10月25日より開始された。しかしこの遅れのために海岸方面の攻撃との連携はとれず、岡部隊は大損害を被り、独立戦車第一中隊は全滅した。

こうして第二師団は攻撃を行ったものの、結果は惨憺たるものだった。以前にも増して米軍の防御線は強化されていたうえに、日本軍が接近する可能性のあるルートには予めマイクロフォンが設置されていた。これにより攻撃を開始した日本軍は猛烈な砲火に晒され、攻撃はあえなく潰えたのである。

その後、大本営はさらに第三十八師団をも投入して再攻を目論んだものの、輸送船団は大損害を受けて壊滅。なんとか上陸したのは丸腰の2000名に過ぎず、しかも糧食不足によって前線の兵士の多くが戦わずして餓えで命を落とした。ガダルカナル島が「餓島」と言われる所以《ゆえん》である。

もはやこれ以上ガダルカナル島に固執する意味もなく、12月31日、大本営は同島からの転進（事実上の撤退）を決定したのだった。

マタニカウ河を渡河中に攻撃を受け、撃破された独立戦車第一中隊の九七式中戦車と九五式軽戦車

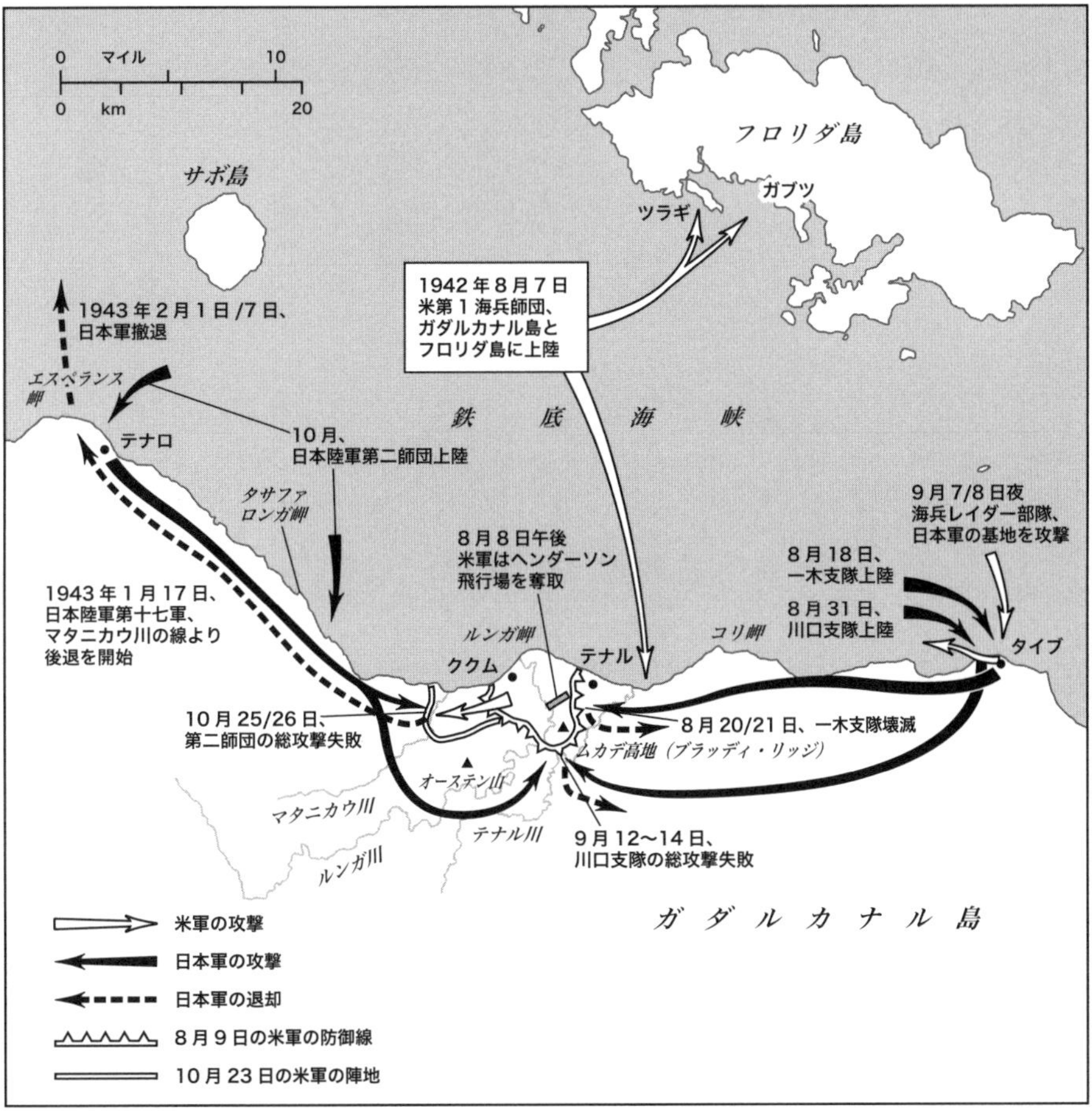

ガダルカナルの戦いの概要図。一木支隊、川口支隊、第二師団と、次第に攻撃部隊の規模を大きくしていった日本陸軍だったが、その都度火力・兵力ともに米軍に圧倒され敗れた。「戦力の逐次投入」で敗北した例として挙げられることが多い

3-6 ガ島を巡る海空戦と第二次エル・アラメイン戦

◆南太平洋海戦

前節で、ガダルカナル島における日本陸軍第二師団の10月攻勢とその失敗について述べたが、それより前、その第二師団を無事に揚陸させるために日本海軍は奇策を講じた。

そもそも輸送部隊に損害が生じるのはヘンダーソン飛行場の存在が大きい。制空権を米軍に握られている以上、揚陸作業はおろか洋上でも危険である。

ということは、予め飛行場を制圧すればよいということになる。ところが航続距離の関係上、大規模爆撃は難しい。それよりもむしろ海上から砲撃を加えてはどうか、ということで海軍は戦艦「金剛」「榛名」など水上艦による夜間砲撃の実施を決定したのである。

これは数次にわたって行われ、砲撃直後はたしかに効果があった(10月13日、「金剛」「榛名」が艦砲射撃に成功)。そのため、この好機を生かすべく第二師団の輸送を実施した。さらに先述の10月攻勢に合わせ、海軍も総力を挙げてこれに協力することになったのである。

一方、米軍もこれを迎え撃つべく第16任務部隊と第17任務部隊を送り込んできた。こうして昭和17年(1942年)10月25日に発生したのが南太平洋海戦である。

日本軍にとって今回の作戦は陸海協同であり、陸軍の攻撃に合わせて海軍も飛行場の制圧を行う手はずであった。

しかし陸軍の作戦開始が2日間延期されたことで海軍側は振り回されることになる。そしてその間、第二航空戦隊の空母「飛鷹」は機関不調により戦線を離脱、二航戦に残るのは「隼鷹」のみになった。

ようやく陸軍の作戦開始の目処が立った25日から第三

南太平洋海戦では「瑞鶴」と共に大きな活躍を見せた空母「隼鷹」。客船「橿原丸」として起工されたが、途中で空母に改造され竣工した。基準排水量24,140トン、搭載機は常用48機、速力25.5ノット

艦隊は南下を開始して、翌朝には索敵機を発進させた。

日米両艦隊はほぼ同時刻に互いを発見すると、ただちに攻撃隊を送り出した。先制攻撃を受けたのは第三艦隊で、「瑞鳳」は被弾により戦線を離脱。その「瑞鳳」から発進した護衛戦闘機隊は進撃途中で敵攻撃隊を発見し、独断専行でこれを追撃した。

しかしそのために日本側は護衛部隊が減ったことで、結果的に攻撃隊は大損害を被ることになる。それでも「ホーネット」を大破させて戦闘不能とした（のち、雷撃により沈没）。

南太平洋海戦で左舷に魚雷が命中した米空母「エンタープライズ」。南太平洋海戦ではヨークタウン級の姉妹艦である本艦と「ホーネット」が参加した

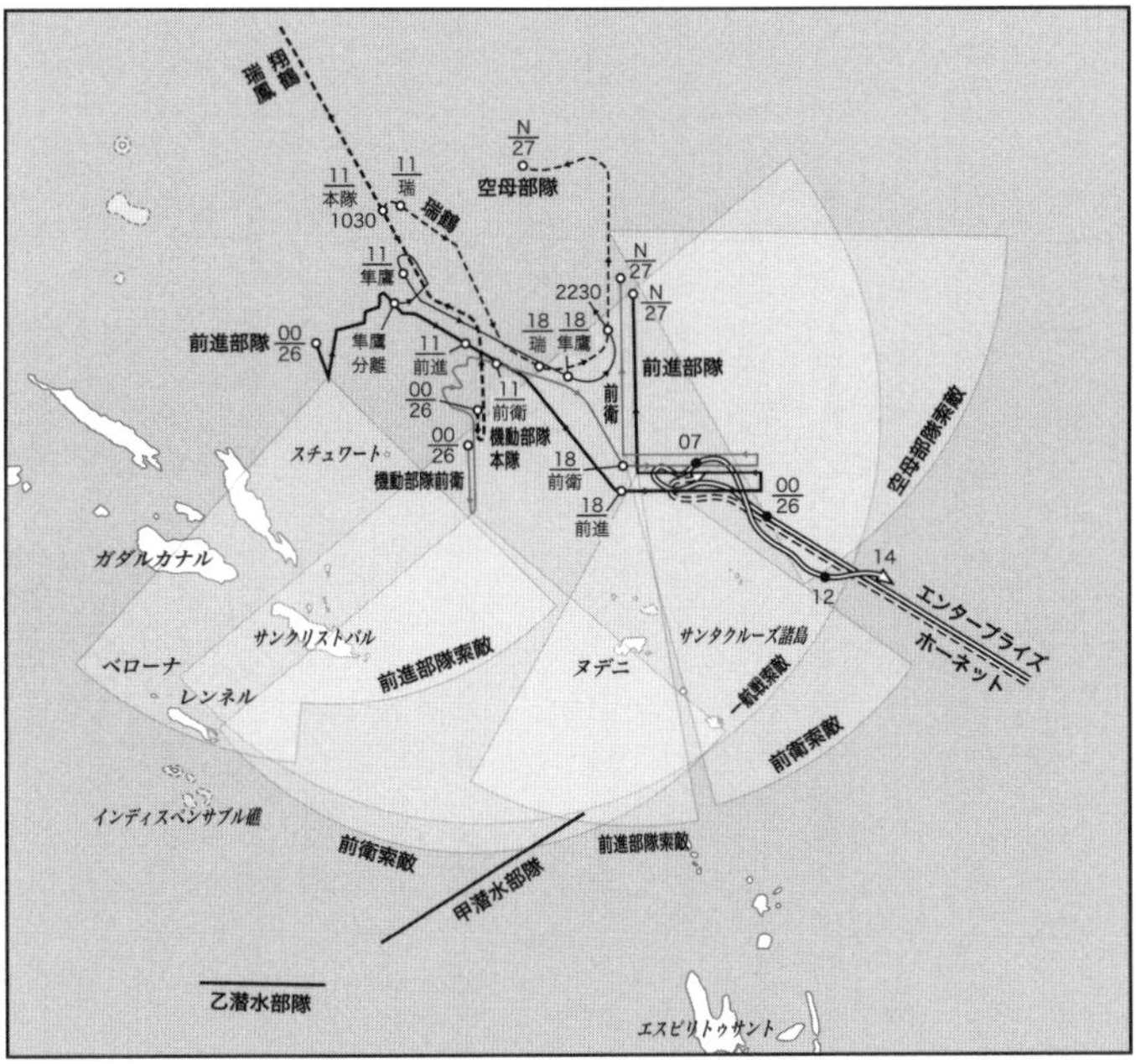

昭和17年10月25日、日米4度目の空母決戦である南太平洋海戦が生起した。日本海軍の主力は第三艦隊の第一航空戦隊「翔鶴」「瑞鶴」「瑞鳳」、第二艦隊の第二航空戦隊「隼鷹」。米海軍は「エンタープライズ」と「ホーネット」。日米が攻撃隊を多数繰り出す激戦となり、中でも「瑞鶴」と「隼鷹」は、被弾して撤退した「翔鶴」「瑞鳳」の攻撃隊も収容しそれぞれ三次にわたり攻撃隊を送り出し、「ホーネット」を大破させ（後に沈没）、「エンタープライズ」を中破させた

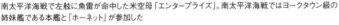

南太平洋海戦で被弾した九九式艦上爆撃機の体当たり攻撃を受ける寸前の「ホーネット」。同艦は度重なる爆撃・雷撃を受けてついに総員退艦となり、後に日本の駆逐艦に雷撃処分された

一方、米軍も「翔鶴」に攻撃を加えて発着艦不能に陥れる。これに負けじと第三艦隊の南雲司令長官は第二航空戦隊の残存戦力をも指揮下に入れ、残った「瑞鶴」と「隼鷹」から最後の攻撃を仕掛けて「エンタープライズ」を中破させた。

この「南太平洋海戦」の起こった10月26日は奇しくも米軍の海軍記念日だったが、米軍は空母「ホーネット」を失い、「エンタープライズ」も損傷。その結果、一時的に太平洋方面における米軍の稼働空母は0隻となり、米海軍をして「史上最悪の海軍記念日」と言わしめた。そして同海戦は、日本機動部隊にとって最後の勝利ともなったのだった。

◆第三次ソロモン海戦

しかし日本陸軍による10月攻勢も不発に終わり、ガダルカナル島での戦いはまさに泥沼と化していた。このため再度大規模な輸送船団を送り込むことにしたのだが、そのためにはどうしても飛行場を使用不能にしなければならない。

こうして日本海軍は再び戦艦「比叡」「霧島」を投入して夜間砲撃を試みた。

一方、ちょうど同じ頃、輸送船を護衛してきた米巡洋艦部隊があった。キャラガン提督が指揮する同部隊は接近する日本艦隊の迎撃を命じられ、ただちに急行。これにより11月12日から第三次ソロモン海戦が生起した。

当初、戦艦2隻を有する日本軍が有利に戦いを進めたが、探照灯を照射していた「比叡」が集中弾を浴びて大破、さらに舵機を損傷して航行不能に陥った（のちに自沈）。より大きな損害を被ったのは米軍だったが、日本軍にとってもはじめての戦艦喪失となった。

この戦闘の結果、地上砲撃は実施できずに輸送船団の出発を遅らせることになった。そして残った「霧島」を中心に、陣容を整えて改めて出撃したのである。

これに対して米軍は戦艦「ワシントン」と「サウスダコ

タ」を投入して挽回を図る。こうして再び夜戦が発生し、日米の戦艦が砲火を交えることとなった。

日本軍は「サウスダコタ」に痛打を浴びせるも、後続する「ワシントン」の存在に気づくのが遅れたうえ、夜間レーダー射撃によって「霧島」はたちまち戦闘不能状態に陥った。米軍はそのまま戦場を離脱したため戦闘は終了したものの、結局「比叡」に続いて「霧島」も沈没。作戦は失敗に終わった。

その後もガダルカナル島を巡る戦いは続いたが、大勢はほとんど決していたといっていいだろう。日本軍は鼠輸送

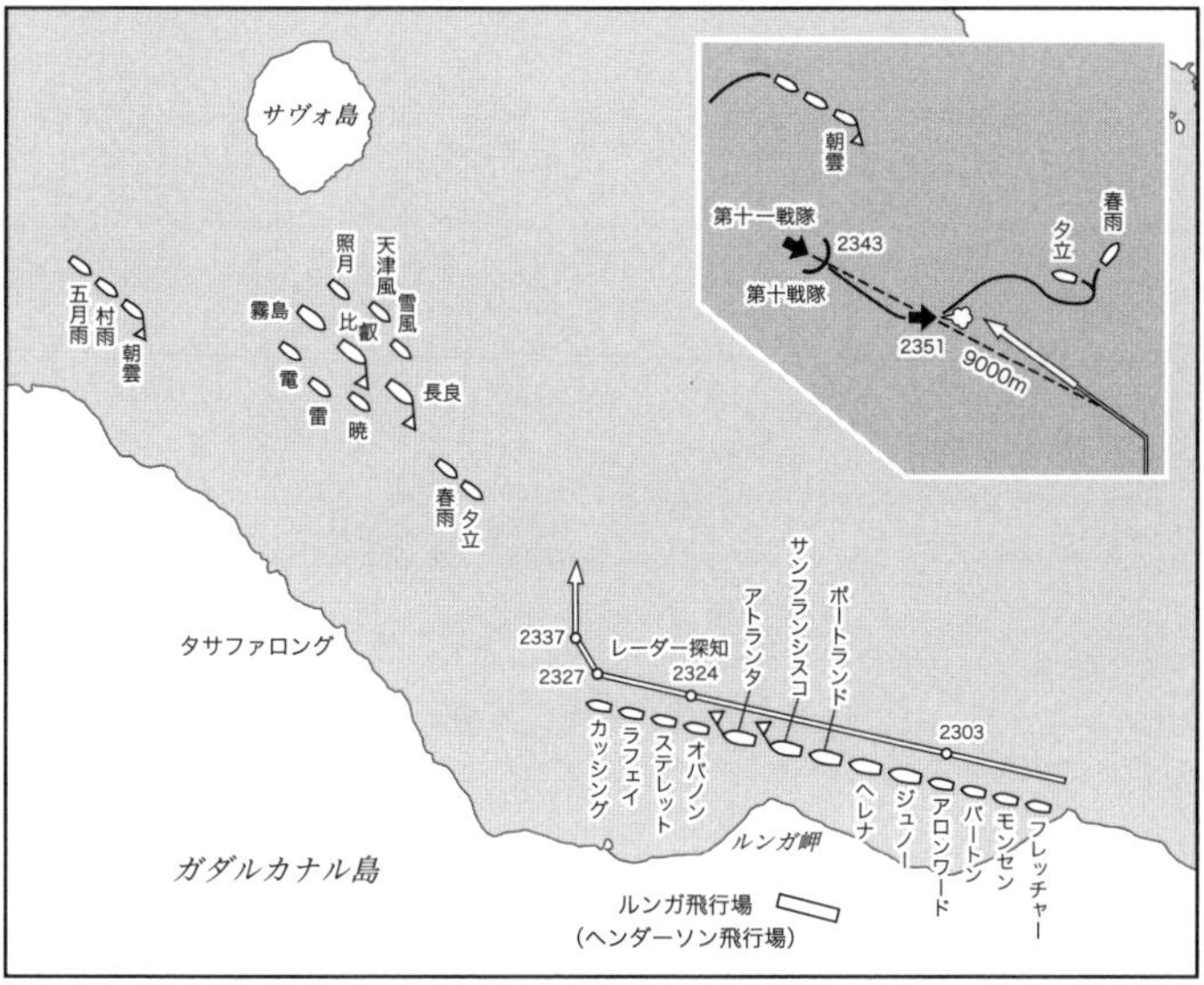

昭和17年11月12日夜、戦艦「比叡」「霧島」、軽巡1、駆逐艦14の日本海軍第二次挺身攻撃隊は、ガ島砲撃のためルンガ沖へ進出したが、待ち構えていた米巡洋艦隊（重巡2、軽巡3、駆逐艦8）と激突した（第三次ソロモン海戦第一夜戦）。日本艦隊は米艦隊の大半を撃沈破（軽巡2、駆逐艦4撃沈、重巡2、駆逐艦1大破）したものの、「比叡」が集中攻撃を受けて大破、13日に自沈処分となった。

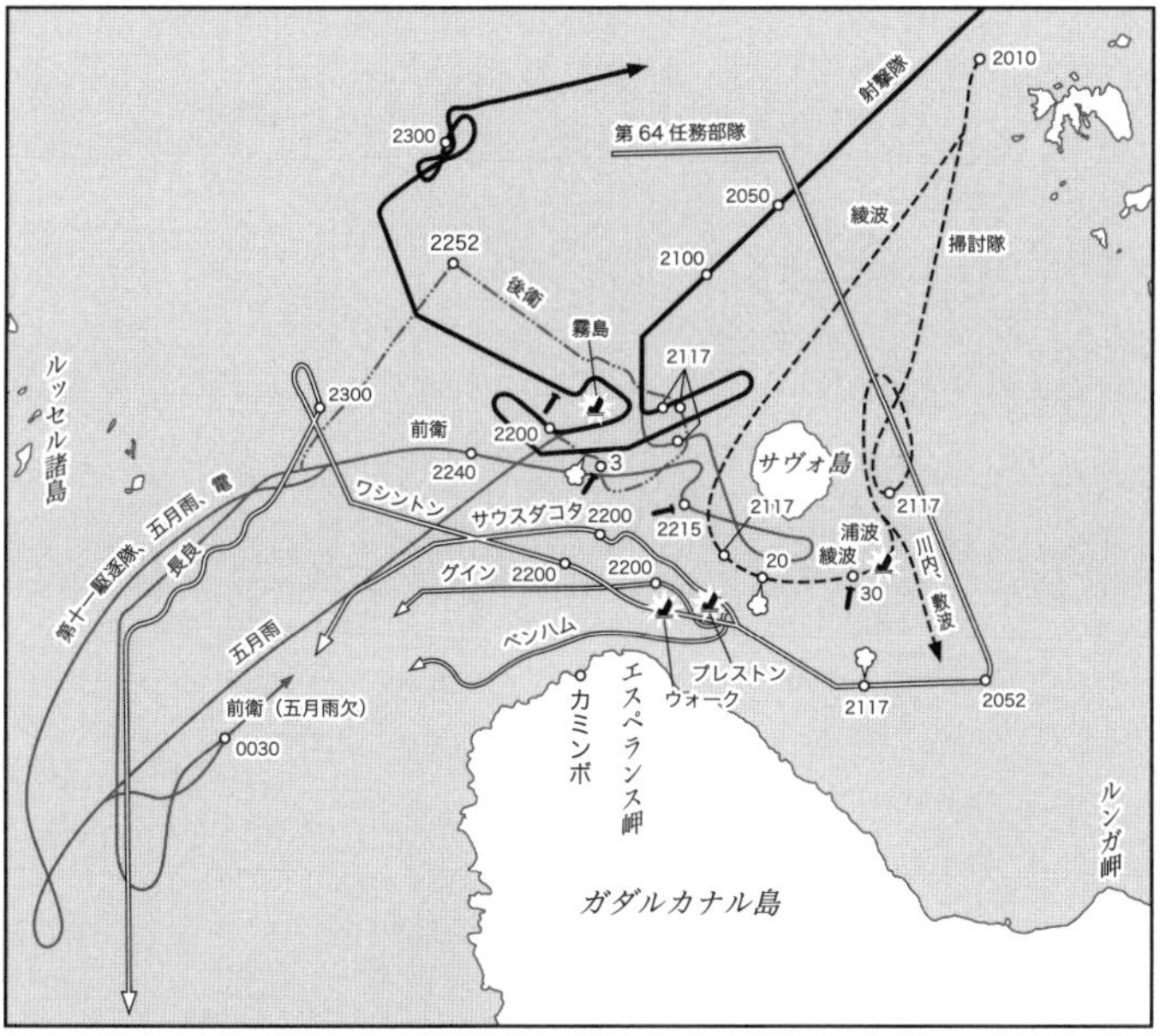

11月14日夜、「霧島」を中心とする前進部隊は再度ガ島砲撃を目指したが、戦艦2隻を擁する米第64任務部隊と激突（第三次ソロモン海戦第二夜戦）。高速戦艦「霧島」は、重巡「愛宕」「高雄」と共に戦艦「サウスダコタ」を撃破するものの、「ワシントン」の40.6cm砲弾を近距離で浴びて沈没。ガ島への砲撃も果たせず、戦艦を失った日本側は手痛い敗北を喫した

第三次ソロモン海戦第二夜戦で戦艦「ワシントン」の砲弾を被弾して戦没した金剛型戦艦4番艦の「霧島」。基準排水量31,980トン、主武装は35.6cm連装砲4基、速力29.8ノット。金剛型は戦艦の中では日本海軍最古参で装甲も薄かったが、約30ノットを発揮できる高速戦艦で、前線に積極的に投入された

第三次ソロモン海戦第二夜戦に参加したサウスダコタ級1番艦の「サウスダコタ」。基準排水量37,970トン、主武装40.6cm三連装砲3基、速力27ノットの新鋭戦艦だが、「霧島」「愛宕」「高雄」らの砲弾を受けて中破し、撤退した

特型駆逐艦「綾波」は、第三次ソロモン海戦第二夜戦で自らも沈没するものの米駆逐艦2隻撃沈、1隻大破という大戦果を挙げた

によって細々と補給を続けていたがそれにも限界がある。
そうした鼠輸送のために使われたのは主として駆逐艦

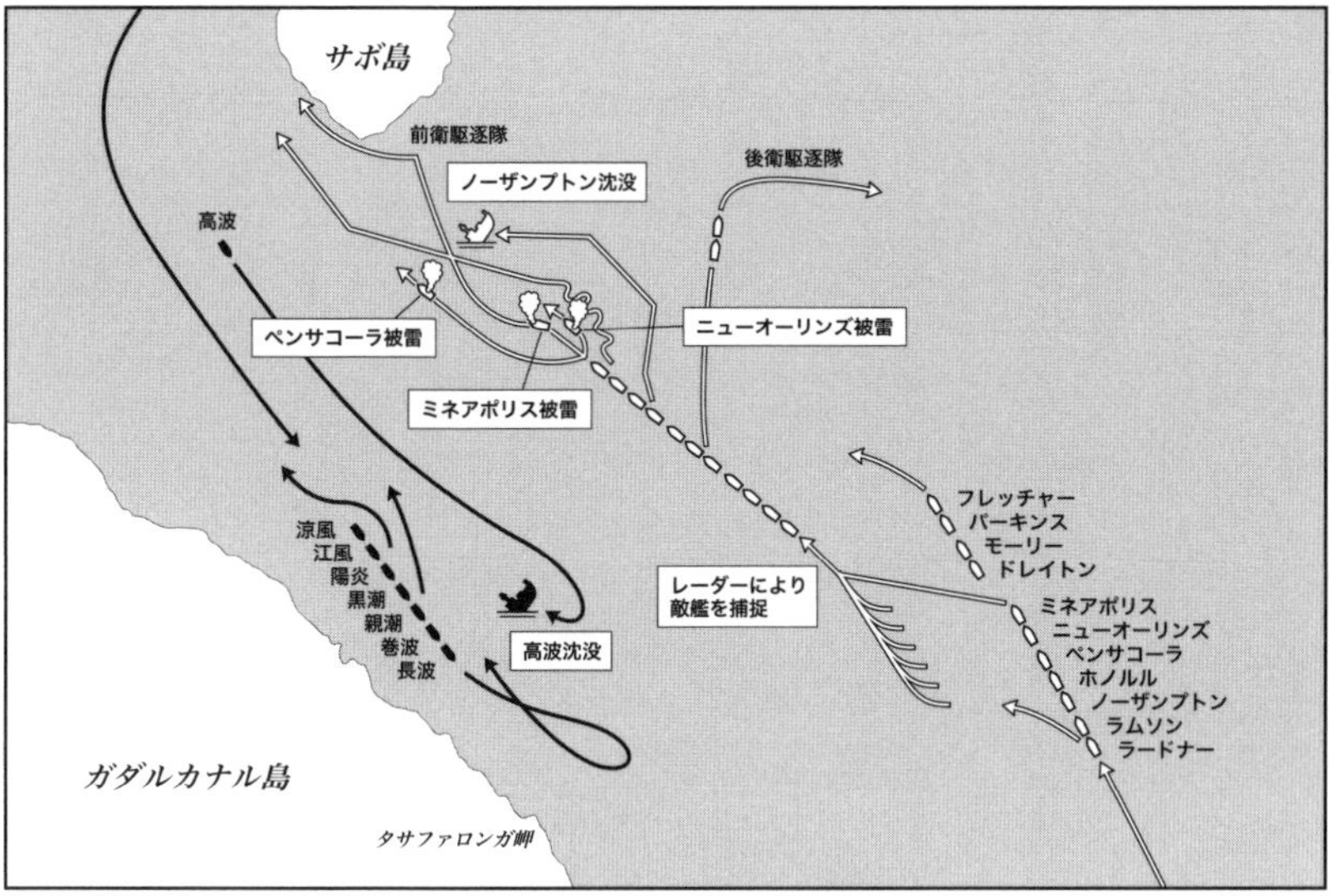

ルンガ沖夜戦の海戦図。昭和17年11月30日夜、第二水雷戦隊に所属する駆逐艦8隻はガ島へのドラム缶輸送を実施したが、途上で米艦隊と遭遇すると速やかに戦闘態勢に移行した。二水戦は「高波」の喪失と引き換えに米重巡「ノーザンプトン」を撃沈、重巡3隻撃破の大戦果を挙げ、日本水雷戦隊の技量の高さを示したが、結果的に輸送任務は断念された

11月30日のルンガ沖夜戦で日本駆逐艦が放った酸素魚雷を被雷し、艦首を吹き飛ばされたニューオーリンズ級重巡「ミネアポリス」。他に「ペンサコラ」「ニューオーリンズ」が大破した

だが、11月30日には第二水雷戦隊を投入しての輸送が行われた。この時に生起したのが「ルンガ沖夜戦」で、田中頼三司令官は迎撃のために現れた米軍部隊を認めて揚陸作業を中断。敵艦隊と交戦してこれを撃破したものの、肝心の輸送任務には失敗した。

米軍はこの戦闘を評価しているが、日本海軍は真逆の判断を下して田中提督はこの後に左遷され、第一線を退くことになった。

そしていよいよ補給を続けることが難しくなった日本軍は、12月31日の御前会議においてガダルカナル島からの撤退を決定したのだった。

◆スーパーチャージ作戦

1942年7月、ロンメルはエル・アラメインの攻略に失敗した。だが、それで諦めるロンメルではない。

8月31日、ドイツ軍は再び攻勢に出た。じつのところ、北アフリカにおける枢軸軍の策源地は遙か彼方であり、大規模攻勢を実施できるだけの補給状態ではなかった。にもかかわらず、ロンメルがあえて攻勢に出たのはまさにその厳しい補給状態ゆえであった。

というのも補給線が伸びきり、しかも補給路に常に不安を抱えるドイツ軍に対して、英連邦軍はエジプト領内に退却したことで補給線が短くなっていた。つまり時間が経てば経つほど、彼我の補給状況は開く一方である。そのためロンメルは厳しい状況を知りつつも攻勢をかけざるを得なかった。

こうして戦線北翼（海岸方面）の守備をイタリア軍に

1942年11月、エル・アラメイン戦線で撮影されたイギリス第7装甲師団'デザート・ラッツ'所属のシャーマン戦車。英連邦軍は米から供与されたグラント（M3中戦車）やシャーマン（M4中戦車）の75mm砲戦車を主力に、枢軸軍を圧倒していった

グラント戦車に乗って戦況を見守るモントゴメリー大将

任せ、主力の装甲部隊を南方から迂回させてアラム・ハルファ高地を目指した。

しかしこの攻勢はすぐに頓挫し、ロンメルは9月2日に早くも後退を命じるほかなかった。そしてそれ以後は英連邦軍と対峙するように、海岸からカッターラ低地までの南北約4キロにおよぶ縦深防御陣地を構築したのだった。

これに対して、英連邦軍もすぐさま反撃に出られる状況にはなかった。ロンメルによる攻勢の少し前、チャーチルは消極的なオーキンレックを罷免してアレクサンダーを中東軍司令官とした。また合わせて第8軍の司令官にモントゴメリーを任命していた。

チャーチルは政治的な要求から即時の反撃を希望したものの、無い袖は振れないとモントゴメリーは要求をはねつけた。そして十分に準備を整えたうえで、10月24日、ついに反攻作戦を開始した。ちょうど同時期に、地球の反対側では日本軍が10月攻勢をかけようとしていた頃である。

それはさておき、英連邦軍の攻撃は指揮官の性格を反映して手堅いものであった。作戦計画は左右二つの主攻軸からなり、左主攻軸は南北陣地帯のほぼ中央部に対して第10機械化師団を投入して突破させる。そしてその両翼はニュージーランド師団と第1南アフリカ師団が固め、戦果を拡張する。

また、左主攻軸の北方2キロの地点を右主攻軸とし、第1機械化師団が戦線を突破、両翼を第9オーストラリア師団と第51師団が固める。

いずれの攻撃も華麗な大突破を狙うものではなく、敵の縦深陣地に強引に穴をこじ開け、数の力で押し広げようというものだ。ドイツ軍式の電撃戦とは真逆の戦術である。

だが、この面白みには欠けるが堅実な作戦は見事に成功した。また間の悪いことにこの英連邦軍の攻勢に際して、枢軸軍の指揮を執るべきロンメルは不在であった。というのも、長期間にわたるアフリカでの激務によってロンメルの体は蝕まれ、療養のためにオーストリアにいたのだ。

24日夜、30分間の準備砲撃に続いて南翼では第13軍団が牽制攻撃を開始。さらに主攻軸である第30軍団も攻撃を開始した。

対するドイツ軍はロンメルが不在ということもあり、敵の主攻軸の判断に迷った。その一瞬の遅れにより、小さな綻びはやがて大きな壁を崩壊させるに至るのである。

ロンメルは参謀本部からの電話で状況を聞くと直ちにアフリカに舞い戻り、指揮を執り始めた。しかしもはや英連邦軍の奔流を止める術はなくなっていた。

ロンメルは装甲部隊を効果的に運用してなんとか英連邦軍の突破を防いだものの、肝心の燃料が足りずに機動防御を行うのも困難になりつつあった。

11月2日、これ以上傷を大きくしないためにロンメルは撤退を決意する。しかしヒトラーによる死守命令によりそれは覆され、結果、枢軸軍はより深手を負うことになった。好機を逃したことで、エル・アゲイラまでの約1000キロを敗走することになるのである。それは、ロンメルがこれまでに稼いだすべてを失うのと同義であった。

そしてその撤退戦の最中に、枢軸軍にとっては最悪のニュースが飛び込んできた。連合軍がモロッコと、フランス領アルジェリアに上陸したのである。

トーチ作戦の開始であった。

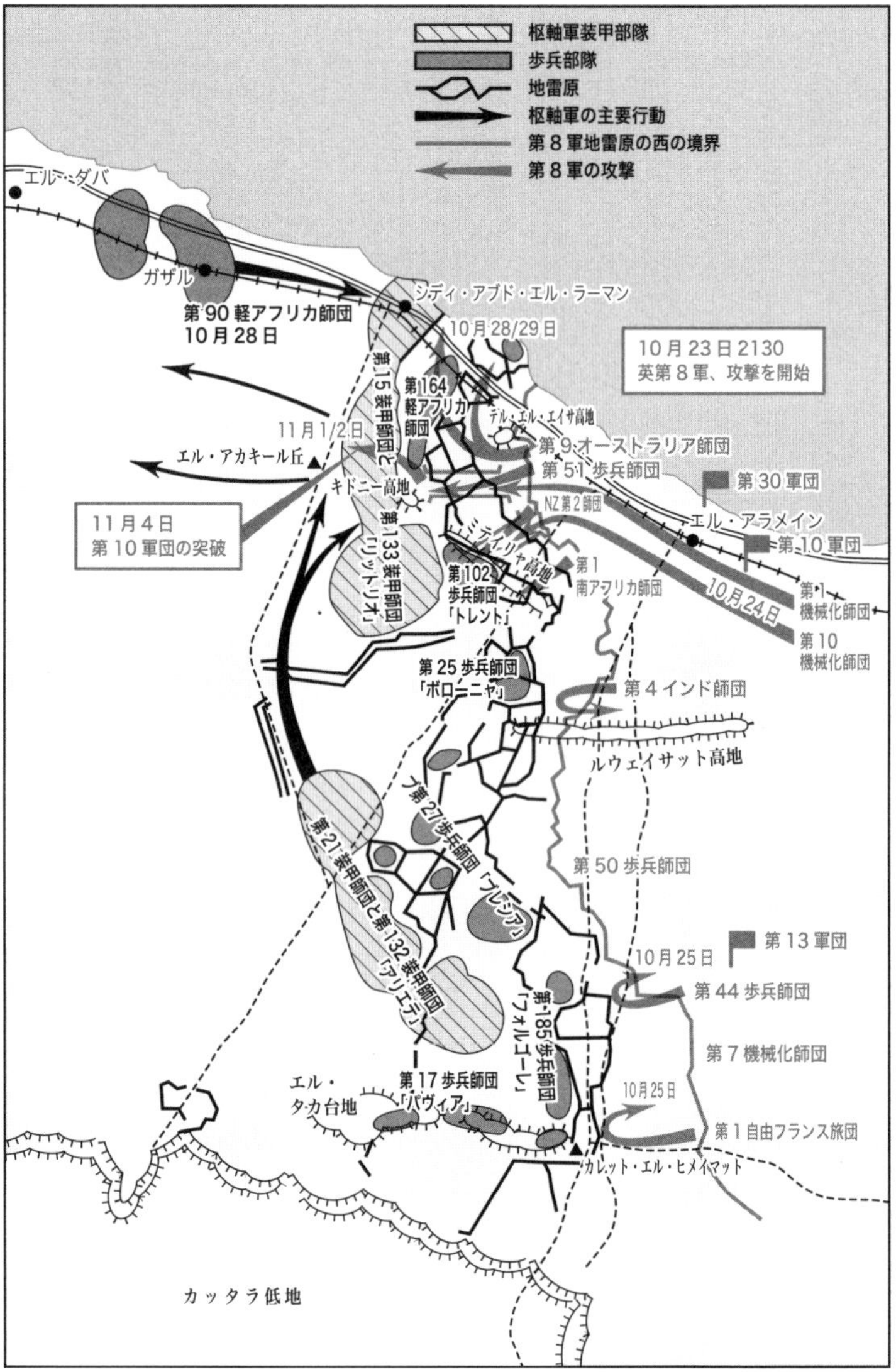

スーパーチャージ作戦での戦況図。火砲と戦車、そして兵力に勝る英連邦軍はロンメル不在の枢軸軍を押し切り、ついに突破に成功。枢軸軍は西方に向けて撤退を開始した

3-7 トーチ作戦とスターリングラード市街戦

◆トーチ作戦

エル・アラメインでの戦いに敗れたロンメル将軍がリビアへ退却を続けているさなかの1942年11月8日、英米連合軍は北アフリカに対して大規模な反攻上陸作戦を実施した。

作戦名は「トーチ（たいまつ）」と名付けられ、最高司令官は米軍のアイゼンハワー将軍が務めた。上陸は3カ所に分かれて行われ、いずれもヴィシー・フランス政府が掌握していた植民地である。フランス本土の半分以上をドイツに抑えられていたヴィシー政権としてはドイツの顔色を窺わざるを得ない。そのため、上陸戦闘は避けられないと考えられた。

3カ所のうち、ジョージ・パットン少将率いる西部攻撃部隊はモロッコのカサブランカ周辺に上陸、その後東進して他部隊との合同を目指す。第3歩兵師団および第9歩兵師団を基幹として、兵力は約3万5000名である。

中央攻撃部隊はロイド・フリーデンドール少将が指揮を執り、アルジェリアのオランを目標とする。兵力約3万9000名で第1歩兵師団と第1機甲師団を基幹とする。

また東部攻撃部隊はライダー少将指揮の下、アルジェに上陸してチュニジアへ進撃する。この部隊は米英混成部隊で、兵力は約3万3000名からなる。

この3つの部隊はいずれも米軍指揮官が指揮を執ったが、上陸後はこれらの部隊を統合し、英第1軍としてケネス・アンダーソン中将が

1942年11月8日、アルジェ近くの海岸に上陸したアメリカ軍部隊

指揮することになっていた。

カサブランカに対する上陸作戦は支援の艦砲射撃から始まった。これに対してフランス軍も在泊中の艦艇や沿岸砲台で対抗。このカサブランカ沖海戦では米戦艦「マサチューセッツ」と仏戦艦「ジャン・バール」が砲撃戦を展開した。

しかしフランス軍は戦意に劣り、また戦力的にも敵わないと知ると、残りの仏艦艇は混乱に乗じて脱出してしまった。

ただ、上陸そのものは成功したが、この頃はまだ米軍も上陸戦闘に慣れていないこともあり、なかなか戦果を拡大することができなかった。そうこうしているうちにフランス軍の抵抗も激しさを増していったが、2日後の11月10日、ようやく停戦交渉が行われて部隊はアルジェリア方面へと進撃した。

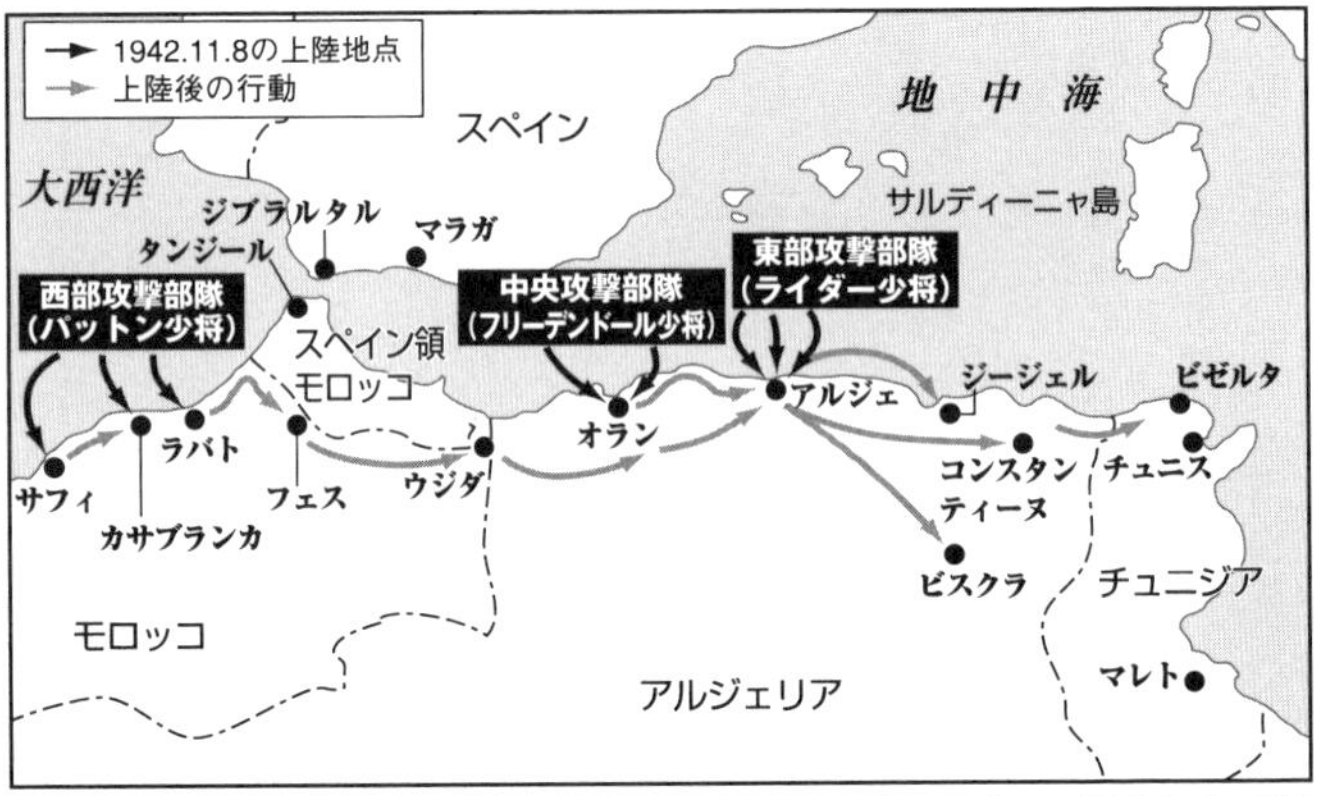

トーチ作戦の概要。ついに英米連合軍は北アフリカに上陸を果たし、東から西進する英第8軍と共に独伊枢軸軍を挟撃する態勢が整った

1942年11月16日、「トーチ」作戦の後にカサブランカ港で撮影されたフランス戦艦「ジャン・バール」の船体後部。アメリカ空母「レンジャー」艦上機の爆撃と、戦艦「マサチューセッツ」の砲撃により大破した

一方、もっとも激しい抵抗を受けたのはオランに上陸した中央攻撃部隊だった。米第1機甲師団は激戦の末に1個大隊が壊滅的な損害を受け、また支援の駆逐

艦も沈められるなど連合軍側の損害も大きかった。結局、フランス軍守備隊が降伏したのは3日後のことだった。

また、アルジェに上陸した東部攻撃部隊は他の上陸地点に比べると比較的損害は少なく、目標だった飛行場の占拠にも成功。さらに連合軍にとって幸運だったことに、たまたまフランスのダルラン提督が同地を訪問中であり、交渉がスムーズに進められた。

ダルランは本国と連絡をとって現地裁量権を得ると停戦交渉を進め、このためアルジェのみならず、他の地点でも比較的早期に停戦にこぎ着けることができたのだ。

こうしてどうにか橋頭堡を固めた英米連合軍はチュニジアに向かって東進を開始。リビアを西進するモントゴメリー将軍率いる英第8軍とともに、北アフリカのドイツ軍を東西から挟撃する準備が整いつつあった。

なお、この「トーチ作戦」とその後の現地フランス軍の停戦は思わぬ余波を生み出した。

英米軍の上陸を知ったヒトラーはヴィシー政権に対して武力による協力を求めたが、フランスのラバール首相はこれに対して即答を避けた。

これに怒ったヒトラーはヴィシー政権下のフランス本国地区への進駐を強行し、これに反発した北アフリカのフランス軍は一斉に連合軍へと参加した。

こうして、北アフリカのドイツ軍はさらなる窮地に立たされることになったのである。

◆スターリングラードの死闘

北アフリカで連合軍の反撃が開始される一方、東部戦線でもソ連軍が大きく動き出そうとしていた。

8月末、スターリングラードの外郭にとりついたドイツ軍は、そのまま市街戦へ突入した。スターリングラードはその背後にヴォルガ河という大河を擁しており、そのためこれを迂回して前進するのは困難であった。くわえて、ヒトラーはその街の名前が気にくわなかった。有り体《てい》に言って、スターリンの名を冠するこの街を攻略せずに無視することができなかったのだ。

そのため、本来なら市街戦には向いていない装甲部隊をもつぎ込んで、何が何でも攻略することを要求した。だが、ソ連軍もここが踏ん張りどころと一歩も引かなかった。まるでそれまでの退却がウソのように頑強な抵抗を示したのだ。

それもそのはず、ソ連軍は当初からドイツ軍を奥深くまで誘い込み、兵站線が延びきったところで反撃しようと予《あらかじ》め計画していたのである。そのために、まずはスターリングラードにドイツ軍を引きつけ、身動きできないようにしてから一気に攻勢に出ようと考えた。

9月12日、スターリングラード攻略を担当する独第6軍の指揮官であるフリードリヒ・パウルス装甲兵大将はヒトラーと面会した。そして攻略に要する日数を問われ「制圧に10日、再編成に2週間」と返答した。つまり、10月初旬には次の作戦に移れると豪語したわけだ。

この見通しがいかに甘かったか、ドイツ軍はすぐに身を以て知ることになる。

パウルスがヒトラーに会った翌13日、第6軍および第4装甲軍の計7個師団がスターリングラード市街への攻撃を開始した。攻撃は当初、南部に主攻軸が置かれ、砲撃と空爆で瓦礫の山と化した市内を、ドイツ軍は一区画、また一区画と制圧していった。

一方、ソ連軍の態勢はお世辞にも整っているとは言えなかった。スターリングラード周辺の防衛を担当したのは

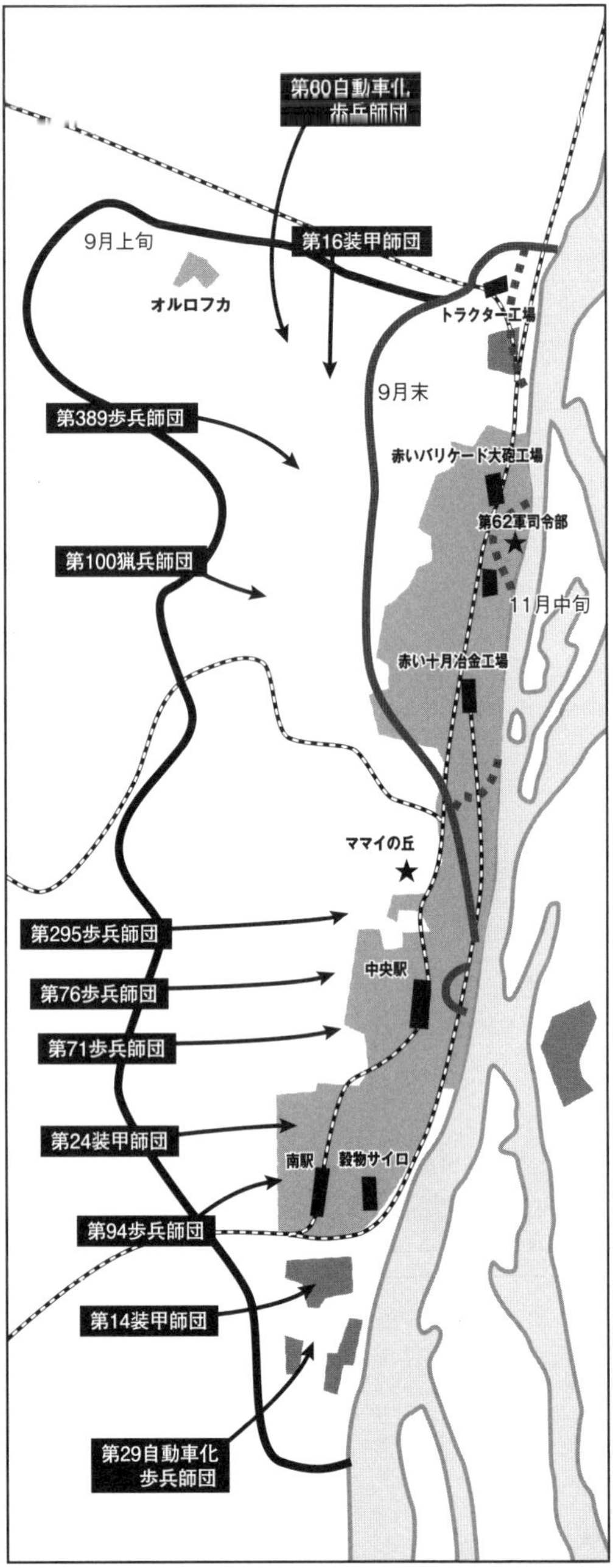

スターリングラード市街戦の戦況図。当初はドイツ軍が優位に戦いを進めたが、ソ連兵は砲爆撃で瓦礫の山と化した市街地をトーチカとして立てこもり、寸土を巡る戦いが繰り広げられた

第62軍で、その指揮官であるヴァシリー・チュイコフ中将は攻撃前日の9月12日に着任したばかりであった。そのため部隊の掌握もままならない状態だったが、そもそも長い退却戦を続けてきた敗残部隊の寄せ集めであり、その立て直しから始めなければならなかった。

しかしその暇《いとま》もなくドイツ軍の攻勢が始まったために、泥縄式にとにかく部隊を前線に投入した。だが、まるで戦力が足りない。そのため何度も増援を要請し、そのたびに兵員がフェリーでヴォルガ河を渡ってやってきた。ヒトラーが攻略に固執したように、スターリンもまたこの地の防衛にこだわったのだ。

しかしドイツ軍は損害を被りながらも着実に制圧地域を拡大し続け、約2週間の戦いで市の南部地区は概ね占領したのだだった。

ところが南部を制圧したことで、むしろ北部に脅威が迫っていた。

スターリングラード北部地区の前面はオルロフカ川沿いに突出部を形成していた。その突出部に隣接するように独第14装甲軍団の3個師団は展開しており、さらにその北部にソ連第66軍が防衛線を敷いていた。つまり、独第14装甲軍はオルロフカ突出部と第66軍に挟まれた格好であり、その背後を閉じられると包囲されてしまう恐れがあったのだ。

このためドイツ軍はオルロフカ突出部に対して南北から攻撃を仕掛けてこの状態を解消し、さらに市街北部地区に対しても攻勢を強めていった。

スターリングラードの南駅近くで交戦するドイツ第24装甲師団の歩兵

そして10月中旬ごろまでには北部の抵抗拠点となっていた3つの大工場、すなわち「ジェルジンスキー・トラクター工場」「赤いバリケード工場」「赤い10月工場」へと肉薄。

さらに10月14日から、ドイツ軍はスターリングラードの完全占領を目指して最後の攻勢を開始した。約一カ月におよぶこの攻撃で前述の工場のうちトラクター工場は占領され、さらに他の2工場もほぼ制圧された。

こうしてスターリングラード市街の約9割はドイツ軍によって占領され、厳しい冬が訪れる前にようやく長く苦しい戦いに終止符が打たれようとしていた。

しかしソ連軍にとっては、むしろここからが戦いの本番であった。

破壊されたスターリングラードの市街地で防戦に当たるソ連兵

スターリングラード市街戦に参加したドイツ軍のIII号突撃砲B型。多数の歩兵を跨乗させている

11月19日、ソ連軍は大規模な反撃を開始した。それはスターリングラードではなく、その両脇を衝いたものだった。スターリングラードにかかりきりで弱体化したドイツ軍の側面に襲いかかり、第6軍をまるごと包囲せんとする大胆な作戦の始まりであった。

3-8 スターリングラード戦の決着

◆赤軍、反撃の兆し

１９４１年６月に始まった独ソ戦において、ソ連軍は惨敗を喫して広大な土地と多くの兵士を失った。それはドイツ軍による、機械化部隊を攻勢の主軸に据えた新戦術によるところが大きかった。

それから１年半ほどの時を経て、ソ連軍もまた新しい戦い方を学びつつあった。それが如実に示されたのが１９４２年の冬期反攻である。

１９４２年６月に開始された「青作戦」により、ドイツA軍集団はコーカサス方面へ快進撃を続けた。一方B軍集団はドン河を経てヴォルガ河方面へ進撃、要衝スターリングラードに迫った。

こうしてスターリングラードを巡って両軍の死闘が開始され、11月には市街のほぼすべてがドイツ軍の手に落ち、完全占領も目前に迫っていた。

しかしこの時にはすでにソ連軍による周到な反撃作戦が準備されていたのである。

ドイツ第６軍がスターリングラード市街への攻撃を開始した９月13日、赤軍最高司令官代理のゲオルギー・ジューコフ上級大将はスターリンに対して大胆な反攻作戦計画「天王星《ウラヌス》」を示した。それはドイツ第６軍がスターリングラード攻略で消耗するのを待ち、しかるのちにその両端から反撃を行い、これを包囲しようという作戦であった。つまり、ドイツ軍の１個軍に対して両翼包囲を行うということである。

この大胆な作戦計画にさすがのスターリンも躊躇したが、ジューコフ

1942年10月、スターリングラード戦においてロケット弾を一斉発射するソ連軍の自走式多連装ロケット砲“カチューシャ”の放列

は自信満々であった。なぜならジューコフの見るところ、ドイツ軍はスターリングラードの攻略に集中するあまり、両翼の備えが極端に脆弱になっていたからである。

ジューコフのこの見立ては間違っていなかった。ドイツ軍はスターリングラード攻略を担当する第6軍を中央に、北方の戦線左翼にルーマニア第3軍、南方の戦線右翼にはルーマニア第4軍という同盟軍に側面の守りを委ねていた。これら同盟軍は装備や士気の面でもドイツ軍に劣っていたうえに、長大な戦線を守るには明らかに兵力不足であった。

この当時、大局的に見た場合、スターリングラード方面における両軍の兵力バランスに大きな隔たりはなかったが、ジューコ

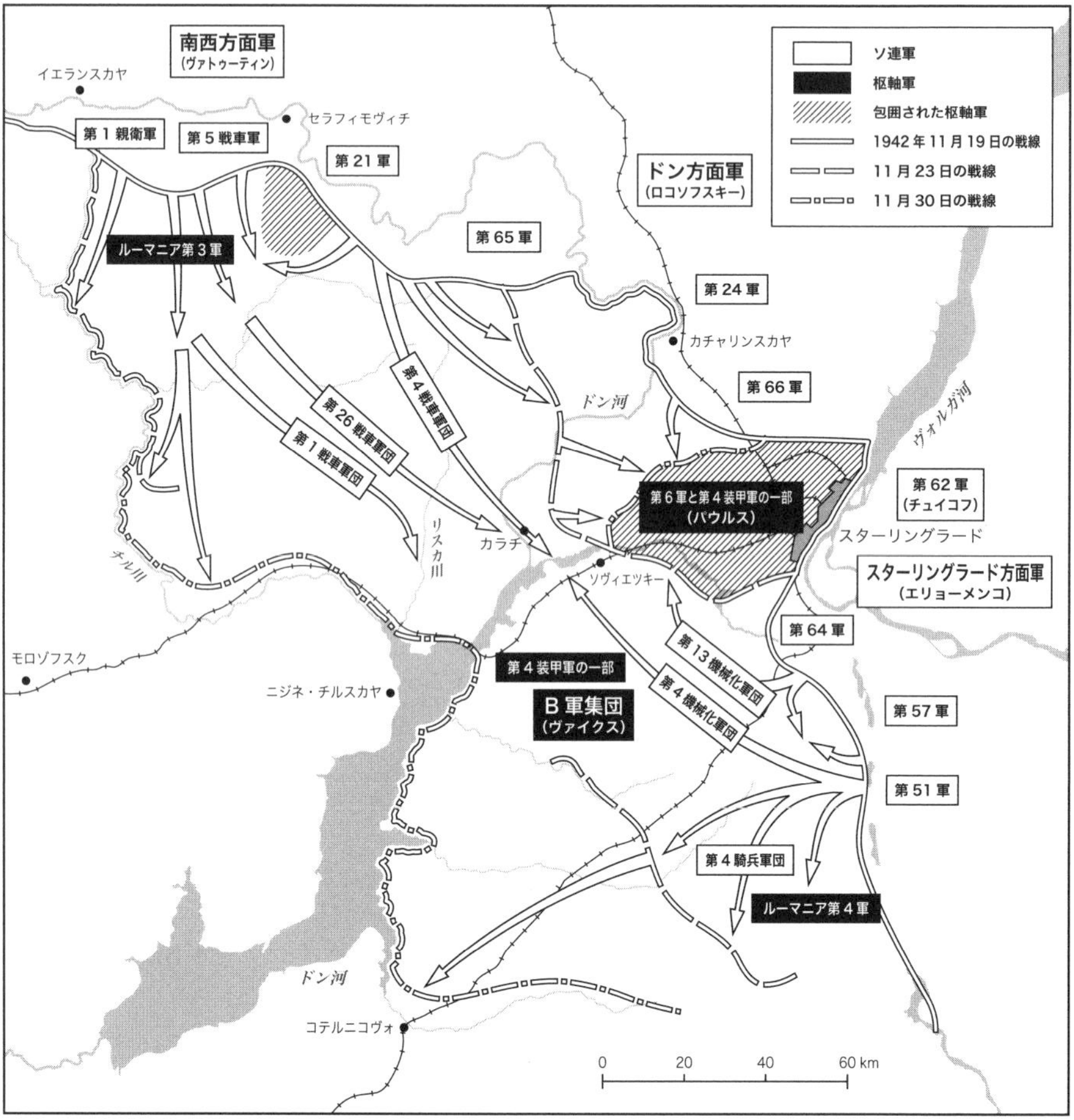

ソ連軍が発動した「天王星(ウラヌス)作戦」の概要。ソ連軍は弱体なルーマニア軍などの陣地を食い破って両翼包囲作戦を敢行、見事にスターリングラードの独第6軍を逆包囲した

1942年11月、「天王星作戦」でカラチを目指すソ連軍第26戦車軍団の歩兵とT-34中戦車

フは中央部の戦力をギリギリに抑え、その両翼に兵力を集中した。

そして11月19日午前7時30分、ニコライ・バトゥーティン大将率いるソ連軍南西方面軍はルーマニア第3軍に襲いかかったのである。

◆天王星《ウラヌス》作戦

南西方面軍による攻撃は、猛烈な支援砲撃によって開始された。80分におよぶ砲撃に続いてソ連軍の戦車部隊が前線を食い破り、ひたすら後方へとなだれ込んだ。これに対して満足な対戦車火器も持たないルーマニア軍は為す術もなく、ソ連軍の先鋒はわずか一日で50㎞の前進を果たしたのである。

そして翌20日にはスターリングラード方面軍もドイツ軍右翼のルーマニア第4軍に対して攻撃を開始。前線は瞬く間に突破された。これに対してドイツ軍は予備の第29自動車化歩兵師団が限定的な反撃を行ったものの、焼け石に水であった。

概してこの時のドイツ軍の反応は緩慢であり、初動に躓《つまず》いたツケは後々大きく払わされることになる。

スターリングラード攻略にかかりきりだった第6軍の

パウルス将軍は、ソ連軍のこの反攻を限定的なものと捉えていた。そのため、21日には上級司令部のB軍集団司令部に対して「問題ない」旨の報告を行っている。

　ところがたった一日で状況は大きく推移し、翌22日には行動の自由を求める電報を送付している。つまるところ、前線の混乱が司令部まで波及するのに時間がかかり、司令部がそれに気がついた時にはもはや手遅れに近い状態になりつつあったのだ。

　それでも、この時点でドイツ軍が適切に行動していれば、1個軍がまるまる包囲されるようなことにはならなかったかもしれない。しかしパウルスの報告に対するヒトラーの反応は「現在地を死守せよ」というものであった。

　この総統命令に対して第6軍麾下の各軍団長はこぞって反発し、ただちに南西に向けて脱出を図るべきだと進言した。しかしパウルスはこれらの意見を退け、あくまで総統命令を遵守する道を選んだ。

　そして23日、独第6軍の後方にあるソヴィエツキーという小村でスターリングラード方面軍の第4機械化軍団と南西方面軍の第4戦車軍団が合流し、包囲環を完成させた

包囲下のスターリングラードに空中輸送を行うJu52/3m輸送機。ドイツ空軍は第6軍を支援するため懸命の空輸を行ったが勝利には結びつかず、航空機500機近くと熟練搭乗員を多数失い、後の作戦にも大きな悪影響を及ぼした

1942年～43年の冬、東部戦線で戦うドイツ軍のⅣ号戦車F2型（G型）。Ⅳ号戦車はF型の途中から長砲身7.5cm砲を搭載し、T-34を凌駕する高い対戦車戦闘能力を持つようになった

のである。この時点で包囲環の中には約26万名ものドイツ軍兵士が閉じ込められることになったのだった。

◆冬の嵐作戦

包囲された第6軍に対して、ヒトラーはあくまで死守を命じ、その遂行のために輸送機による空輸で必要な補給物資を届けることを約束した。しかし小部隊ならともかく、数十万名を擁する1個軍を空輸だけで賄いきれるわけはない。しかもソ連の冬期のことである。当然ながら、ドイツ空軍はすぐに音を上げ始めた。

その一方で、レニングラード方面から呼び寄せられ、新たに編成されたドン軍集団の司令官に就任していたエーリヒ・フォン・マンシュタイン元帥は第6軍の救出作戦を計画し、第57装甲軍団にこれを命じた。これを「冬の嵐作戦《ヴィンターゲヴィッター》」という。

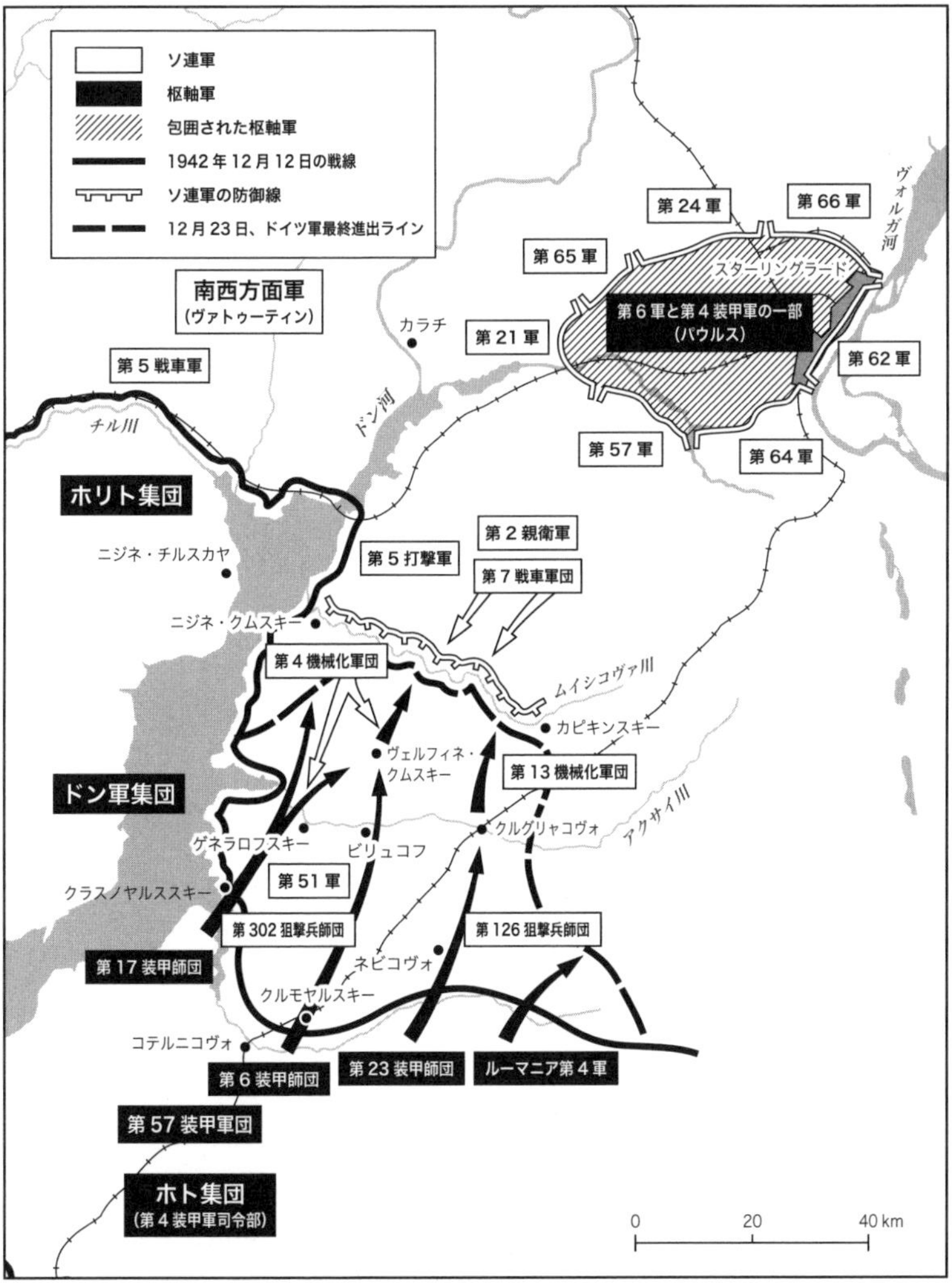

ドイツ第57装甲軍団がスターリングラード包囲下の第6軍を救出しようと試みた「冬の嵐作戦」の概要。進撃はムイシコヴァ川付近で食い止められ、ソ連軍の反攻作戦「小土星(マルイ・サトゥルン)」を受けて中止となった

同作戦はスターリングラード南西のコテルニコヴォから出発した第57装甲軍団が戦線を突破、同時に第6軍も内部から進撃して合流するという作戦だった。また同時に、チル河沿いに展開していた第48装甲軍団も西方からソ連軍を攻撃してこれを支援するものとした。

しかしこの作戦は開始当初から一つの問題を抱えていた。補給難から第6軍の戦力低下は著しかったが、ヒトラーはあくまでスターリングラードの保持にこだわった。つまり救出作戦は行うが、それはあくまで第6軍との連絡を付けるためであって、同軍の脱出を意味していなかった。だが、現実的にスターリングラードの保持が困難であることは、マンシュタインを初めとする前線の誰もが理解していた。そのため最悪の状況を想定し、第6軍全体の突破脱出作戦である「雷鳴作戦」も用意されていたのである。

こうして12月12日より「冬の嵐作戦」は開始され、第57装甲軍団隷下の第6装甲師団は当初順調に進撃を開始した。ところがドイツ軍の反撃を察知するやソ連軍はすぐさま増援部隊を続々と送り込み、救出部隊の進撃速度は日に日に落ちていった。

この状況を打破するためにマンシュタインは第48装甲軍団にも攻撃を命じた。

1943年2月、スターリングラード市街で最後の掃討戦を行うソ連軍兵士（Ph/RIA Novosti archive）

しかしドイツ軍の目論見をすべて打ち砕くかのように、ソ連軍は新たな作戦を開始した。12月16日、南西方面軍は「小土星作戦」を発動し、ドン軍集団の側面に対して攻勢をかけたのである。

南西方面軍は先の攻勢と同じく、脆弱と思われた同盟軍のイタリア第8軍の戦区に戦力を集中し、ロストフ目指して快進撃を開始したのである。

もはやドイツ軍にとってスターリングラードの救出どころの騒ぎではなくなった。もしこのままソ連軍がロストフまで進出すれば、コーカサス方面に展開しているA軍集団がまるごと包囲されることになってしまうのである。

すでに南方戦線のドイツ軍全体にとって時間の猶予はなくなった。また、スターリングラードの第6軍にも終わりの時が近づいていた。

そのためマンシュタインは「雷鳴作戦」の許可を求めたが、ヒトラーは頑としてこれを認めなかった。そしてパウルスもまた、みずから総統命令に逆らうことはしなかった。

こうして、第6軍の命運は尽きた。

1943年1月10日、ソ連軍はスターリングラードに拠る第6軍を殲滅するために「鉄環作戦」を開始した。それはかつてのドイツ軍と同様、じりじりと市街を掃討していく困難な闘いであった。

だが、もはや戦う力を失っていた第6軍は、ソ連軍のような粘りを見せることはできなかった。

ヒトラーがパウルスを元帥に昇進させた翌日、1月31日に第6軍司令部はソ連軍に投降し、2月2日までに第6軍全体が降伏したのである。

ソ連軍に降伏した際の第6軍司令官パウルス元帥。後ろには参謀長アルトゥール・シュミット中将と副官ヴィルヘルム・アダム大佐が続く。精強を誇ったドイツ軍の「軍」（軍団より上、軍集団の下）が降伏したのは第二次世界大戦でこれが初めてであり、全世界に大きな衝撃を与えた

3-9 北アフリカ戦とガ島戦の決着

◆チュニジア戦の開始

トーチ作戦によりアルジェリアに上陸した英第1軍は、ドイツ軍の予想を上回る速度で前進を続け、1942年11月16日にはチュニスの西方にあるスーク・アフラースに迫った。

これに対してドイツ軍は11月9日に増援部隊をシシリー島から空輸で送り込み、一部の部隊をマレト後方のガベスに向かわせた。これは退却を続けるロンメルの部隊との連絡線を確保する処置だったが、ドイツ軍のガベス占領のわずか3日後には早くも米軍が現れ、なんとかこれを撃退。増援の2個大隊が到着したことで、どうにか確保に成功した。

また12月3日、ヒトラーは第90軍団を改編して新たに第5装甲軍を創設し、ユルゲン・フォン・アルニム大将を司令官に任じた。こうしてアフリカの枢軸軍はイタリア軍指揮官の他に、二人のドイツ人指揮官を擁することになったのである。

1943年初頭のチュニジア戦線の概況。チュニジア東部に枢軸軍は押し込められたが、ロンメルはテベサから海岸まで打通しての連合軍包囲作戦を構想していた

一方、ロンメルを追って急進撃してきたモントゴメリー率いる英第8軍は、その進撃速度に補給部隊が追いつかず、一日足踏み状態となった。しかし12月17日に攻勢を再開するとロンメルは無理に戦わずにエル・アゲイラから後退を開始し、300キロ後方のプラエトまで一気に退いた。そしてさらに、1943年1月15日に第8軍が再び攻勢に出ると今度は600キロ下がり、トリポリも捨ててマレトに入った。

マレトは元々、フランス軍が対イタリア軍用に陣地を築いていた要地である。ロンメルはこれを利用してマレト・ラインという防御線を敷き、ここで第8軍と対峙することにしたのである。

ロンメルとアルニムという二人の指揮官は作戦指揮や部隊の運用などであまりそりが合わなかったが、両面から迫る連合軍に対していかに対峙するかという点では一致を見た。

すなわち、当面は西方から迫ってくる英第1軍を叩き、第8軍に対しては防御に徹する。つまり各個撃破を狙ったわけである。

こうした方針の下、第5装甲軍は1月中旬から「急使作戦」を実施してファイド峠の米軍を撃退することに成功した。そしてさらに戦果を拡大すべく、アルニムは「春風作戦」を、ロンメルは「朝の空気作戦」を実施する

1942年12月31日、チュニジアに到着した英軍の巡航戦車クルセイダーMk.Ⅲ。Mk.Ⅰの2ポンド砲より強力な6ポンド砲を装備している

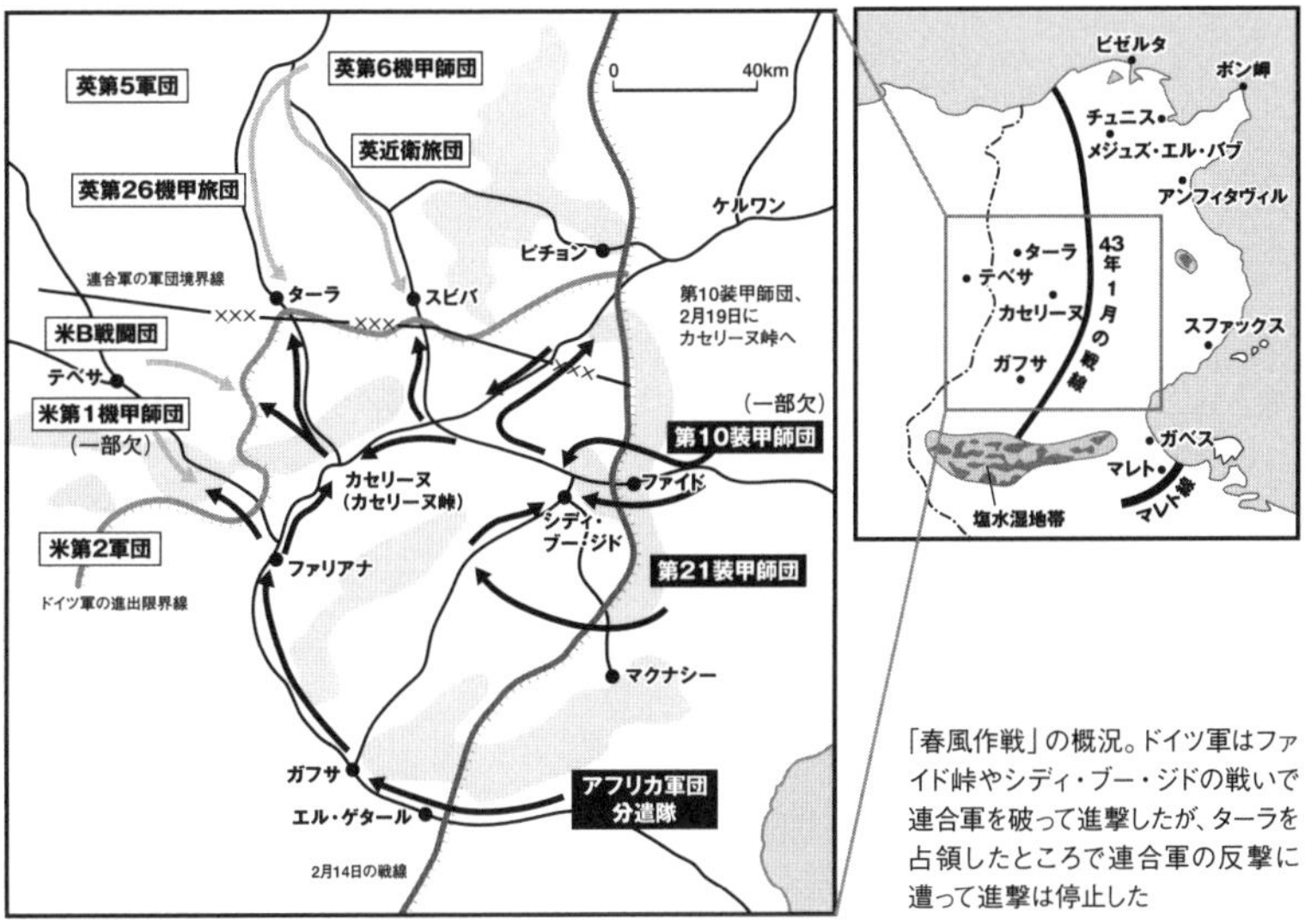

「春風作戦」の概況。ドイツ軍はファイド峠やシディ・ブー・ジドの戦いで連合軍を破って進撃したが、ターラを占領したところで連合軍の反撃に遭って進撃は停止した

1943年2月、チュニジア西方のアトラス山脈中の交通の要衝であるカセリーヌ峠に進撃したⅢ号戦車。2月中盤のカセリーヌ峠付近での戦いは、第二次大戦におけるアメリカ軍とドイツ軍の初の対決となったが、練度に勝るドイツ軍が圧勝した

1943年2月11日、カセリーヌ峠を進むアメリカ兵たち。この3日後、ドイツ軍から実戦の洗礼を浴びることになる

ことになったのである。

◆「春風作戦」発動

アルニムが指揮する第5装甲軍は「春風（フリューリングスヴィント）作戦」を発動、2月14日に攻撃を開始した。第10および第21装甲師団の2つの装甲部隊をもってファイド峠を突破し、進撃中の英第1軍の撃滅を目的とする。

第10装甲師団はファイド山道を前進し、第21装甲師団は南を大きく迂回して米第1機甲師団の後方に回り込む動きを見せた。この攻撃で米軍は大損害を被り、このため連絡線の遮断を恐れてガフサからも撤退した。

ちょうどそのタイミングでロンメルが指揮するアフリカ軍団の残存部隊も作戦を開始、ガフサを奪還した。

これはまさに、枢軸軍にとって好機だった。ロンメルの目の前にはもはや敵影はなく、そのまま急進すればテベサを占領することも不可能ではなかっただろ

長砲身8.8cm砲と最大120mm厚の重装甲を持ち、無類の戦闘力を誇った重戦車ティーガーI。チュニジア戦にはティーガーIを装備する第501重戦車大隊や第504重戦車大隊が投入され、英米戦車を多数撃破した。写真はチュニジアで撮影された第501重戦車大隊のティーガーI

う。もしそうなれば、英第1軍は大包囲される危険すらあった。少なくとも、戦線を整理するために一旦大きく後退せざるを得なかっただろう。

当然、ロンメルはそうすべきだと意見具申した。だが結果的にこの案は却下され、ロンメルは望まない作戦を命令された。すなわち、テベサよりも東にあるタ－ラを占領するように命じられたのである。

むしろ連合軍としてはこのタ－ラこそドイツ軍の目標だと想定して守備を固めていた。つまり、ドイツ軍は自ら望んで敵の待ち構えている所へ飛び込んでいくことになったのである。

結果は火を見るよりも明らかだった。第10装甲師団は一時的にタ－ラの占領には成功したものの、その他の戦線では悉く連合軍に前進を阻止され、最終的にロンメルは22日に撤退を命じてドイツ軍の最後の可能性は潰えることになった。

そしてその翌日の23日、在アフリカの全部隊はアフリカ集団に統合され、ロンメルはその司令官に任命されたのである。

それでもロンメルは諦めなかった。西方での攻勢には失敗したが、敵は東方にもいる。そこで第10および第21装甲師団をマレト方面に向かわせ、第15装甲師団も併せて英第8軍に対して攻勢をかけることにしたのだ。

3月6日、ロンメルは攻撃を開始したが、この攻撃はすでに連合軍側の知るところであった。ドイツ軍はまたもや待ち構える連合軍の中に飛び込み、大きな損害を被ってしまった。

機を見るに敏なロンメルはすぐさま攻撃を中止させ、自身は本国ドイツに飛んでヒトラーに増援を要請した。しかしそれは拒否されたのみならず、ロンメルはアフリカに戻ることも許されず、病気療養を命じられたのだった。

◆北アフリカ戦線、ついに終結

そして後を引き継いだアルニムのもとに急報が飛び込んでくる。ジョージ・パットン将軍率いる米第2軍団がマレト・ラインの後方、マクナシーに向けて3月17日より攻撃を開始したのである。もしこれが成功すれば枢軸軍は分断されることになる。

ドイツ軍は苦戦しながらもどうにかこれを撃退したが、それも束の間、今度はモントゴメリーが3月20日よりマレト・ラインに対して総攻撃を開始したのである。モントゴメリーはマレト・ライン前面でドイツ軍を拘束する一方、ニュージーランド軍団に南方を大きく迂回させ、後方に進出させて敵をすっぽり包囲しようと試みた。それはまさしく、これまで幾度となくロンメルがおこなってきた戦術であった。

しかしこの企みはドイツ軍の第21装甲師団の巧みな機動で阻止された。するとモントゴメリーはさらに第1機甲師団を増派して圧力を強めた。結果、ドイツ軍は包囲を恐れてマレト・ラインを放棄して退却を開始。途中で何度か踏みとどまったものの、英第8軍の追撃は止まらず、4月初旬にはアフリカ集団の全部隊はチュニス周辺の狭い範囲に押し込まれていた。

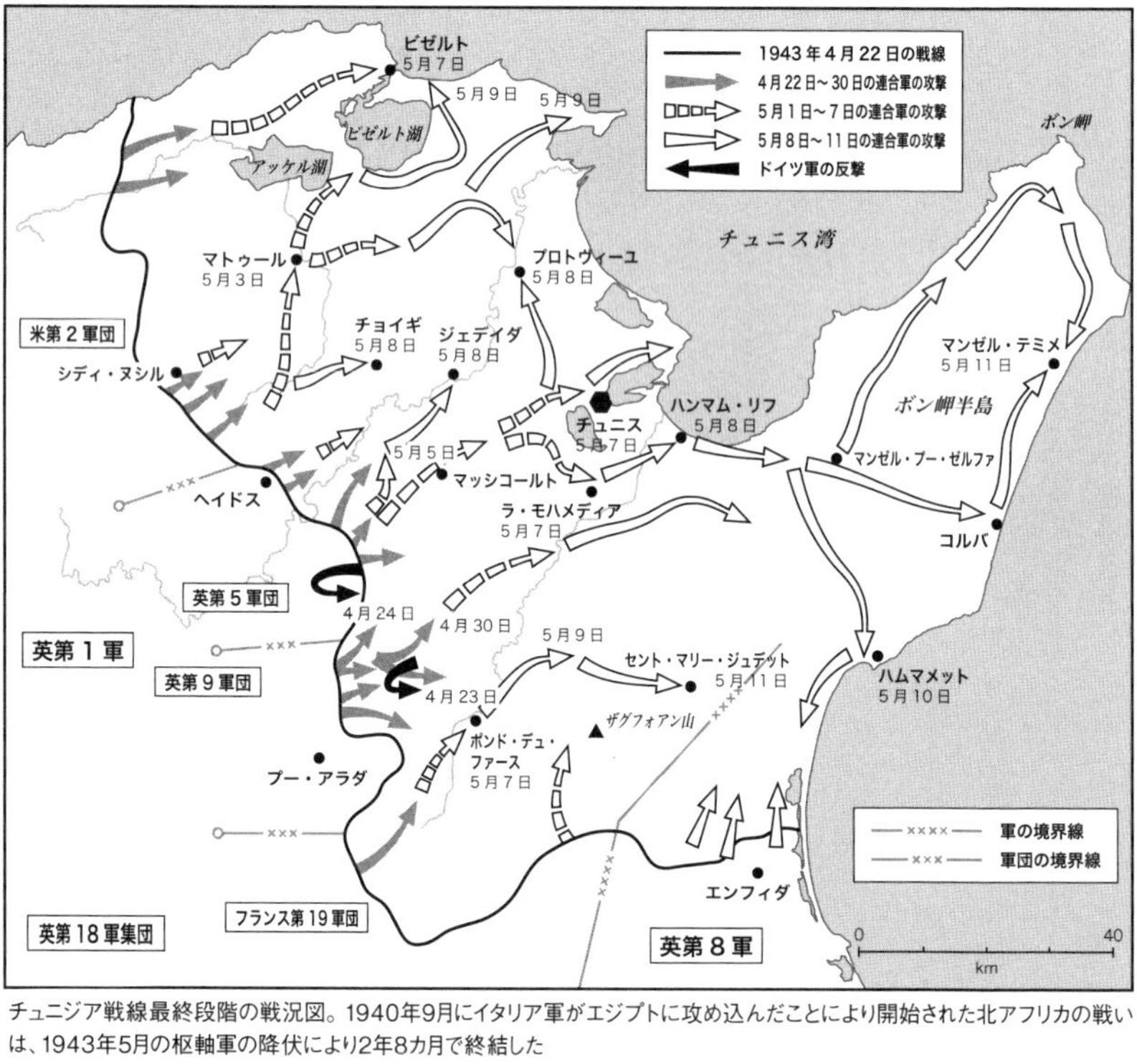

チュニジア戦線最終段階の戦況図。1940年9月にイタリア軍がエジプトに攻め込んだことにより開始された北アフリカの戦いは、1943年5月の枢軸軍の降伏により2年8カ月で終結した

ところでこれより以前、在アフリカの連合軍はアルジェリアに上陸した部隊とモントゴメリーの第8軍に分かれ

1943年5月8日、解放したチュニスでパレードを行うイギリス軍の歩兵戦車Mk.Ⅳチャーチル。同戦車は最大装甲102mmという重防御の戦車だったが、速力は20km/hに留まった

ていたが、これらを合わせて第18軍集団として新たに再編していた。そしてシチリア上陸作戦の準備のためにアフリカを離れたアイゼンハワーに代わり、第18軍集団の司令官にはハロルド・アレクサンダー将軍が就任した。そしてアレクサンダーはアフリカ集団の息の根を止めるべく、4月20日より攻撃を開始した。この時点で第18軍集団は約38万名を擁し、かたやアフリカ集団軍はその半分の17万名程度であった。むろん、枢軸軍に制空・制海権はなく、もはや袋の鼠といっていい状態である。

それでもアフリカ集団は簡単には降伏しなかった。最初に攻撃を開始した右翼の英第8軍の進撃は阻止され、続いて攻撃した中央部の英第1軍（第5軍団および第9軍団）も突破するには至らなかった。唯一、北部の米第2軍団は前進を続けていたものの、戦線は膠着し始めた。

そこで連合軍は第8軍から密かに戦力を引き抜き、第1軍に集中させた。そして5月6日、準備砲撃の後に攻勢を開始して中央部を突破し、7日にチュニスに突入した。また、北部でも米軍がビゼルトを占領し、英第6機甲師団は退路を断つために一気にボン岬まで到達した。

こうして行き場のなくなった枢軸軍の降伏が各地で相次ぎ、5月13日、ついに北アフリカは連合軍の手に落ちたのである。

◆ガ島撤退「ケ号作戦」

ロンメルがエル・アゲイラを放棄して退却を行っていた頃、遠く太平洋のソロモンでの撤退戦が大本営で取り沙汰されていた。もはやこれ以上ガダルカナル島に固執しても戦況を挽回することはできないところまで来ていたのだ。

しかし太平洋戦争開戦以来、軍規模の撤退の経験は日本軍にはなかった。いや、太平洋戦争に限らず、それ以前にもこれほど大規模な撤退作戦を日本軍は経験していない。敢えていえばシベリア出兵からの撤収だが、これは比較にならない。

しかも今回は敵の制空・制海権下の離島からの撤退である。それがどれほど絶望的なことかは、想像するまでもなかった。

しかし昭和17年（1942年）12月31日の御前会議においてガダルカナル島からの撤退は決定し、作戦実行は翌年2月1日より7日まで、3次にわたって行われた。

この一連の撤退作戦で駆逐艦「巻雲」が触雷により沈没、ほか駆逐艦2隻が空襲で損傷したものの、大きな損害を被ることもなく無事に完遂した。そして将兵約1万3000名を救出したのである。まさに奇跡といってよい撤退作戦であった。

しかし奇跡はそうそうあるわけもなく、同じ頃、ニューギニアのブナ地区は米豪軍の攻撃によって壊滅状態に陥っていた。

昭和18年（1943年）1月29日から30日にかけて、ガ島撤収作戦を援護するため、日本海軍第七〇一海軍航空隊と七〇五空、七五一空の陸上攻撃機がガ島に接近する米巡洋艦隊を攻撃した（レンネル島沖海戦）。この海戦で陸攻隊は10機の損害と引き換えに、重巡「シカゴ」に6本の魚雷を命中させて撃沈している。写真は七五一空の前身の鹿屋海軍航空隊の一式陸攻一一型

1943年1月30日朝、前日夜間に被雷した魚雷のダメージのため、艦尾が沈下している重巡「シカゴ」。後にさらに魚雷4本を被雷して沈没する

3-10 ブナ地区壊滅と い号作戦

◆ブナ地区の壊滅

昭和17年（1942年）9月、ポートモレスビーに対する陸路からの攻略に失敗した南海支隊は、再びオーエンスタンレー山脈を越えて撤退を開始した。しかしオーストラリア軍がそれを見逃すはずはなく、日本軍は峻険な山越えに加え、執拗な追撃戦にも対応しなくてはならなかった。

どうにか山脈を踏破してブナ地区に戻った南海支隊は、ココダ東方のゴラリに防御陣地を敷いた。しかし11月3日にはオイビ・ゴラリ地区にオーストラリア軍第7師団が殺到し、なかば退路を断たれた格好となって南海支隊は再び撤退を開始した。そしてその途上、堀井支隊長は消息を絶った。

このような状況下、米軍第126連隊が分進合撃してブナを目指す一方、空輸された第128連隊は海岸沿いに進撃。もはやブナは風前の灯火であった。

ところが大本営はこの時点でもブナの放棄を認めず、むしろ増援を送って死守する構えであった。そして

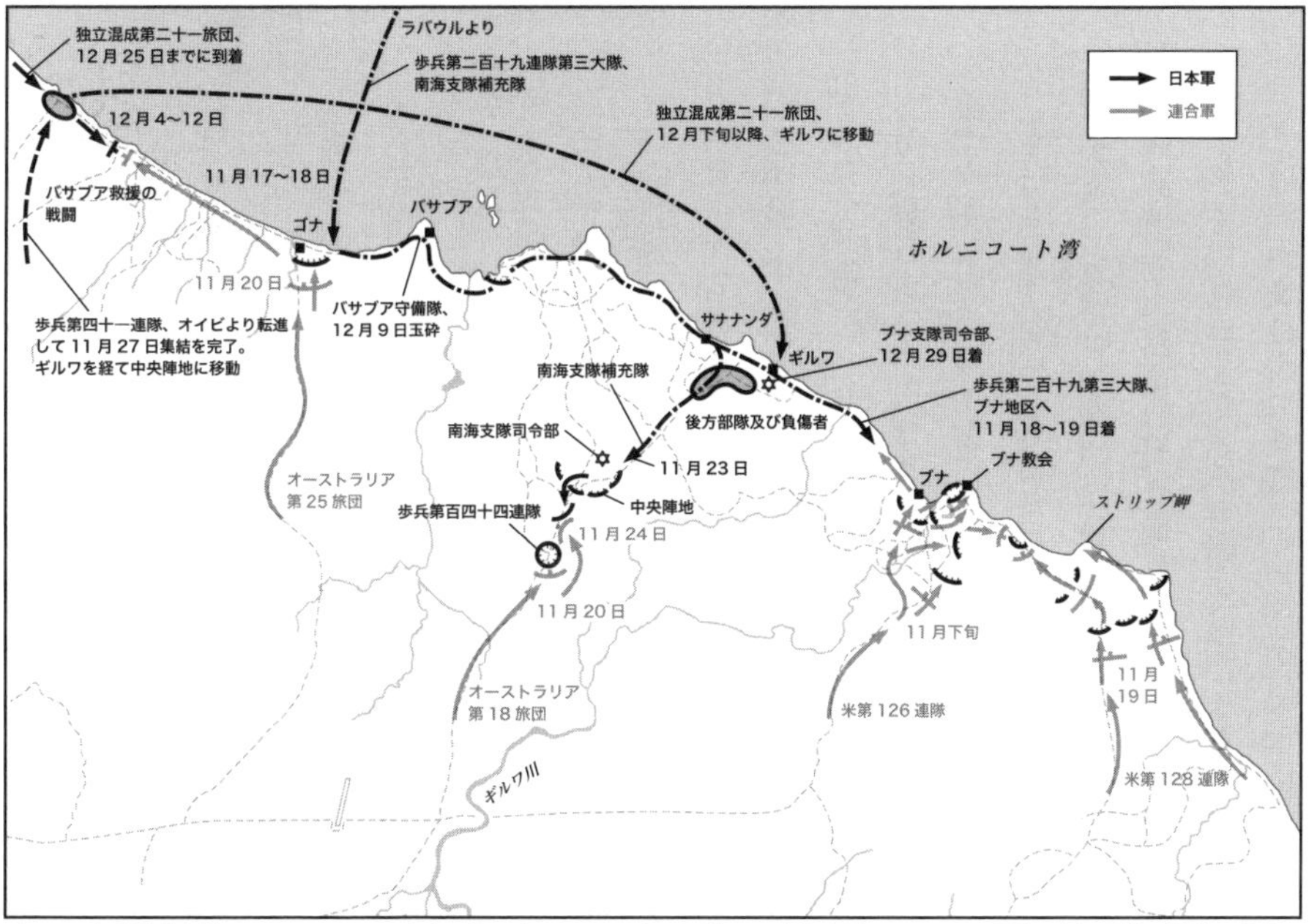

ブナから山岳地帯を越え、オーストラリア本土を望むポートモレスビーを目指した南海支隊であったが、過酷な自然環境や補給の途絶により撤退。逆に連合軍はブナ地区を攻撃、同地の日本軍は昭和18年（1943年）1月に壊滅した。ブナ地区の日本軍の抵抗は猛烈で、米軍公刊戦史は「世界で最も厳しい戦い：Toughest Fighting in the World」だったと記している

ニューギニア方面の作戦を担当するために安達二十三《けたぞう》中将を司令官とする第十八軍を新設。ソロモン方面を担当する第十七軍と併せて指揮するため、今村均中将を司令官とする第八方面軍も新設した。

　このように態勢を一新したものの、現地の部隊は混乱の極みにあった。山県栗花生《やまがたつゆお》少将が指揮する独立混成第二十一旅団が増援のために送り込まれたが、輸送中に襲われたために上陸できたのは僅か400名ほどであった。先に上陸を果たしていた2個大隊と合流してバサブアに向かったものの、米豪軍に阻まれて救援には失敗。バサブアは12月9日に陥落した。

　また、堀井少将の事故死によって南海支隊は支隊長不在のまま戦っていたが、12月14日にようやく小田健作少将が支隊長としてマンバレー川河口付近に上陸した。しかしそこからブナまでは距離があり、結局ギルワに到着して部隊を掌握したのは20日になってからであった。

　ところがこの頃にはもはやブナ地区の命運は尽きかけており、各地で日本軍部隊は分断され、拠点に籠もって各個に防衛しているに過ぎなかった。そして米豪軍はこれら日本軍の拠点を一つずつ潰すように攻撃を加え、12月27日にはブナ飛行場が陥落。さらに昭和18年1月2日にブ

ブナの戦いで蛸壺に入って構えるアメリカ兵

1943年1月2日、ブナの戦いにおいてM3スチュワート軽戦車と共に日本軍の陣地を攻撃するオーストラリア兵

ナ守備隊は全滅し、歩兵第百四十四連隊長の山本重省《しげみ》大佐と、海軍の横須賀第五特別陸戦隊（横五特）司令の安田義達大佐は戦死した。

1月14日、第十八軍はついにギルワからの撤退を命じたが、時既に遅く小田司令官は自決。残った部隊は三々五々落ち延びていった。

1月21日、ついに米軍がギルワ陣地に突入・占領し、ブナ地区の戦いは終わりを告げたのだった。

◆ビスマルク海海戦（ダンピールの悲劇）

ブナ地区の陥落、それも事実上の玉砕は、大本営に強い衝撃を与えた。マッカーサー率いる米豪軍の反攻作戦はますます本格的になると考えられ、東部ニューギニアの防衛態勢の構築を急がなければならなかった。

しかしニューギニアに増援を送るためには海上輸送によるほかない。ガダルカナルにおいて消耗戦を強いられた海軍としては、より安全な後方地帯への輸送を望んだ。

ところが陸軍はこれに反対した。海軍が上陸地点として主張したウエワクでは、ラエまでの距離が遠すぎるのである。しかも道らしい道もないことから、ラエに行くためにはまず道路建設から始めなければならないという冗談の

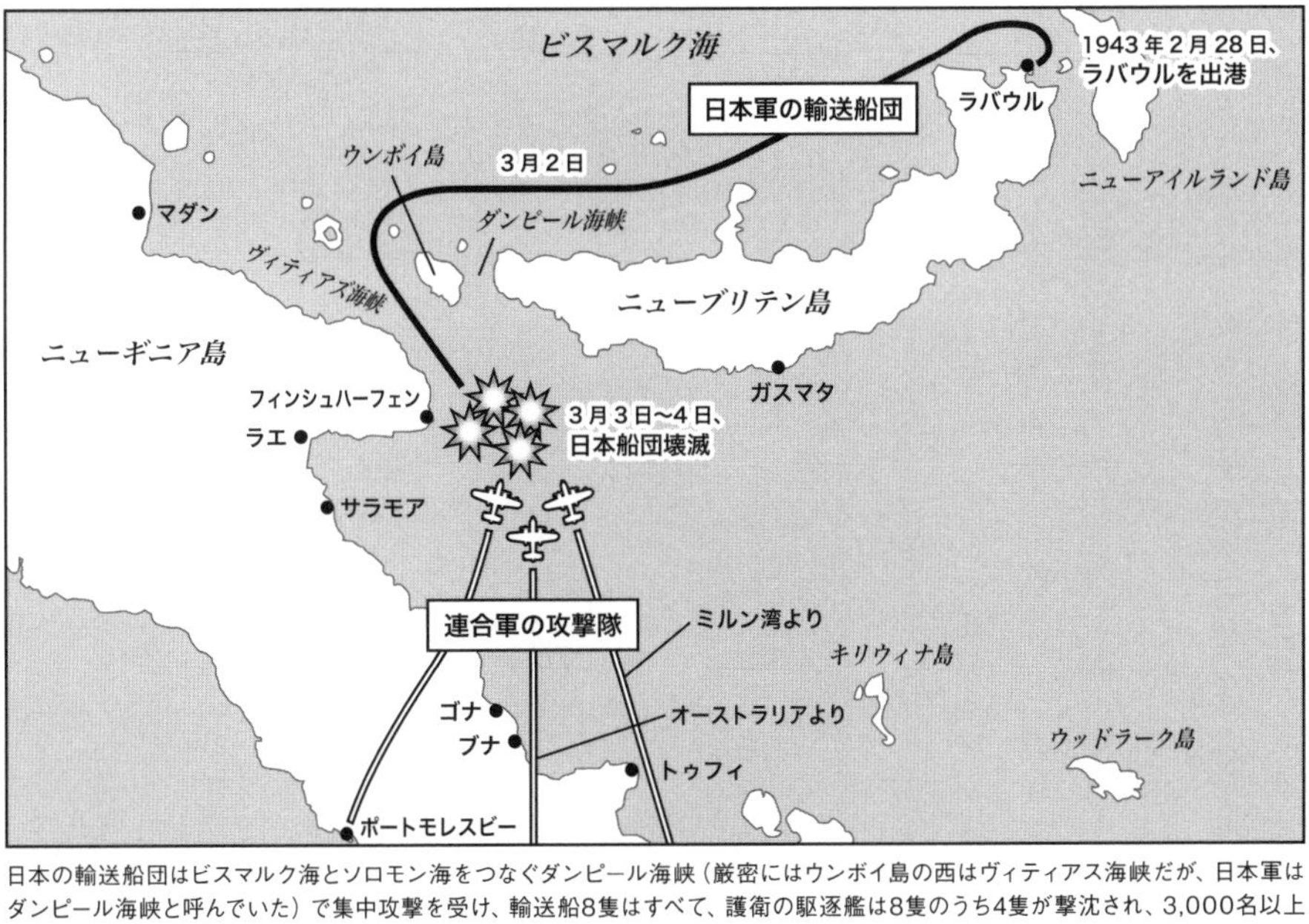

日本の輸送船団はビスマルク海とソロモン海をつなぐダンピール海峡（厳密にはウンボイ島の西はヴィティアス海峡だが、日本軍はダンピール海峡と呼んでいた）で集中攻撃を受け、輸送船8隻はすべて、護衛の駆逐艦は8隻のうち4隻が撃沈され、3,000名以上が戦死した

ようなおまけが付く。

このため陸海軍で協議した結果、上陸地点は陸軍の主張を受け入れてラエとし、陸海軍が協同して護衛戦闘機を付けることになった。作戦名は「八十一号作戦」に決定し、輸送は陸軍の輸送船7隻と海軍の運送艦「野島」が行なう。護衛にあたるのは木村昌福《まさとみ》少将率いる第三水雷戦隊である。

ラバウルからラエまでは5日の航程である。当初は何事もなく進んだものの、残りあと二日というところで米軍の哨戒機に捕捉された。そしてB－17が投下した爆弾が運悪く輸送船「旭盛丸」に命中し、沈没してしまった。

だが、これは悲劇の幕開けに過ぎなかった。

翌日には敵の大編隊が飛来し、次々と爆弾を放った。この時、船団の上空では40機あまりの零戦が護衛にあたっていたのだが、敵は奇策を講じてきたために迎撃は後手に回ってしまった。

この時、米軍機は低空から接近して爆弾を投下、飛び石のように海水面を跳ねた爆弾は輸送船に横から命中した。反跳爆撃（スキップボミング）と呼ばれるこの攻撃で輸送船は全滅、護衛の駆逐艦3隻も沈められた。また、旗艦「白雪」も船体後部を失う大損害を被り、木村提督も重傷を負った。

こうして万全を期したはずの輸送は完全な敗北に終わり、東部ニューギニアの防衛に大きな影響を及ぼすことに

ビスマルク海海戦において、日本の輸送船に対して低空で攻撃を敢行する米軍のB-25双発爆撃機。他にB-17四発爆撃機、A-20双発攻撃機、ボーファイター双発戦闘機、P-38双発戦闘機が攻撃に加わった

ビスマルク海海戦で日本の輸送船に爆弾を命中させ飛び去るB-25爆撃機

なったのである。

◆い号作戦

ソロモン方面ではガダルカナル島から撤退、ニューギニア方面ではブナ地区全滅に続いて八十一号作戦の失敗と、昭和18年初頭から日本軍の敗退が続いた。

連合艦隊としてはこの状況をなんとか挽回すべく、起死回生の策を打ち出した。すなわち機動部隊の艦載機をも陸上にあげ、基地航空隊と協同でソロモンおよびニューギニアの連合軍に対して航空撃滅戦を仕掛けるというものであった。

この作戦にあたり、ようやく錬成された母艦搭乗員を差し出すように言われた第三艦隊の小澤治三郎《じさぶろう》中将は難色を示した。また、基地航空隊である第十一航空艦隊の草加任一《じんいち》中将も正面切って反対はしないものの、やはり乗り気ではなかった。

しかし連合艦隊司令部はこれを強引に押し切り、4月初旬に第一期作戦としてソロモン方面、同月中旬に第二期作戦としてニューギニア方面への作戦を決定した。

こうして鳴り物入りで開始された「い号作戦」だったが、結果は散々であった。連合艦隊司令部から大本営に報告された戦果は大小輸送船18隻、巡洋艦1隻、駆逐艦2隻撃沈、その他数隻の船舶に損害を与え、敵航空機約150機を撃墜ないし破壊したというものであった。

ところが実情は撃沈5隻、航空機25機撃墜破に過ぎず、海軍航空隊の被った損害（61機喪失）のほうが大きいほどであった。

そして作戦終了後の4月18日、各基地の慰労に向かう途上で山本五十六連合艦隊司令長官機が撃墜され、長官が戦死するという事態まで発生した。

太平洋において、日本軍は徐々に手詰まりに追い込まれつつあった。

い号作戦の終了後、搭乗員たちに訓示する山本五十六連合艦隊司令長官。この後山本長官は一式陸攻に乗って前線の視察に向かったが、搭乗機が暗号を解読して待ち伏せていたP-38戦闘機に撃墜されて戦死。日本海軍は頭脳と精神的支柱を失った

◆カートホイール作戦の策定

一方、日本軍とは対照的に、連合軍の反攻作戦は1942年（昭和17年）前半より着実に進められていた。

7月2日、統合幕僚長会議によって決定された「ウォッチタワー作戦計画」に基づき、連合軍は反攻の第一段階としてガダルカナル島に対して攻撃を開始。この作戦計画では、第二段階はソロモン諸島の残部およびラエ・サラモアの攻略を行ない、第三段階としてラバウルを除くビスマルク諸島の制圧を掲げていた。

この計画を遂行するにあたり、ガダルカナルを始めとするソロモン方面の作戦は、ニミッツ大将が指揮する太平洋方面部隊のもと、南太平洋方面部隊が担当していた。ただし、第二段階以降の作戦については、ニューギニア方面を担任する南西太平洋方面軍の統一指揮下に入ることとされていた。

そして1943年1月に開催されたカサブランカ会議では、南太平洋方面について「ウォッチタワー作戦はラバウル奪取、ビスマルク防壁突破まで継続する」ことが申し合わされ、3月20日にはワシントンにおいて太平洋軍事会議が開催された。この席上、所要兵力の不足から、1943年中の作戦としては第二段階までに限定することに決し、マッカーサー大将は4月26日に新たな作戦計画「エルクトン3」を提出した。

この作戦計画はソロモン方面とニューギニア方面の両面に対して同時進攻を企図し、あたかも最終目標であるラバウルを両輪から締め上げる構想であった。そしてこの作戦案をもとに、およそ8カ月間で13の攻略が計画され、作戦名は「カートホイール（車輪、側転）」と名づけられた。この作戦はおおまかに三段階に分けられ、まずはニューギニアとソロモンの中間にあるキリウィナ島およびウッドラーク島を攻略、航空基地を設定する。その後、東部ニューギニアの攻略を先行し、中部ソロモン地区は約5週間後から攻撃に移ることとした。そしてその作戦開始は6月初めとして予定されていた。

しかし、キリウィナ・ウッドラーク地区に対する攻略部隊召集の遅延に伴い、結果的に東部ニューギニアのナッソウ湾、キリウィナ・ウッドラーク地区、そして中部ソロモンに対する作戦開始日は6月30日と定められ、同時に行われることになった。

こうして米軍は中部ソロモンおよびラエ・サラモア地区に対する攻勢を開始したのである。

3-11 カートホイール作戦

◆ニュージョージア島の戦い

1943年（昭和18年）初夏、連合軍による反攻作戦はいよいよ本格化の兆しを見せていた。そして6月30日、中部ソロモンおよび東部ニューギニアにおいて、同時に二つの上陸作戦が実施されることになった。

中部ソロモンにおける当面の攻略目標はニュージョージア島である。同島のムンダ地区には日本海軍が設営した飛行場があり、まずはこれを占領し、将来のラバウル攻略に備える計画であった。

一方、日本軍としてもニュージョージア島が米軍の攻撃目標になるであろうことを見越し、事前に戦力の増強に努めていた。

当初、ムンダ地区の防衛は海軍陸戦隊が主体となっていたが、5月3日に南東支隊（歩兵第二百二十九連隊基幹）の編成を発令し、さらに6月23日には第十三連隊をコロンバンガラ島に派遣して同支隊の指揮下に入れた。そして同島にあった海軍地上部隊もすべて南東支隊長の佐々木登少将が統一指揮することになったのである。

余談だが、このとき海軍の第八連合特別陸戦隊の指揮を執っていたのは太田實《みのる》海軍少将で、のちに沖縄の海軍根拠

ニュージョージア島西部のムンダ地区に設営された飛行場

ニュージョージア島を守備していた日本兵

地隊を指揮し、有名な決別電を発する人物である。

6月30日、ついに米軍の進攻上陸が開始されたが、最初に上陸を行ったのはニュージョージア島ではなく、その対岸にあるレンドバ島であった。また奇襲を重視したため、米軍には珍しく事前の艦砲射撃や空爆は一切なかった。

レンドバ島を守備していたのは歩兵第二百二十九連隊・第七中隊および呉第六特別陸戦隊の2個小隊だったが、これに対して米軍は第43歩兵師団および海兵2個大隊を投入した。このため同島守備隊は抵抗虚しく全滅し、米軍はただちに重砲の設置を開始した。本命であるニュージョージア島への上陸支援のためである。

この事態を重く見た佐々木少将は、ただちにレンドバ島への逆上陸を意見具申するものの、第八方面軍はこれを却下。しかし大本営は実施すべしと二転三転する間に、米軍がニュージョージア島へ上陸してきたため結局中止となった。

そして米軍はレンドバ島からの重砲支援のもと、海岸沿いにムンダ方面へ前進を開始した。この時点での米軍戦力は第43歩兵師団（第103連隊第1大隊欠）を基幹とし、これに海兵大隊などが増配されていた。

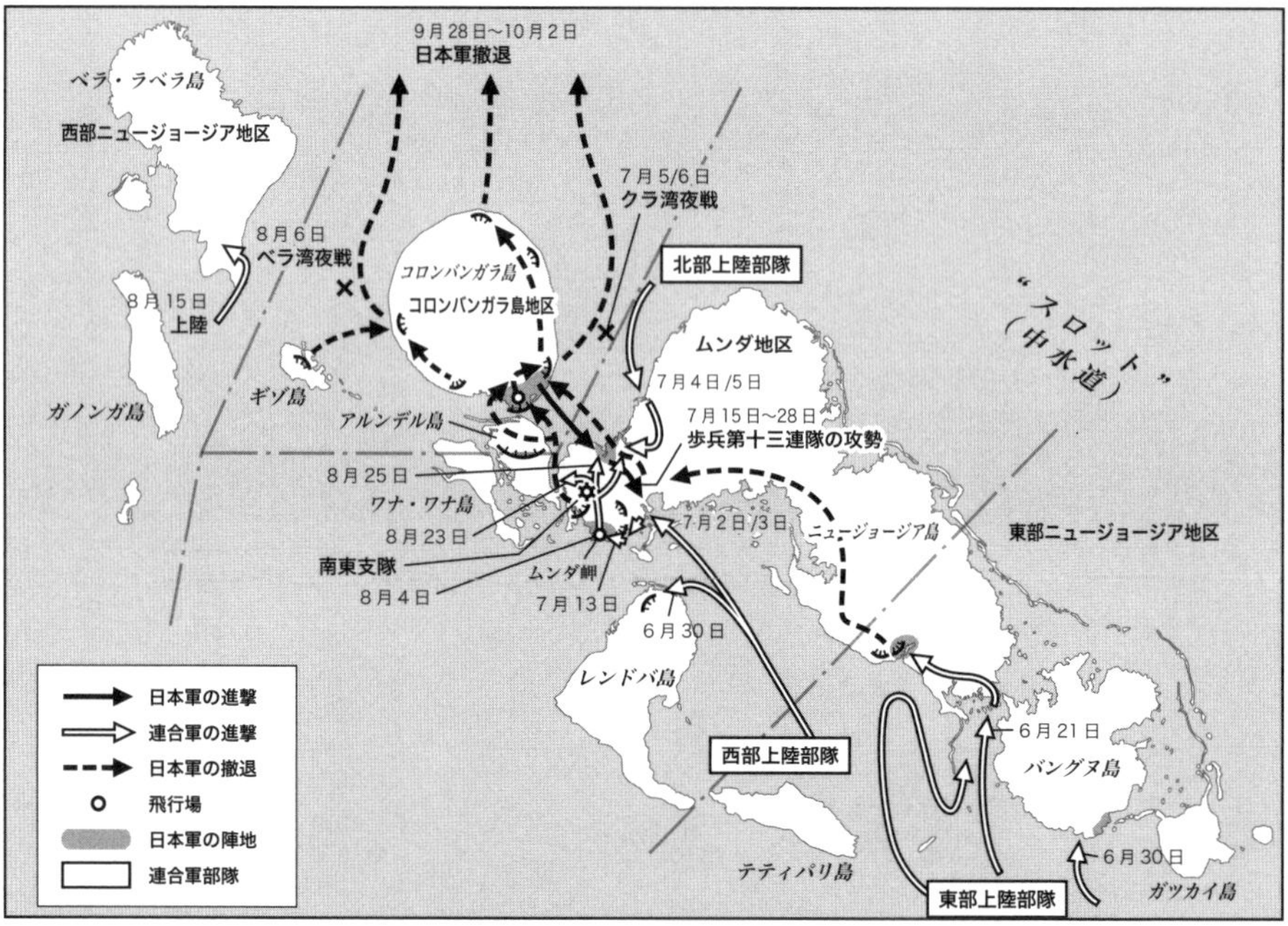

ニュージョージア島の戦いの戦況図。米軍はまず6月21日にニュージョージア島南東のビル島とウィックハム島に先遣隊を派遣していた。その後30日にレンドバ島に上陸、7月初めからニュージョージア島西部に上陸を開始。日本軍も歩兵第十三連隊が奮闘するなど抵抗したが、戦力差は圧倒的で、9月末までにムンダ地区から撤退した

これに対して、日本軍はコロンバンガラ島から歩兵第十三連隊を増援として派遣することにした。舟艇機動によってバイロコに上陸した第十三連隊（2個大隊基幹）はただちに前進を開始するが、道のないジャングル内での進撃は思うように捗らなかった。

佐々木支隊長は第二百二十九連隊で米軍の進攻を受け止める一方で、援軍到着を知らない米軍の裏をかき、第十三連隊に側面を攻撃させるつもりであった。

しかし、米軍の攻撃は勢いを増し、第二百二十九連隊の消耗は激しかった。さらには第十三連隊との連絡も途絶え、反撃は開始前から失敗に終わるかと思われた。

その頃、第十三連隊はとにかく海岸へ向かって前進を続け、ついに（位置不明ながら）海岸に辿りつく。そして目前に若干の米兵を発見したのである。

7月15日夕刻、激しいスコールを衝いて攻撃を開始した第十三連隊に対し、米軍は重砲や糧食を放り投げて逃げ去っていったが、十三連隊はこれを追撃することはできなかった。というのも連日の疲労に加えて、米軍の砲撃に晒されたためである。第十三連隊長の友成大佐はジャング

1943年6月30日、ニュージョージア島対岸のレンドバ島に上陸した、アメリカ陸軍第43師団第172大隊B中隊の兵士たち

1943年8月12日、ニュージョージアのジャングル内で小銃を構える、米陸軍第25歩兵師団第27連隊第3大隊K中隊の兵士

ル内への退避を決意し、結局大魚を逸することになる。なぜなら第十三連隊が到達した海岸は鈴木浜と呼ばれる海岸で、米軍の上陸地点であった。そして、襲いかかった相手はまさに第43師団司令部だったのである。

このように前線は両軍とも混乱を極めたが、事態を重く見た米軍では前線指揮官や参謀を更迭する一方、第37師団の投入を決定した。そして第14軍団司令官自ら指揮を執ることになった。

米第14軍団の攻撃計画は、至極まっとうなものであった。海岸にあるルビアナ村から北方向に一線に並んだ5個連隊で、ムンダ飛行場に向けて平押ししていくというものである。北側に第37師団の3個連隊、南側に第43師団の2個連隊が並び、第169連隊は軍団予備とする。

そして7月25日早朝、駆逐艦や航空機による砲爆撃の実施後、ついに攻撃が再開された。

ところがここでまた第十三連隊が登場する。偶然ではあるが、米軍が攻撃を開始した直後、第十三連隊は米軍右翼の第148連隊の側面を攻撃。同連隊は虚を突かれ、包囲状態に陥る寸前まで追い詰められた。その結果、重装備を放棄して前線から離脱する羽目になったのである。

もっとも、日本軍の踏ん張りもここまでで、補給不足から米軍にさらなる痛打を与えることはできず、むしろ砲爆撃に晒されて損害が続出した。

そして、7月末の時点で第二百二十九連隊の戦力はすでに三分の一を残すほどにまで減少し、ムンダ地区の保持はいよいよ難しくなっていた。

南東支隊はその後もニュージョージア島とコロンバンガラ島の間にある島々で抵抗を続けたものの、大勢はほぼ決しつつあった。そしてついに、南東支隊は9月30日にはコロンバンガラ島からの撤収を敢行し、中部ソロモンの戦いは終焉を迎えたのである。

◆日本駆逐艦の墓場

中部ソロモンを巡っては、海軍の戦いも熾烈であった。ガ島周辺の戦いと異なり戦艦や空母などの大艦が登場しないために地味ではある

第三水雷戦隊の旗艦「新月」は、長10cm連装高角砲4基を搭載した秋月型防空駆逐艦の5番艦だった。昭和18年3月31日に竣工したばかりだったが、7月のクラ湾夜戦で沈んだ。写真は同型艦の「秋月」

が、その代わりに駆逐艦などの小艦艇が激しい戦いを繰り広げた。

7月5日、米軍の上陸に伴って緊急増援を行うため、秋山輝男少将が指揮する第三水雷戦隊が出撃。これを迎え撃ったのは軽巡3隻を擁するエインスワース少将指揮の第18任務部隊だった。クラ湾夜戦と呼ばれるこの戦いで旗艦「新月《にいづき》」は沈められたものの、日本軍は雷撃によって軽巡「ヘレナ」を撃沈し、溜飲を下げた。

また7月12日にはコロンバンガラ島沖夜戦が勃発し、今度は伊崎俊二少将指揮する第二水雷戦隊（二水戦）が出撃。対するはまたもや第18任務部隊だった。旗艦「神通」は夜戦の

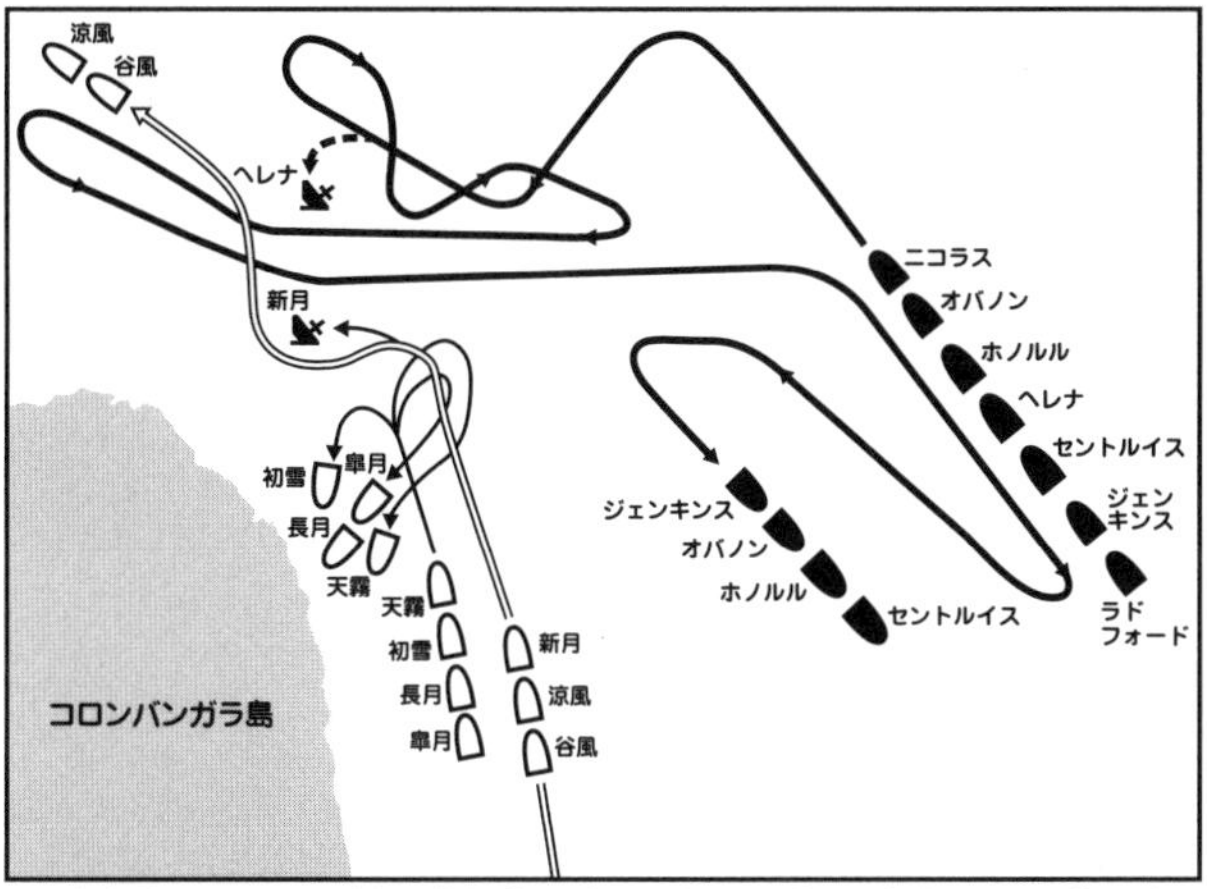

クラ湾夜戦においては日本側の旗艦「新月」が撃沈されて秋山司令官は戦死、「長月」も座礁し失われたものの、米軍側も軽巡「ヘレナ」が雷撃を受け真っ二つになり沈んだ。日本側は兵員約2,400名のうち約1,600名、物資180トンのうち90トンの陸揚げに成功した

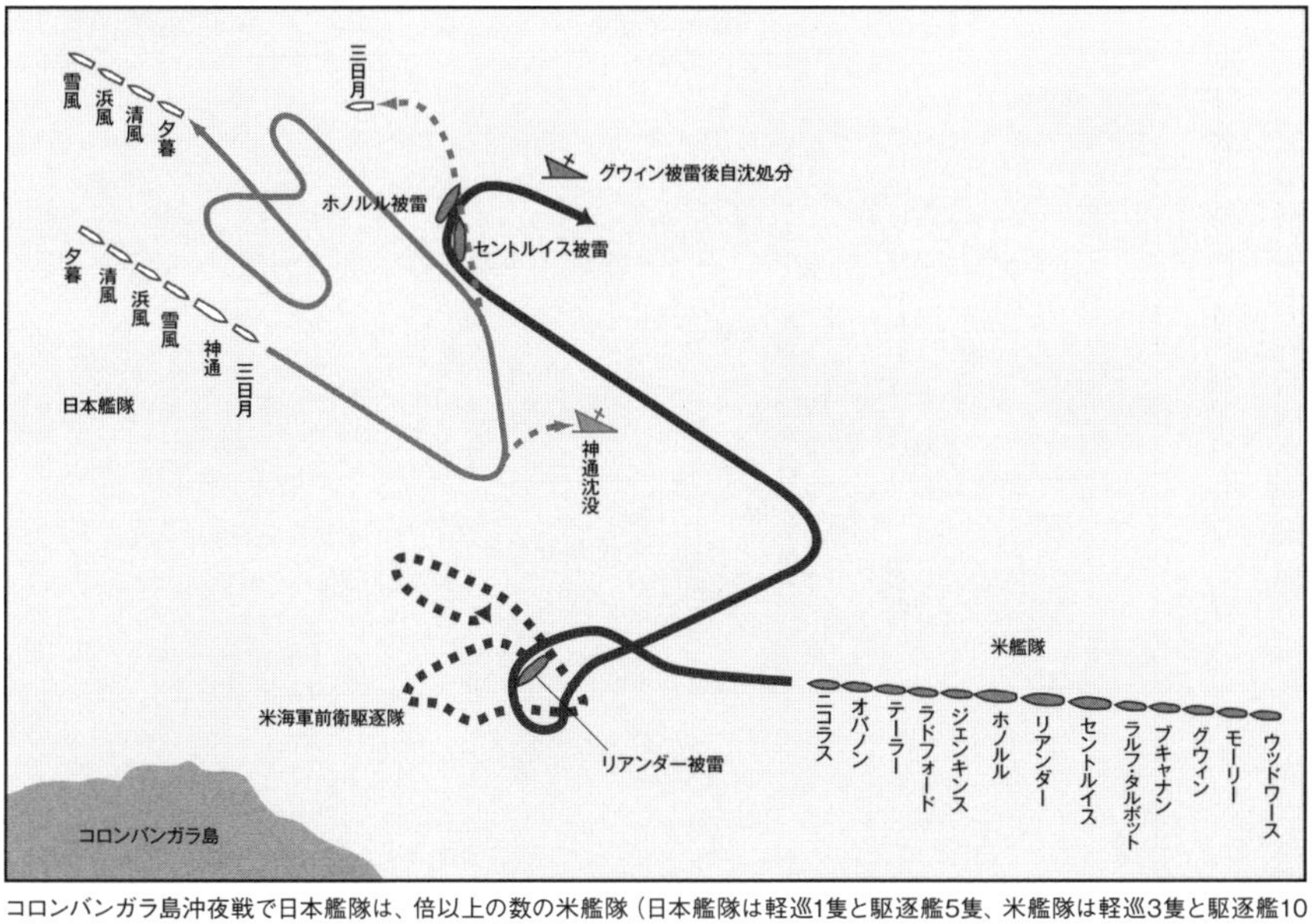

コロンバンガラ島沖夜戦で日本艦隊は、倍以上の数の米艦隊（日本艦隊は軽巡1隻と駆逐艦5隻、米艦隊は軽巡3隻と駆逐艦10隻）に対して酸素魚雷での雷撃を敢行、旗艦の「神通」が撃沈されたものの、米軽巡「ホノルル」「セントルイス」、ニュージーランド軽巡「リアンダー」を大破させた

定石通り敵艦隊に対して探照灯を照射したが、これが仇となって敵艦隊から集中砲火を浴びて大破炎上（のち沈没）。しかしその甲斐あって、高練度の二水戦は猛然と反撃し、敵の駆逐艦1隻を撃沈、軽巡3隻を大破せしめた。

さらに8月6日にはベラ湾夜戦が発生した。状況が芳しくないニュージョージア島に増援を送るために第四駆

川内（せんだい）型軽巡洋艦2番艦の「神通」は、第二水雷戦隊旗艦として臨んだコロンバンガラ島沖夜戦で、探照灯を照射して麾下駆逐艦の攻撃を成功に導いたが、自らは集中砲撃を受けて沈んだ。基準排水量5,195トン、主武装は14cm単装砲7基と61cm連装魚雷発射管4基、速力35.25ノット

コロンバンガラ島沖海戦で日本水雷戦隊の魚雷を被雷、艦首が大きく大破した軽巡「セントルイス」。姉妹艦の「ヘレナ」はクラ湾夜戦で戦没している。基準排水量1万トンの大型軽巡で、主兵装は15.2cm三連装砲5基、12.7cm連装高角砲4基、速力32.5ノット

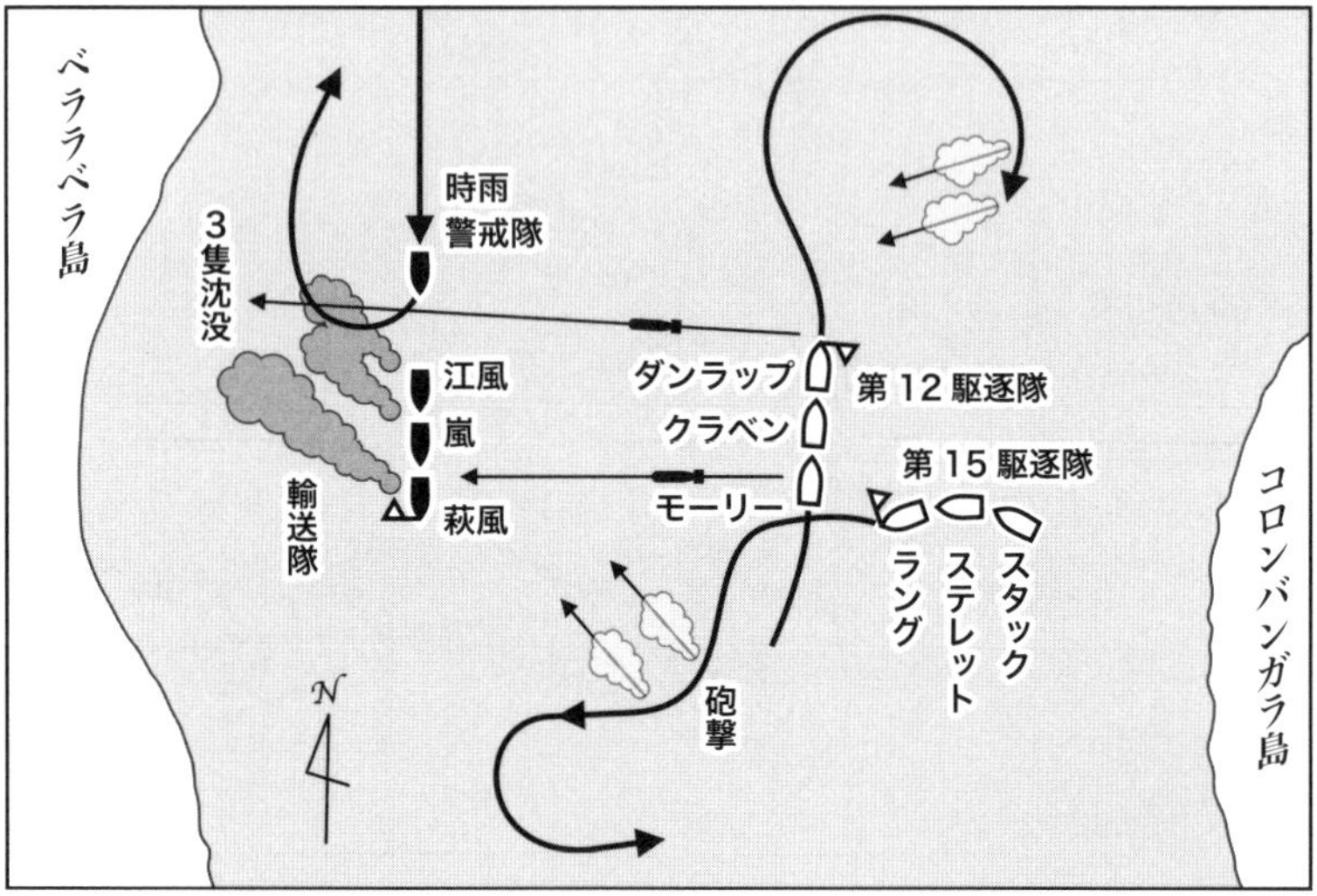

ベラ湾夜戦では、それまで夜戦で苦戦していた米艦隊がレーダーで先手を取り、ほぼ無傷で日本駆逐艦4隻中3隻（「萩風」「嵐」「江風（かわかぜ）」）を撃沈する快勝を収めた

ベラ湾夜戦で米第12駆逐隊を率い、日本駆逐艦隊に6～8本の魚雷を命中させて壊滅させたマハン級駆逐艦「ダンラップ」

逐隊が出撃したが、日本軍の増援隊を警戒していた米海軍の第12駆逐隊および第15駆逐隊に捕捉された。夜戦には絶対の自信を持っていた日本海軍であったが、米軍はレーダーを駆使して雷撃を行い、日本軍はたちまち駆逐艦3隻を沈められてしまった。これにより800名余りの増援部隊もまた失われてしまう。

　日本海軍はもはや、夜戦でも太刀打ちできなくなりつつあったのである。

◆ラエ・サラモアの戦い

　一方、東部ニューギニアでの戦いはどうであったか。

　前節述べたように、日本軍はラエ・サラモア地区に輸送船団を送り出したものの、反跳爆撃の前にあえなく全滅（ダンピールの悲劇）。重装備を失った第五十一師団はほとんど兵員のみという状態で上陸した。また、残りの第二十師団と第四十一師団は空襲を避けるために遥か後方に上陸したため、当面の戦闘には間に合いそうになかった。

　このため、サラモア周辺には実質戦力として1個連隊強しか展開しておらず、またラエにいたっては守備隊程度の戦力しか配置されていなかったのである。

　そして6月30日、米豪軍は万全を期してサラモア地区に対する攻撃を開始した。サラモア南方にあるナッソウ湾に上陸した米豪軍は、ゆっくりと着実に前進する作戦をとった。決して無理をせず、少しでも日本軍の抵抗があれば前進を止め、猛烈な砲爆撃を加える。再び前進して抵抗があれば、また爆撃をするという繰り返しだった。この戦術は、時間はかかるが着実に日本軍の体力を削ったのである。

　さらには日本軍が占領し損ねたワウからも豪軍が進撃を開始し、このままでは日本軍は側面を突かれてしまう恐れがあった。

　第五十一師団の各部隊はこのような状況下でも頑強に抵抗したものの、さすがに9月に入る頃には弾薬も食糧も尽きかけていた。そのうえさらに、遥か後方に新たな敵が現われたのである。

すなわち、ラエの東側を流れるブソ川のさらに東側約40キロほどの海岸に豪軍第9師団が9月4日に上陸を開始し、ラエに向けて進撃を始めたのである。

このとき日本軍はラエにはほとんど戦力を置いていなかったが、それでもブソ川沿いに防衛線を敷き、なんとか持ち堪えていた。

すると今度はラエの西北方向にあるナザブ平原に米第５０３空挺連隊が空挺降下してきたのである。もはやラエは包囲寸前に追い込まれ、さらにサラモアで頑張っていた第五十一師団は退路を断たれつつあった。

この状況に第五十一師団長の中野英光中将は玉砕を覚悟したが、第八方面軍司令官の今村均中将はそれを認めず、第五十一師団に対して撤退を命じた。

そしてこの命令にしたがい、中野師団長は部隊をまとめると退却を行い、陥落寸前のラエに辿りついた。だが、もはや海路による退却は不可能と判断し、敵が存在しない唯一の道であるサラワケット山脈を踏破して後方への撤退を開始した。

こうして、9月半ばにはサラモア、ラエと相次いで陥落したのだった。

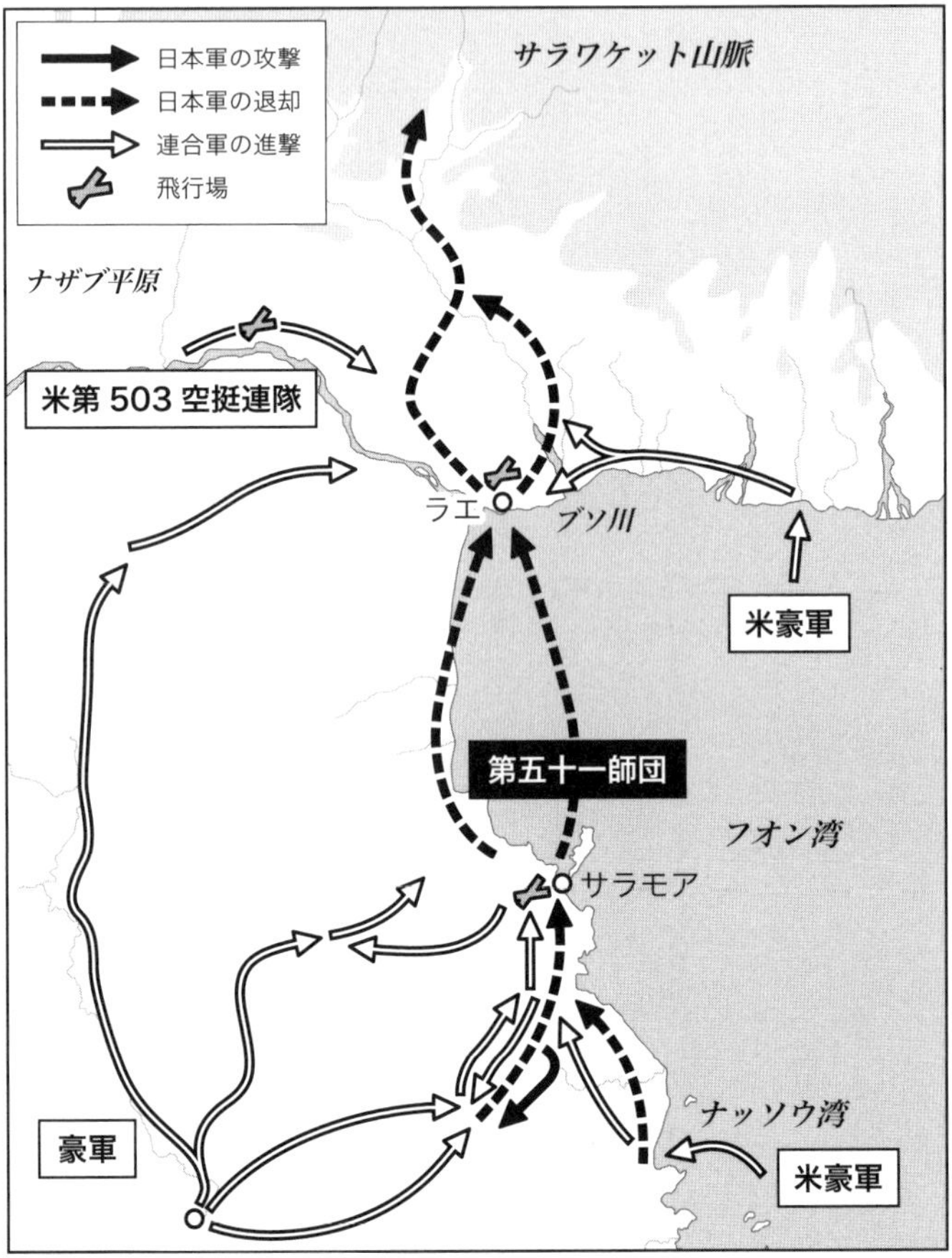

ラエ・サラモアの戦いの戦況図。サラモア地区の第五十一師団は3方向から囲まれたが、海路と陸路でラエに退却。さらに標高4,000m級のサラワケット山脈を越えて北岸のキアリまで撤退した

第4章
クルスク戦車戦とイタリア降伏

1943年8月、シシリー島の戦いにおいて、敵拠点占領のため鉄道上を進むイギリス第8軍の兵士たち

1943年7月に行われたクルスク戦車戦において、村落での戦いの末に撃破されたソ連軍のT-34中戦車

4-1 アッツ・キスカ島の戦い……

◆アッツ島沖海戦

日本軍がアリューシャン方面に進出したのは昭和17年（1942年）6月、「MI作戦」の支作戦として行われた「AL作戦」においてである（140ページ参照）。

元来、大軍の展開は難しいことから日米両軍とも北方は軽視してきたが、それでも日本軍としては米軍進攻に対する予防線的な意味合いと、米ソ遮断という副次的な目的からアリューシャン作戦を実施、キスカ島とアッツ島を占領した。

とはいえ、もともとアリューシャン方面に守備兵力を常駐させる意図はなかった。ところがミッドウェー海戦に敗北したことも絡み、守備兵力をそのまま残すことに決定したのである。

これに対して米軍は8月にキスカ島東方にあるアダック島を占領、ただちに飛行場を設営してアッツ・キスカ両島に対する空襲を開始した。

1943年3月27日（現地時間26日）のアッツ島沖海戦（連合軍側名称：コマンドルスキー諸島沖海戦）で、日本艦隊からの砲弾を被弾して一時行動不能に陥った重巡「ソルトレイクシティ」（ペンサコーラ級）。駆逐艦隊が張った煙幕に包まれている。基準排水量9,100トン、主武装は20.3cm連装砲2基と同三連装砲3基（10門）、速力32.5ノット

アッツ島沖海戦で、戦力では米艦隊を上回りながら決定的な勝利を収められなかった第五艦隊の旗艦「那智」（妙高型重巡2番艦）。写真は1928年（昭和3年）の竣工時の姿

このような米軍の動きに、大本営においてアリューシャンからの撤退も検討されたが（事実、アッツ島からは一時的に撤退している）、結局はさらに戦力を増強して守りを固めることにした。

こうした情勢下、日本軍は本格的な輸送作戦を計画し

た。昭和18年（1943年）3月10日、第一次輸送船団は無事にアッツ島に入港して作戦は成功した。そして続く22日に第二次輸送船団は幌筵を出発し、細萱《ほそがや》戊子朗《ぼしろう》中将が指揮する第五艦隊がその護衛にあたった。

一方、米軍も日本軍が再び輸送作戦を実施することを警戒して軽巡「リッチモンド」（旗艦）、重巡「ソルトレイクシティ」と駆逐艦4隻からなる部隊を派遣した。

こうして3月27日に日米両軍は相まみえてアッツ島沖海戦が勃発した。もっとも、両艦隊の速度はほとんど同じということもあり、戦闘は遠距離砲戦に終始して互いに決定打を与えることはできなかった。ただし米軍は「ソルトレイクシティ」が被弾により一時的に

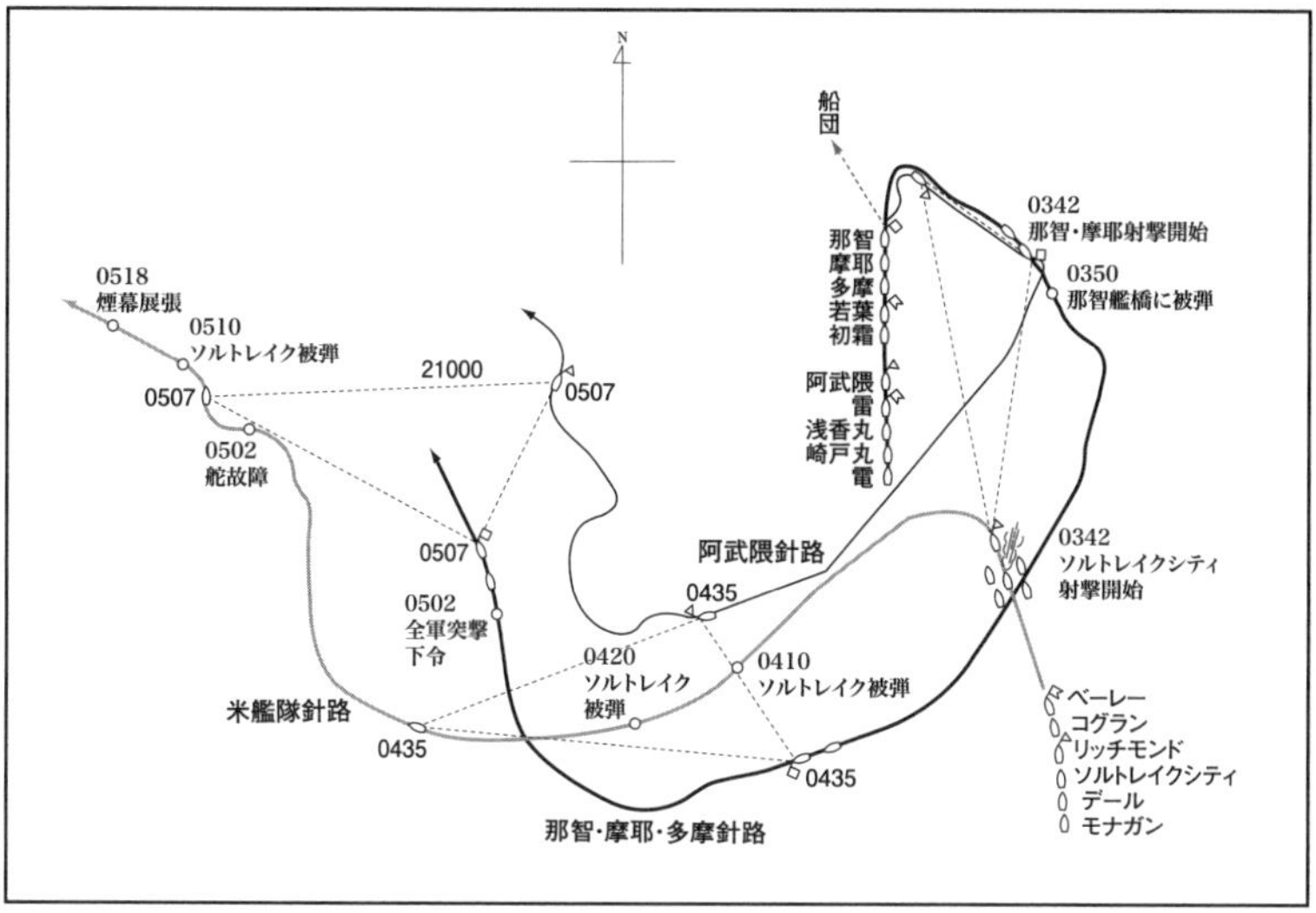

昭和18年3月27日、重巡「那智」「摩耶」を含む日本艦隊（重巡2、軽巡2、駆逐艦5）はアッツ島沖で重巡「ソルトレイクシティ」などの米艦隊（重巡1、軽巡1、駆逐艦4）と遭遇、砲戦を展開した。「那智」は海戦初期に艦橋に命中弾を受けて方位盤射撃が不可能となったものの、米艦隊に追いすがり、「ソルトレイクシティ」に命中弾を与えている

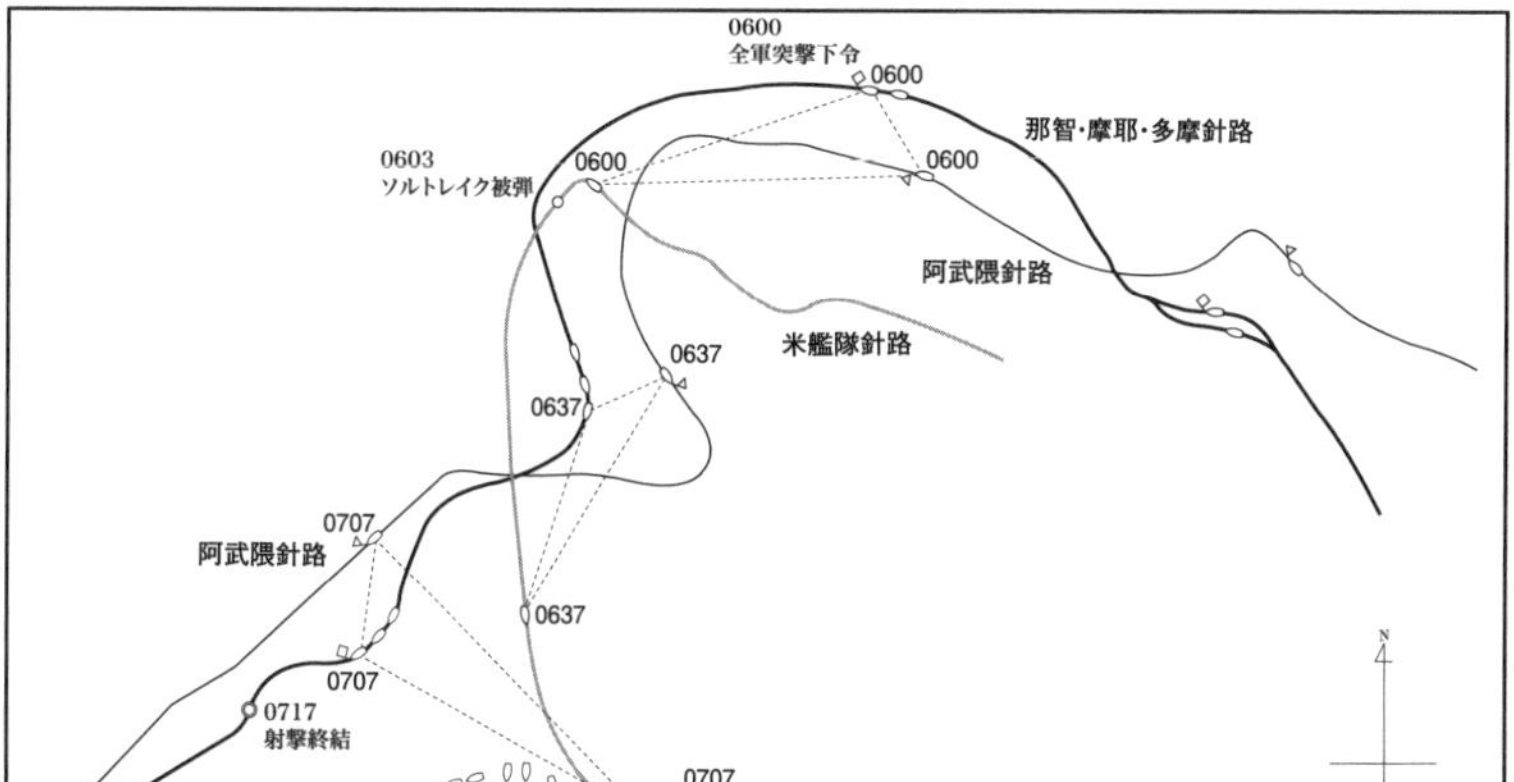

「ソルトレイクシティ」は日本艦隊の攻撃により機関を損傷、一時航行不能となるも復旧し、南方へ向けて逃走した。日本側はこれを追ったが、米軍機の攻撃が懸念されたことから砲撃を中止し、避退している。太平洋戦争の海戦で二度目の昼間砲戦は、スラバヤ沖に続いて不徹底な内容となった

航行不能に陥ったのだが、日本軍はこの好機を生かすことができなかった。結果、両軍とも損害は軽微に終わったが、日本軍の輸送作戦は失敗。戦闘後に細萱中将は更迭《こうてつ》されている。

◆アッツ守備隊の玉砕

こうしてまたもや日本軍は補給の維持に汲々とすることになるのだが、そんなさなかの4月18日、北海守備隊第二地区隊長として山崎保代大佐が着任した。ちなみに第一地区はキスカ島である。

山崎大佐は着任するや現地を視察して周り、防衛計画を練り直した。そして水際撃滅を放棄して、米軍を内陸部に引き寄せてから徹底的に叩く方針に改めた。アッツ島は山がちの地形であり、これを利用して陣地を構築したのである。

一方、米軍はそんな日本の事情などお構いなしにアリューシャン列島に対する圧力を強めていった。なんといってもアリューシャンは太平洋の島々と異なり、あくまで米国領である。

こうして1月に北太平洋方面軍司令官に就任したトーマス・キンケイド少将はアッツ・キスカ両島の奪回作戦の準備を始め、5月12日にアッツ島に対する上陸作戦を決行した。

日本軍は1942年6月、アリューシャン列島の米領アッツ島とキスカ島を占領していた。写真はキスカ島に上陸した日本陸軍の将兵

米軍のこの上陸は、日本軍守備隊にとって寝耳に水で

あった。もっとも水際撃滅を放棄していたこともあり、防衛作戦そのものに大きな影響はなかった。

米軍の上陸部隊は大きく二手に分かれ、南上陸部隊はマサッカル湾、北上陸部隊はホルツ湾方面から上陸した。なお北上陸部隊はさらにレッド・ビーチとスカーレット・ビーチの2カ所に分かれて上陸している。

これに対して日本軍守備隊は指揮所をチチャゴフ湾近くの狭小な平野部においていた。つまり、米軍は日本軍を挟み込むように両翼から上陸して圧迫していこうという作戦であった。

米軍の上陸をほぼ無血で許したものの、当初の混乱から立ち直ると日本軍はかねてからの計画通り、山稜に籠もって徹底的に抵抗した。そして3日で攻略を終えるはずだった米軍の計画は大幅に狂うことになった。

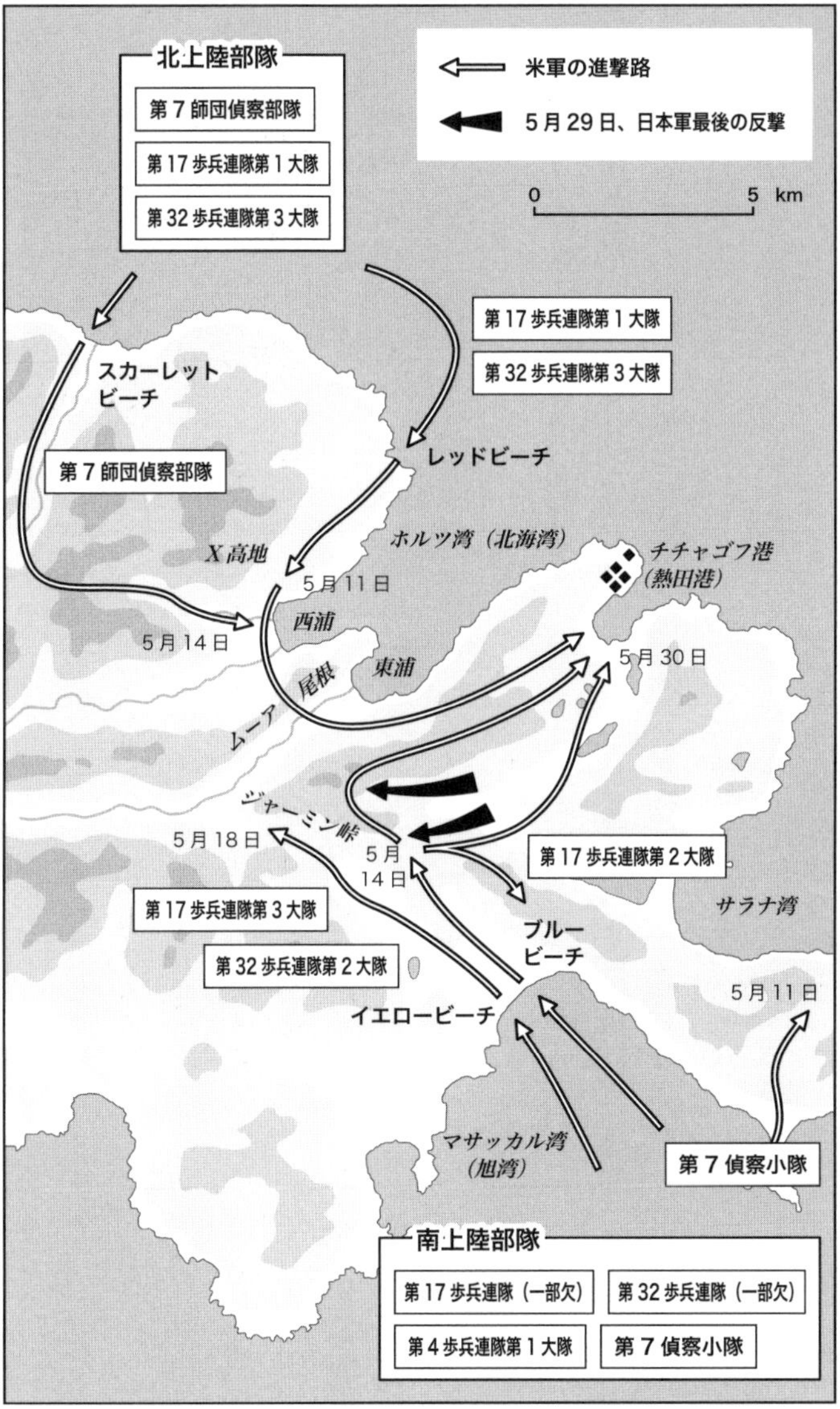

アッツ島の戦いの戦況図。5月12日に米軍は約15,000名の兵力でアッツ島に上陸。日本軍は山がちな地形を利用してよく米軍に抵抗したが、衆寡敵せず、5月29日に玉砕した

もともと米軍も北方のサイドショーに割ける兵力は少なく、投入できたのは第7師団の約1万5000名であった。日本軍守備隊2650名に比べれば5倍以上の戦力だが、それでも米軍は攻めあぐねた。

しかも上陸2日目には第17歩兵連隊長のアール大佐が戦死する事態も発生。さらに増援の要請を繰り返し行ったアルバート・ブラウン少将は上陸5日目に更迭されてしまう。

そして新たに新師団長となったユージン・ランドラム少将は、骨は折れるが着実な攻撃を開始した。すなわち、山稜部にある日本軍の陣地を一つずつ確実に潰していくことにしたのである。

アッツ島の戦いにおいて、塹壕に配置した迫撃砲で高地の日本兵を攻撃するアメリカ兵

こうなると戦力差はいかんともしがたく、日本軍守備隊はじりじりと後退を重ねていくしかなかった。

そして日本軍は29日までにチチャゴフ湾付近に押し込まれていた。山崎大佐はもはやこれまでと覚悟を決め、残存兵力約300名を司令部に集めると、これを3梯団に分けた。そして時間差で出撃し、敵司令部めがけて突撃を敢行したのである。

これより先、21日に大本営はアリューシャンからの撤退を決意しているが、すでにアッツ島の守備隊を救出する手立てはなかった。

こうして日本軍守備隊は最後の突撃を行い、米軍に一矢報いて玉砕した。当時、「玉砕」が報じられたのはこのアッツ島の戦いが初めてであった。

◆キスカ、奇跡の撤退

米軍によってアッツ島守備隊が全滅させられたことにより、残るキスカ島守備隊をどうやって撤収させるかが焦眉の急であった。

山本長官の後任として連合艦隊司令長官となった古賀峯一大将は、第五艦隊に対して守備隊の撤収を命じた。しかしすでにアリューシャン方面は米軍の制空制海権下にあり、第五艦隊の戦力で正面切って撤退作戦を実行するのは困難であった。

そのため潜水艦による撤収作戦を実施したものの、損害が増大したために900名足らずを救出したところで作戦を打ち切った。

そこで白羽の矢を立てられたのが、第二水雷戦隊を率いる木村昌福《まさとみ》少将である。昭和18年7月7日、幌筵を出撃した二水戦だったが、生憎《あいにく》好天が続いたために木村提督はキスカ島への突入を断念して帰還した。この作戦中止に対して海軍部内では木村提督に非難囂々《ごうごう》だったが、本人はまったく意に介さなかった。

そして7月22日、二水戦は再び出撃。しかしまたもや天候に恵まれずキスカ島の手前で無為に時間を費やした。

ところが28日になって霧が出始めたために木村提督は突入を決意し、29日朝にキスカ島に到着した。ただちに撤

見事なカイゼル髭から「ヒゲのショーフク」と呼ばれた日本海軍の木村昌福少将。キスカ島からの陸軍部隊の撤退をほぼ無傷で成功させた

キスカ撤退作戦時に木村少将が座乗していた第一水雷戦隊旗艦の「阿武隈」(長良型軽巡)

収を開始して約5000名を収容すると、8月1日に幌筵に帰還した。

　まさに奇跡的な成功であったが、それも木村提督の冷静な状況判断と、揺るぎない信念あってのことであった。

◆包囲下のレニングラード

　スターリングラードのドイツ第6軍が包囲され、最終的に降伏に追いやられた一方で、遙か北方のレニングラードでは未だドイツ軍による包囲が続けられていた。

　レニングラードは独ソ戦初年の1941年11月に他地域と分断され、ドイツ軍によって包囲された。これによりレニングラード市民は900日に及ぶ耐乏生活を強いられ、爆撃や銃撃の他、飢餓によって多数の犠牲者を出すことになった。

　無論ソ連側も手をこまねいていたわけではなく、レニングラード東方のラドガ湖を経由する補給ルートを開設するなどしたものの、所詮は焼け石に水であった。

　根本的にこの危機的状況を脱するには、なんとかして陸上の経路を開くしかない。そのため、ソ連軍は1942年8月に攻勢に出た。これはレニングラード方面軍

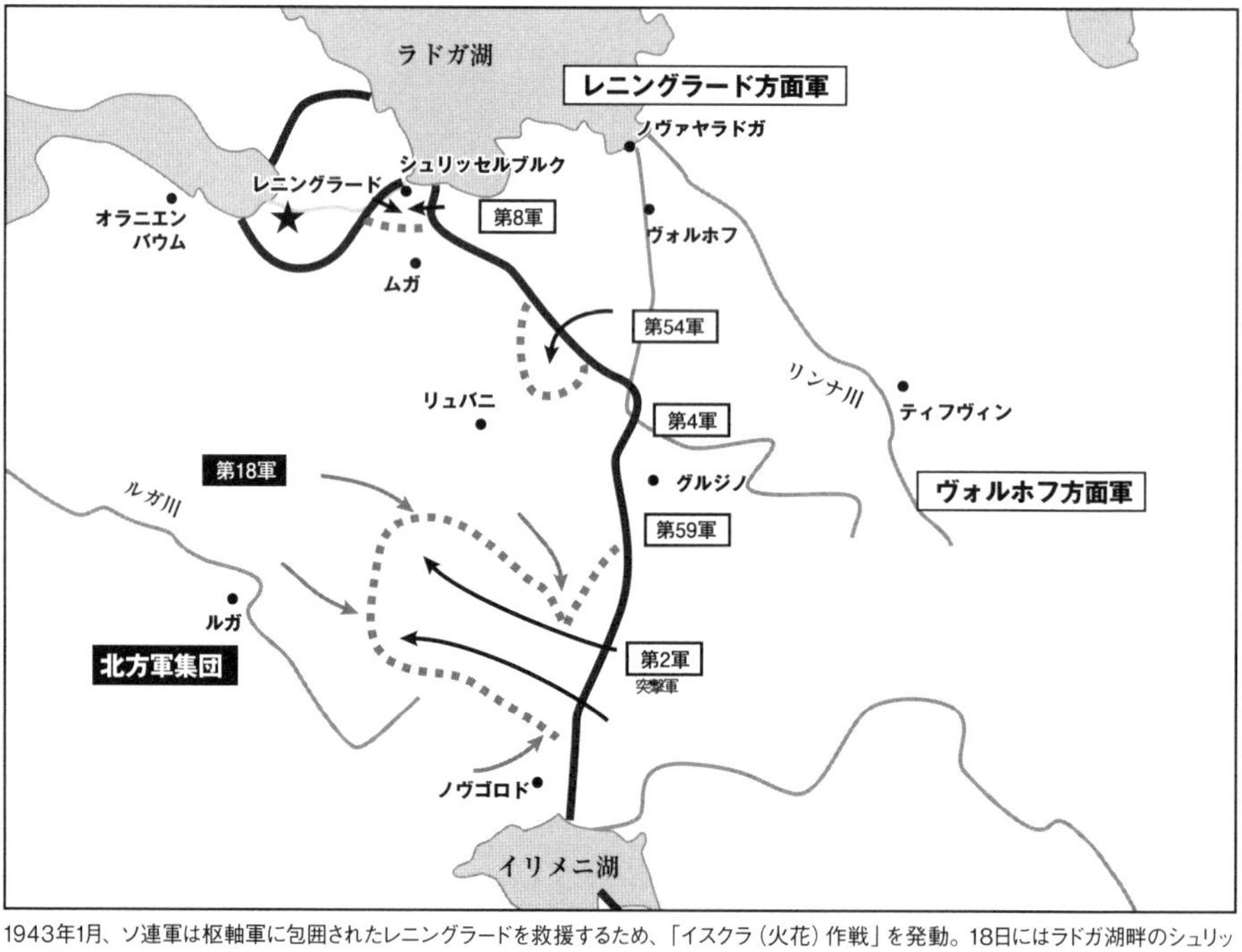

1943年1月、ソ連軍は枢軸軍に包囲されたレニングラードを救援するため、「イスクラ（火花）作戦」を発動。18日にはラドガ湖畔のシュリッセルブルクを占領し、連絡路を確保した

と東方のヴォルホフ方面軍が、ラドガ湖の回廊を占拠しているドイツ軍を挟撃するという作戦であった。また同時に、レニングラード西方で包囲されていたオラニエンバウムに対する解囲作戦も実行されることになった。

1942年12月10日、ドイツ空軍の爆撃で破壊された家を後にするレニングラードの住民たち

つまりレニングラード方面軍は同時に、東西二正面の作戦を実施することにしたのである。

しかしこの作戦はどちらも失敗に終わった。作戦は8月19日から9月末まで行われたものの、ドイツ軍も新たな作戦のための準備をちょうど進めていたこともあり、ことごとく阻止されたのだった。

しかしソ連軍は１９４３年1月、再び攻勢を開始した。この時期はまさに遥か南方のスターリングラードで激戦が展開されており、ドイツ軍としてはそちらのほうに注力せざるを得ない事情もあった。

ソ連軍の作戦は前回同様、レニングラード方面軍とヴォルホフ方面軍による挟撃作戦であった。今度は作戦が成功し、1月18日にはラドガ湖沿岸部を占領して連絡路を確保したのである。

とはいえ、この細長く狭い占領地、俗に「死の回廊」と呼ばれる地域は、ドイツ軍の火制下にあった。そのためドイツ軍による砲撃に晒されながらもソ連軍はこの回廊に鉄道線を建設し、少なくない損害を被りながらも補給物資をレニングラードに運び込むことに成功したのである。

これは、戦争全体から見れば小さな勝利に過ぎなかった。しかし包囲による飢餓に苦しんでいたレニングラード市民にとっては、大きな希望の光だった。

そしてレニングラードの戦いは、これからなお1年あまり続いていくことになるのである。

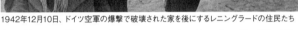

4-2 ヴォロネジ・ハリコフ攻勢

◆撤退相次ぐドイツ軍

1942年12月16日より開始されたソ連軍の「小土星作戦」により、スターリングラードの第6軍を救出する望みは絶たれた。そして1943年1月31日に第6軍は投降し、同地を巡る死闘に幕が下ろされた。

だがソ連軍によるこの反攻作戦は用意周到なもので、スターリングラード周辺のみならず、東部戦線全域に及ぶものであった。

1943年1月のレニングラード周辺での戦い以外にソ連軍は北部でも反攻作戦を実施し、デミヤンスクのドイツ軍第2軍団は1942年11月末よりソ連軍3個軍（第11軍、第27軍、第1打撃軍）の猛攻を受けていた。デミヤンスクは前年のソ連軍の冬期反攻時に包囲下におかれながらも耐えきった要地である。

しかし今回の攻撃は激しく、またスターリングラードでの判断ミスが影響を与えたのか、さしものヒトラーも1月31日に撤退作戦を許可した。そして2月15日から始まったソ連軍の攻撃にあわせ、17日に「除去作戦」を発動。ソ連軍の執拗な追撃を振り切り、第2軍団は辛うじて撤退を完了した。

このソ連軍による冬期反攻はヴェルキエ・ルキやルジェフにもおよんだ。ヴェルキエ・ルキも前年の冬期反攻を耐えた要所であった。しかしドイツ軍の守備隊は実質的にわずか1個連隊に過ぎず、それに対してソ連軍は第3打撃軍の3個師団を差し向けた。激しい砲撃とソ連軍の猛攻の前に守備隊は耐えていたが、ついにドイツ軍の増援部隊は間に合わず、1月16日に守備隊は撤退した。

ソ連から見たとき、このヴェルキエ・ルキは突出部の先端にあたり、その根本にあったのがデミヤンスクとルジェフであった。

そのルジェフ突出部にはドイツ第9軍と第4軍の一部、合わせて25個師団が守りについていた。これに対してソ連軍は西方正面軍とカリーニン正面軍合わせて70万名にもおよぶ戦力をぶつけてきた。

しかしここでもヒトラーは撤退を認め、3月1日より「水牛作戦」が開始された。ドイツ軍は退却にあたって交通網を徹底的に破壊し、また各所に地雷を仕掛け、さらに周到な欺瞞工作を行うなどして粛々と撤退した。

これに対してソ連軍は戦果拡大を焦るあまりに不用意

に突進して損害を被り、その間にドイツ軍は大した損害も被らずに撤退作戦を完了。300キロにおよぶ戦線縮小に成功し、それに伴い22個師団に及ぶ予備部隊を創出することができた。

ソ連軍は確かに土地を奪い返しはしたが、肝心の野戦軍の撃滅には失敗したのである。

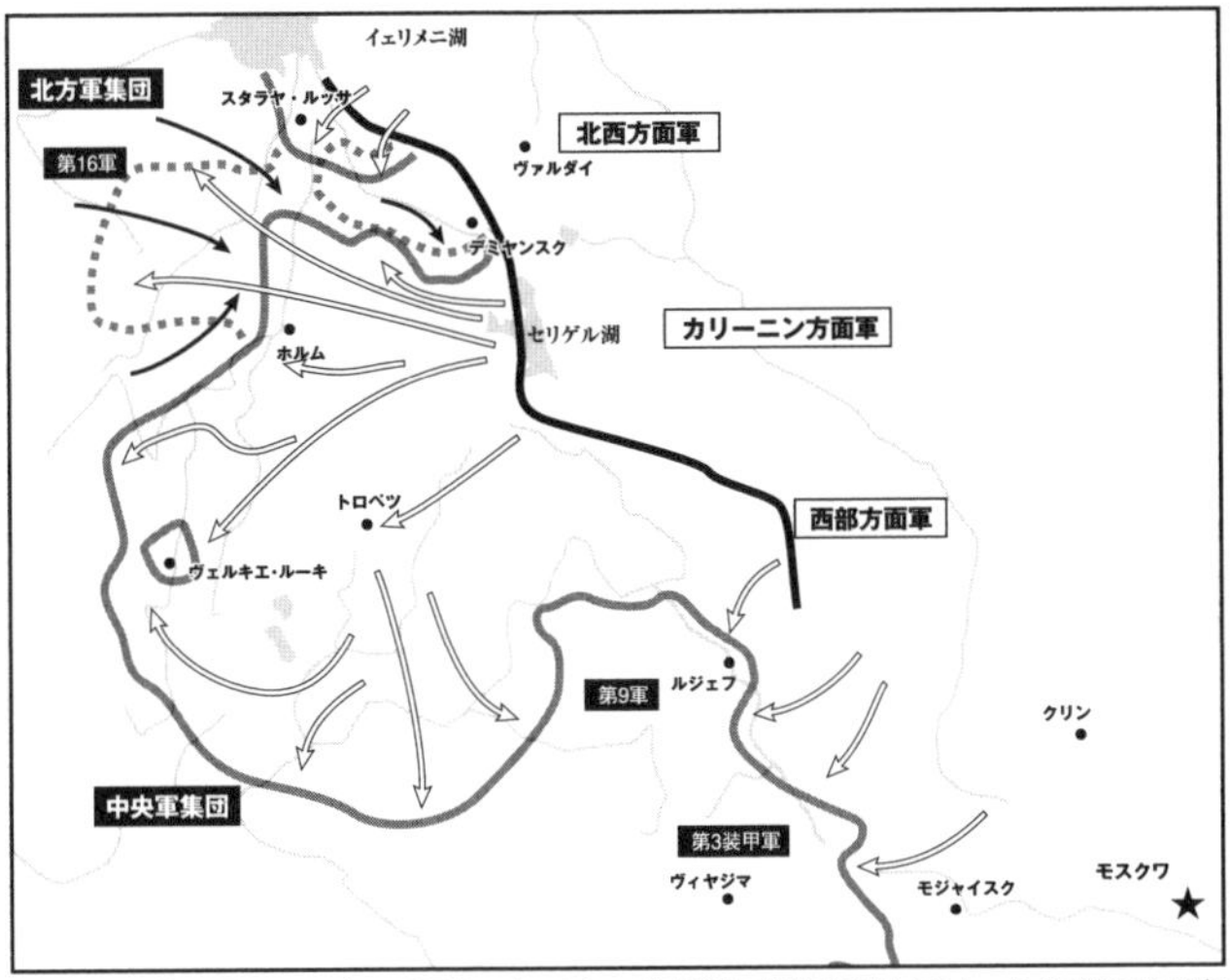

ソ連軍2個方面軍は1942年11月下旬からルジェフ突出部に攻撃を開始するも、ドイツ第9軍が守り切った。反対側のデミヤンスクにも攻撃を加えたが、ドイツ軍は1943年2月、脱出に成功した。また2月、ルジェフ突出部への攻撃が再開されたが、ルジェフやヴェルキエ・ルキからドイツ軍は少ない損害で撤退（「水牛作戦」）。ドイツ軍は戦線を整理することができた

1942年末、自らの寄付で生産されたKV-1S重戦車を乗組員たちに引き渡す、ソビエトのコルホーズ（集団農場）の農民たち。KV-1Sは45トンだったKV-1を42トンまで軽量化して駆動系も改良し、速力が35㎞ /hから42㎞ /hに向上した。だが装甲が90mmから82mmに薄くなり、主砲も76.2mm砲とT-34と変わらなかったため、中戦車のT-34と大して変わらない戦車になってしまった

そして南方では、さらに大きな失敗を犯すことになる。

◆ロストフの戦い

1942年の冬期に行われた一連のソ連軍による大反攻の最終目的は、かなり大胆なものだったといえる。一言でいうならそれは、南方のドイツ軍をまるごと包囲して一挙に殲滅しようというものであった。

そのための鍵となるのがロストフである。

1942年の夏期攻勢、いわゆる「青作戦《ブラウ》」によって、ドイツ軍はコーカサスの奥地にまで進撃していた。しかし今やそれが仇となり、A軍集団はまるごと包囲の危機にさらされていた。

ソ連軍は南部方面軍（スターリングラード方面軍から改称）および

南西方面軍によりマンシュタイン元帥のドン軍集団に圧迫をかけ、ロストフ占領を目指した。もしこれが成功したら、A軍集団は撤退の出口を失い、包囲殲滅される運命にある。そしてこの大作戦を成功させるために、ドン軍集団の左翼（北部）にあるB軍集団に対してもゴリコフ大将率いるヴォロネジ方面軍の第40軍、第3戦車軍、第6軍が攻勢をかけてイタリア第8軍を壊滅させ、ハンガリー第2軍を包囲。さらにドイツ第2軍に対しても第13軍、第38軍、第60軍、第40軍が攻撃してカストルノエ周辺で2個軍を包囲した。

　この一連のソ連軍の攻撃でB軍集団は大損害を被り、戦線は崩壊の危機に瀕した。

　ソ連軍の進撃は速く、このままでは包囲される恐れもあるため、クライスト将軍率いるA軍集団の第1装甲軍はロストフ方面への撤退を急ぎ、また第17軍はクバン河下流域のタマン半島を目指した。対岸はケルチであり、海路による連絡が可能である。また、ここを維持することは将来の再攻のための橋頭堡の意味もあった。

　第1装甲軍の脱出は、まさに間一髪だったといえる。マンシュタインは同軍の撤退まではロストフを保持するため、第57装甲軍団を派遣。さらに第503重戦車大隊まで

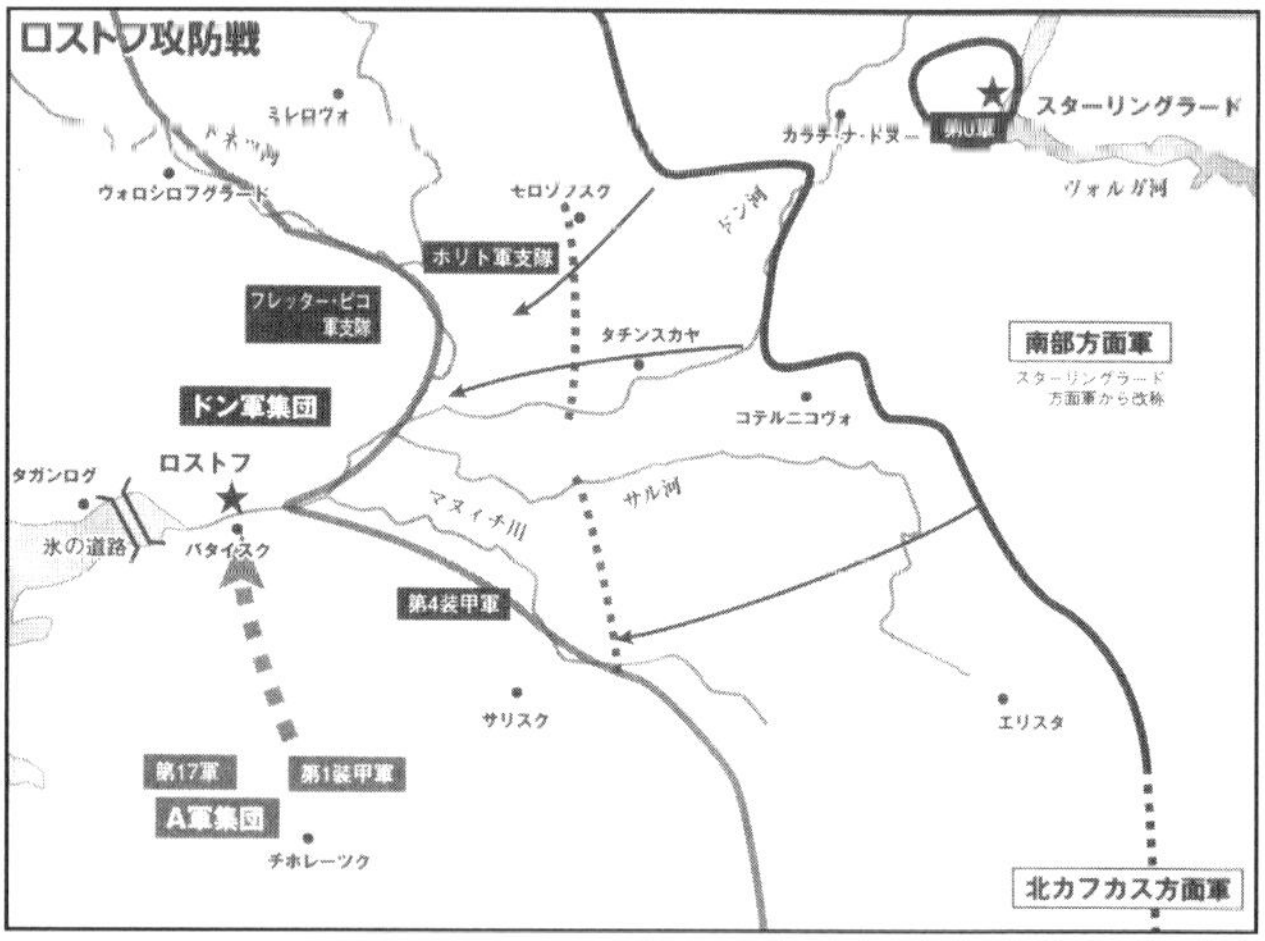

「小土星作戦」でスターリングラードを包囲したソ連軍は、そのままドイツ軍と同盟軍を次々に撃破し、ドイツA軍集団の包囲殲滅を狙ってロストフを目指した

1943年1月、第1装甲軍の脱出を支援するため、ロストフ近くに展開した第503重戦車大隊のティーガーI

送り込んで火消しに当たらせた。

その甲斐あって第1装甲軍は1943年2月6日に最後の部隊がドン河を越え、撤退を完了した。こうして、ドイツ軍を包囲殲滅するというソ連軍の野望はまたしても空振りに終わった。

しかしここまでの戦いでドイツ軍は相当の痛手を被っており、戦線整理も含めて組織の改編に着手した。そしてドン軍集団とA軍集団を改編して南方軍集団とし、その指揮は引き続きマンシュタインが執ることになった。

また、大打撃を受けたB軍集団は解体され、第2軍は中央軍集団の配属となり、ランツ軍支隊は南方軍集団に組み入れられることになった。

一方、ドイツ軍の撃滅に2度失敗したとはいえ、ソ連軍は未だ攻勢の手を緩める気はなかった。

ソ連南西方面軍隷下の第6軍、第1親衛軍および戦車4個軍団からなるポポフ機動集団は1月29日に「早駆け（スカチョク）作戦」を開始。資源地帯であるドンバス地方を奪還するためにドニエプル河を目指して進撃を開始した。

さらに2月2日にはヴォロネジ方面軍が「星（ズヴェズダ）作戦」を開始。第60軍、第40軍、第3戦車軍がハリコフとクルスクの奪還に向けて動き出したのである。

◆後手からの一撃

ドイツ軍の戦線は再び崩壊の危機に瀕していた。実際、前線では連日のように師団規模の部隊が壊滅したり、大損害を被っていた。

理由は簡単である。

ソ連軍の大戦力の前に、ドイツ軍が前線に配置した戦力は過小であり、薄い戦線はあっという間に破られて各個に包囲されたからだ。

マンシュタインはこの事態を正確に見抜き、ある決心を固めていた。すなわち最前線での無駄な抵抗をやめ、戦線を一気に後退させて再編を行う。当然

エーリッヒ・フォン・マンシュタイン元帥はドイツ陸軍最高の頭脳と呼ばれ、第二次世界大戦でも最も優れた将帥の一人とされる。写真は1941年6月21日、バルバロッサ作戦前を前にしてエーリヒ・ブランデンベルガー少将（左）と相談する、大将時の マンシュタイン

ソ連軍は明け渡した土地を奪還するために進撃してくるだろうが、その代わりに時間を手に入れるのである。

いわば土地と時間のトレードオフであり、これはまさにドイツ軍の「青作戦」に対してソ連軍がおこなったことである。

ハリコフ市街で交戦するSS装甲擲弾兵とⅣ号戦車長砲身

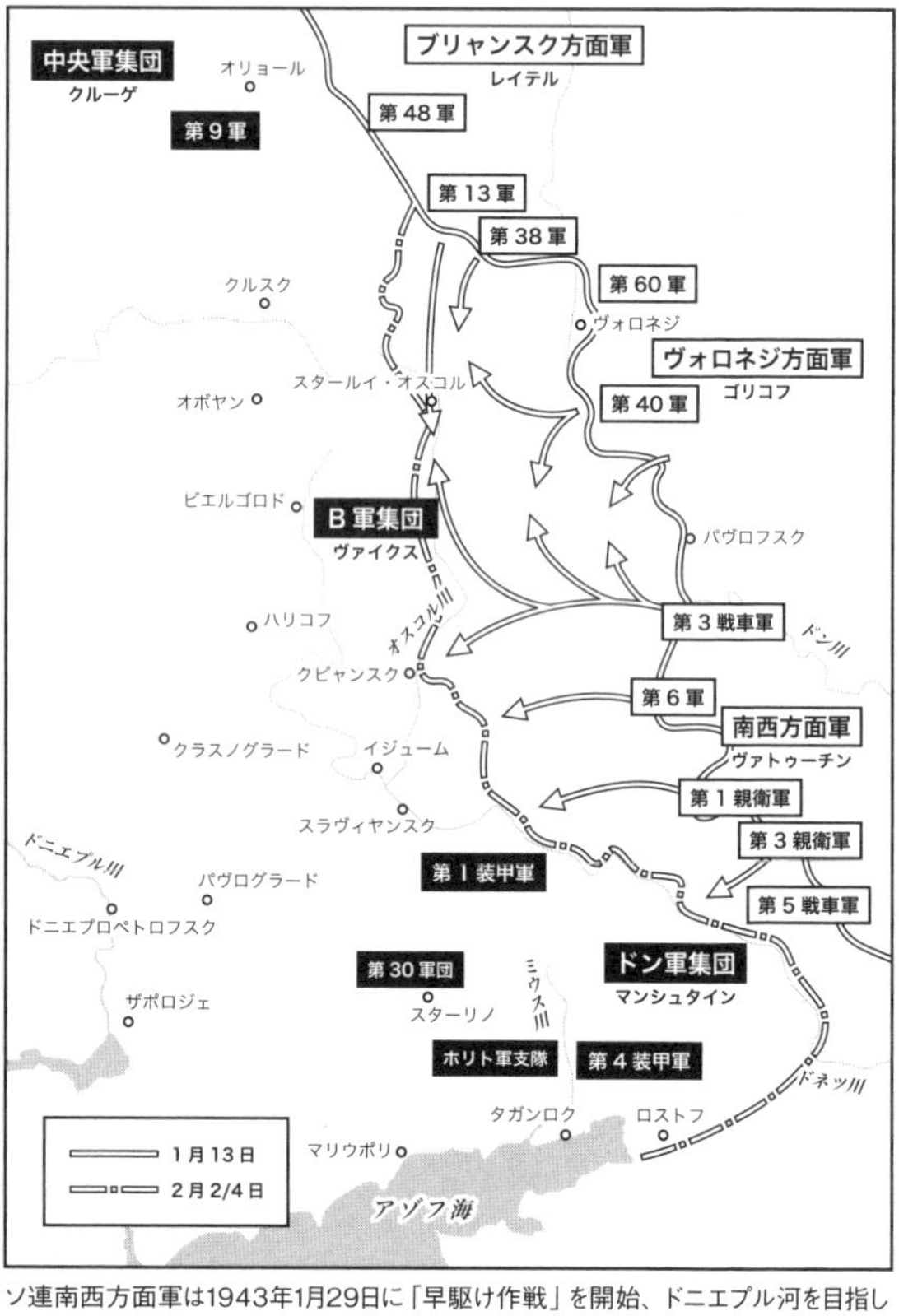

ソ連南西方面軍は1943年1月29日に「早駆け作戦」を開始、ドニエプル河を目指した。さらに2月2日にはハリコフの奪還を目指して「星作戦」が開始された。だがドイツ軍の巧妙な遅滞戦闘を受け、進攻スケジュールは遅れがちとなった

そして、たしかに多くの土地は失うが、いずれソ連軍は攻勢限界を迎える。補給線が伸びきり、兵の疲労の蓄積が最大になったところで一気に反撃に出る。

のちに「バックハンドブロー（後手からの一撃）」と呼ばれることになる、マンシュタインによる華麗な機動防御である。

だが、この作戦を実行するに当たっては一つ大きな障害があった。誰あろう、ヒトラーその人である。

スターリングラードにおける死守命令もそうだったが、ヒトラーはとにかく土地の喪失をなにより忌避する。これはもはや、理性ではなく感情の問題と言っていいだろう。

しかしそれ故に、時として有利に働くこともある。スターリングラードでの大敗がよほど堪《こた》えたのか、ヒトラーはマンシュタインのこの作戦に同意した。もちろん承諾を得るまで粘り強く説得に当たる必要はあったが、とにかく「一時的」な撤退の同意を得ることにマンシュタインは成功したのである。

2月15日、ソ連軍はハリコフ市街への攻撃を開始。すでに2月11日にヒトラーはハリコフの死守命令を発していたが、同市の防衛に当たっていたSS装甲軍団を率いるハウサーSS大将は独断で撤退した。

これを知ったヒトラーは怒り、ただちに奪還作戦を行うように命令したが、マンシュタインは再び粘り強く説得した。すでにこの時、マンシュタインはソ連軍の補給が限界に近づきつつあることを知っていたためである。

こうしていよいよ、機動反撃を行うための状況は整ったのだった。

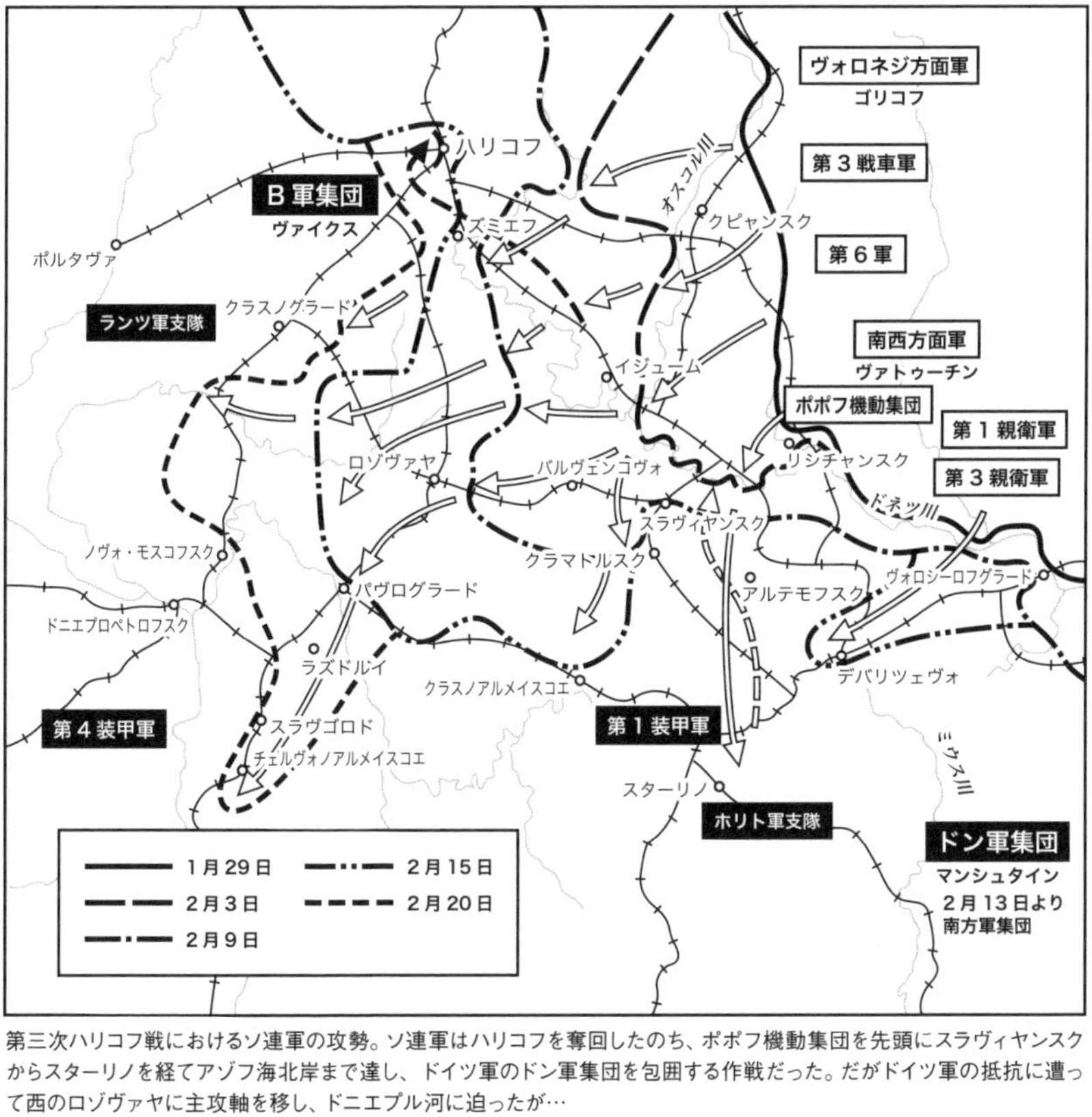

第三次ハリコフ戦におけるソ連軍の攻勢。ソ連軍はハリコフを奪回したのち、ポポフ機動集団を先頭にスラヴィヤンスクからスターリノを経てアゾフ海北岸まで達し、ドイツ軍のドン軍集団を包囲する作戦だった。だがドイツ軍の抵抗に遭って西のロゾヴァヤに主攻軸を移し、ドニエプル河に迫ったが…

4-3 第三次ハリコフ戦の決着とクルスク北部戦区

◆ハリコフ奪還

マンシュタインは反撃の矛先となる装甲部隊を密かに配置につかせると、1943年2月20日、ついに作戦を開始した。

先にハリコフから独断撤退したSS装甲軍団がクラスノグラードにおいてソ連第6軍を攻撃してこれを包囲撃滅。そして燃料切れによって動きの取れなくなっていたポポフ機動集団に対して第40装甲軍団が迂回機動によって側面から攻撃を仕掛け、これを壊滅させた。

さらに第48装甲軍団はこの両軍団の中間からソ連軍の正面より攻撃。3方向から猛攻を受けた南西正面軍は完全に打ちのめされてしまった。

マンシュタインはさらにSS装甲軍団と第48装甲軍団に対して北上を命じ、ヴォロネジ方面軍にも襲いかかった。

そして3月8日からハリコフを巡る死闘が開始された。SS装甲軍団が北部に回り込んで連絡線を断ち切る一方、第48装甲軍団は南方向からハリコフに圧迫をかけ、1週間

1943年3月、第三次ハリコフ戦の終盤において、市街の掃討戦を行うⅣ号戦車と装甲擲弾兵。擲弾兵は吸着地雷を手にしている

第三次ハリコフ戦において、Ⅲ号突撃砲に跨乗して進撃する第2SS装甲師団「ダス・ライヒ」の将兵たち

に及ぶ戦闘の末、ついにハリコフを奪還したのである。

しかしその一方で、2月22日より開始されたブリヤンスク方面軍の攻勢により、同方面のドイツ軍はジリジリと後退を続けていた。だがブリヤンスク方面軍の前進も、春の泥濘によってやがて終わりを告げる。

こうして一連のソ連軍による大攻勢によってドイツ軍は大幅に後退を余儀なくされたが、南部では巧みな機動反撃によってその一部を奪還した。そしてクルスクを中心

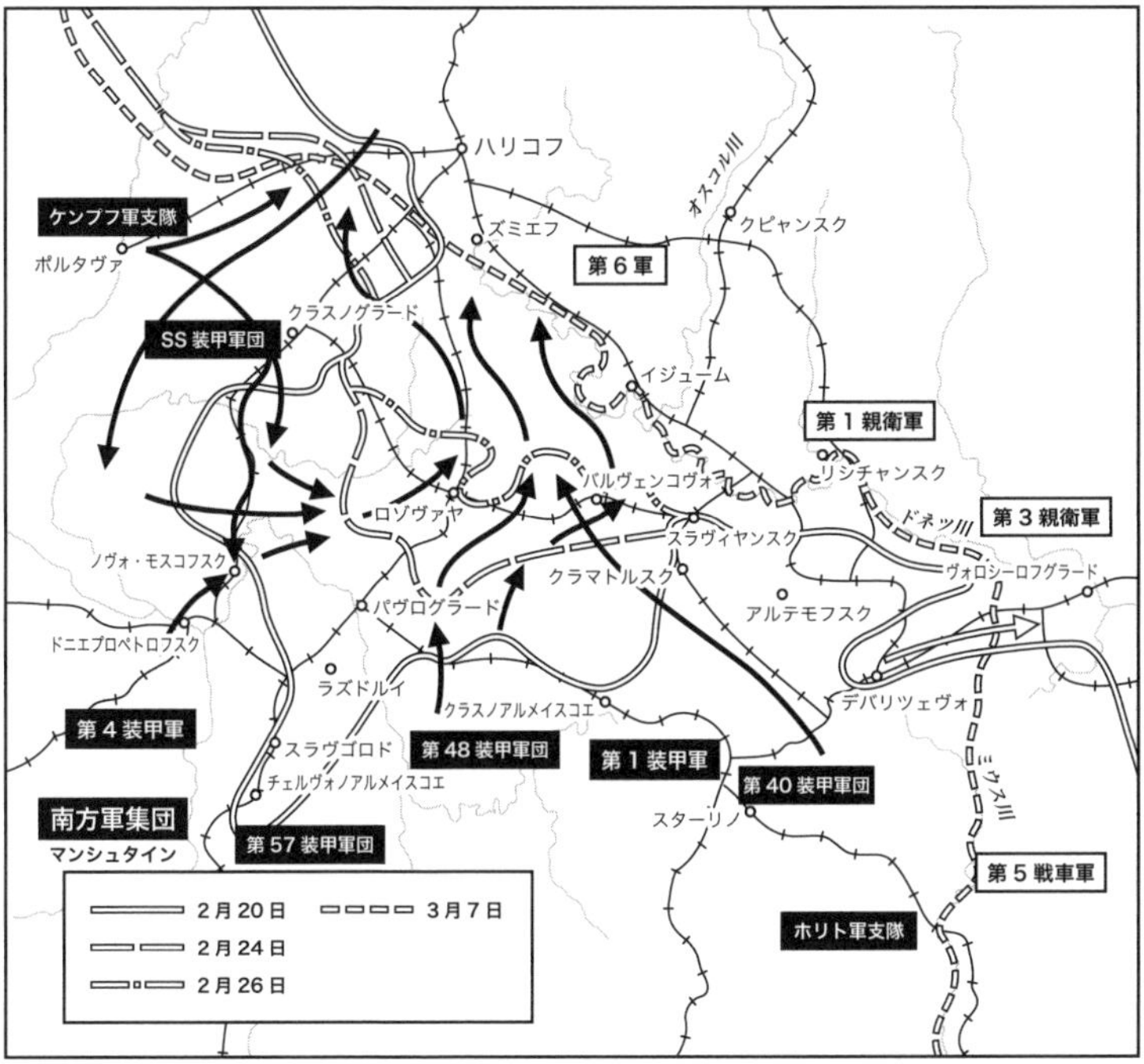

機動反撃に移ったドイツ軍のSS装甲軍団はクラスノグラードにおいてソ連第6軍を撃滅、さらに第40装甲軍団がソ連軍の側面から、第48装甲軍団が正面から攻撃をかけ、補給線の伸び切ったソ連軍を一気に撃滅した

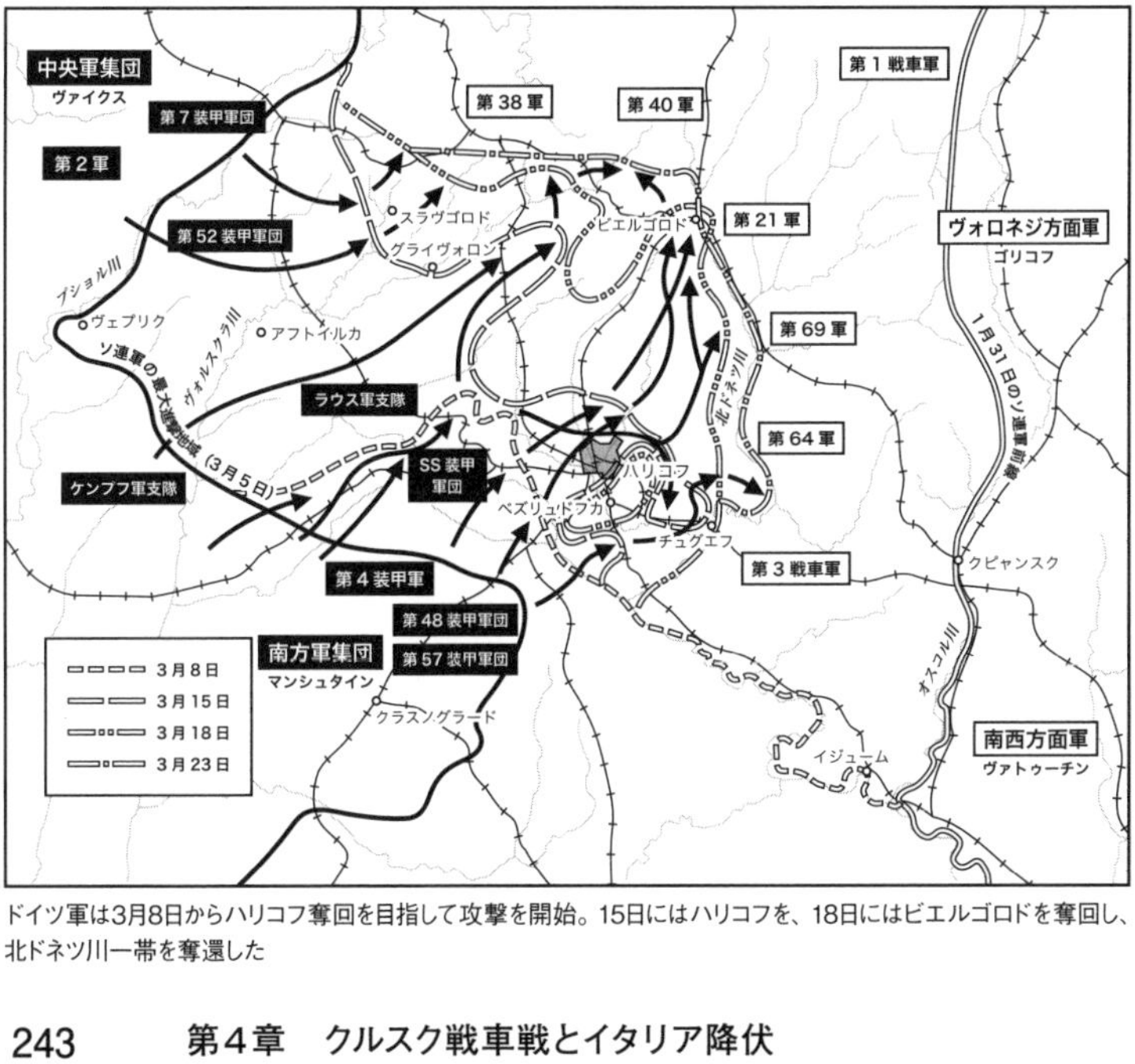

ドイツ軍は3月8日からハリコフ奪回を目指して攻撃を開始。15日にはハリコフを、18日にはビエルゴロドを奪回し、北ドネツ川一帯を奪還した

とする、巨大な突出部が出来上がったのである。

◆攻勢の狭間で

1943年の春の雪解けからの約3カ月、東部戦線は不思議な静寂に包まれていた。

戦争が終わったわけではないし、各所で小競り合いはあったが、戦線が動くような大規模な攻勢を独ソ両陣営ともに行わなかったためだ。

無論、これには理由がある。

ドイツ軍はスターリングラード戦以降の敗退による戦力減少が著しく、その立て直しが必要であった。その一方で、来たるべき攻勢に備えた準備も開始していた。

対するソ連軍も、勢いに任せた攻勢で限界点を見誤り、ドイツ軍に手痛い反撃を受けたことが多少は影響していた。

とはいえ全般的に見て、ドイツ軍が被った打撃に比べれば、ソ連軍はまだ余裕があったと言っていいだろう。そして諜報活動によってドイツ軍の次なる攻勢の時期と場所をある程度掴んでいたスターリンは、ジューコフに対してクルスク突出部の防備を固めるように指示したのである。

ハリコフ奪還後、マンシュタインはヒトラーに対して2つのプランを提示した。すなわち、ソ連軍の攻勢を待ち受けたうえで大胆且つ大規模な後退を行い、ソ連軍の補給線が伸びきるのを待ってドニエプル河下流域において反撃に転じ、一気に殲滅する案。もう一つはこちらが先手を取って攻勢を仕掛け、戦線を押し戻す案である。

マンシュタインは前者のプランが有利と考えたが、ヒトラーは一時的とはいえ土地を失うことにこだわり、攻勢を取ることを望んだ。

この結果、マンシュタインはクルスクを中心とする突出部を南北から挟撃し、その包囲環に閉じ込めたソ連軍を殲滅するという作戦を立案した。

この作戦案は「城塞《ツィタデレ》」と名付けられて4月15日に採択、作戦実施は5月上旬と予定された。

ところが、実際に作戦が発動したのは2カ月遅れの7月5日のことである。この間、ヒトラーは戦車戦力の充実にこだわって作戦開始日を遅らせた。

後世、「新型のパンター中戦車の投入にこだわった」「ティーガー重戦車の数を揃える必要があった」「フェルディナント重駆逐戦車が……」など、まことしやかにその理由が語られる。

だが、それは理由の一端ではあったかもしれないが、本当にそれだけだったとは考えづらい。他の将軍も提言しているように、この時期にはすでに戦車の補充能力はソ連のほうが遙かに高く、多少高性能の戦車を１００輌や２００輌上積みしたところで戦局に与える影響など微々たるものだということは、いかにヒトラーでも理解していたはずである。

ヒトラーが作戦開始に躊躇した真相はわからないが、5月12日にドイツ・アフリカ軍団がチュニジアにおいて降伏したことも、多少は影響していたかもしれない。

いずれにせよ、この2カ月の間にソ連軍はクルスク突出部に長大かつ大縦深の防御陣地を築き上げていた。

ドイツ軍の攻撃が予想される地点では3線ないし4線の縦深を持ち、塹壕、対戦車砲、トーチカなど、ありとあらゆる防御施設が至る所に構築されたのである。

こうして、ドイツ軍は手ぐすね引いて待ち構えるソ連軍の懐へ飛び込んでいくことになったのである。

◆クルスクの戦い――北部戦区

「城塞作戦」において、北部の攻撃を担当したのはギュンター・フォン・クルーゲ元帥の中央軍集団で、実際に作戦を行うのはヴァルター・モーデル上級大将が指揮する第9軍である。第9軍は装甲6個師団、装甲擲弾兵1個師団、歩兵8個師団を基幹とする約27万名からなり、オリョール南

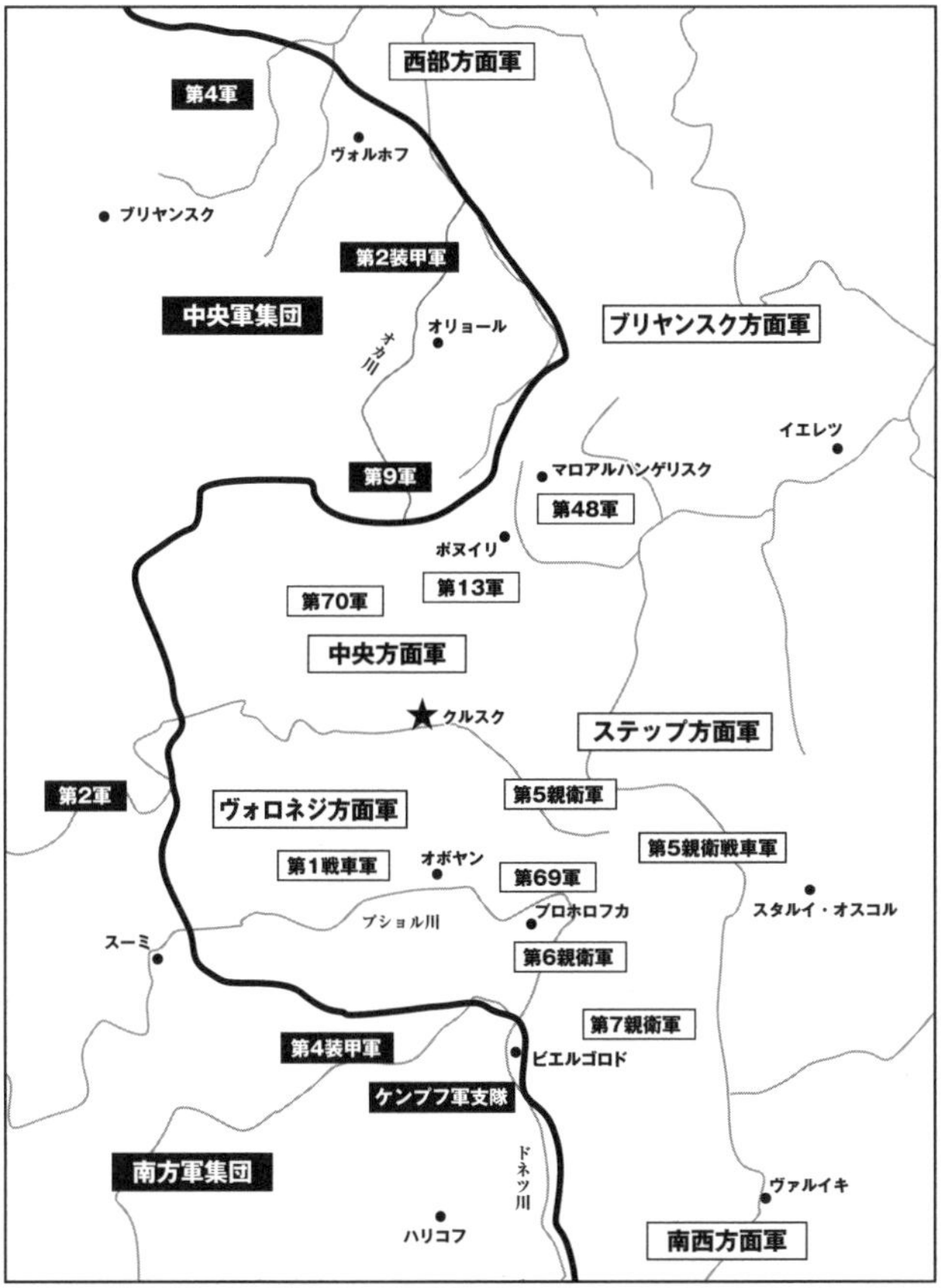

城塞作戦直前の両軍の部隊配置。ドイツ軍は北部から中央軍集団が、南部から南方軍集団がクルスク突出部を攻撃し、クルスクを守るソ連軍を包囲撃滅することを企図していたが、ソ連軍もそれに備えて防備を固めていた

方地区からオリョール街道を南下してクルスクを目指す。

このドイツ第9軍の正面にはソ連中央方面軍の3個軍（第13軍・第48軍・第70軍）が配備され、さらに後方には第2戦車軍が控えていた。

また第9軍の北部では第2装甲軍が側背面を守り、その正面にはブリャンスク方面軍と西方面軍が対峙していた。

クルスクの戦いは7月5日深夜、ソ連軍の攻撃準備破砕射撃から始まった。ソ連軍はすでにドイツ軍の攻撃日時を正確に掴んでおり、先手を打って砲撃を行ったのだ。このため第9軍の攻撃は予定より1時間遅れて午前4時30分から開始された。

第9軍は第41・第46・第47の各装甲軍団と第20軍団・第23軍団を擁し、この他に軍予備として2個装甲師団と1個装甲擲弾兵師団が控えていた。主攻を担当したのは各装甲軍団だが、作戦初日の攻撃は歩兵師団が主体となった。これは敵の厚い防御陣地を見越してのことだったのかもしれない。

たしかに戦車は機動戦でこそその真価が発揮できるものであり、市街戦や陣地戦にむやみに投入すべきではない。しかし現実には前線の各部隊はソ連軍の陣地帯を攻めあぐね、どうにか前進できたのは第47装甲軍団の第20装

クルスク戦におけるティーガーI（左）と、この戦いが初陣となったパンター。戦前に設計が開始されたティーガーIは垂直装甲、開発中にT-34の影響を受けたパンターは傾斜装甲と、同じ新型戦車でも装甲の形状がまったく異なっている

甲師団のみであった。

　同師団は地雷原を越えてボブリクへ向かい、陣地帯を5キロほど前進した。また新型のフェルディナントを装備する第653重戦車駆逐大隊もソ連軍戦車を撃破しながらアレクサンドロフカまで進出。第41装甲軍団の第86師団はポヌイリ周辺まで進出した。

　だがクルスクまでの道のりは遙か遠く、第一線の陣地帯の一部を辛うじて突破したに過ぎなかった。

　翌日以降も第9軍は攻撃を継続したが、中央方面軍のコンスタンチン・ロコソフスキー上級大将は綻びができるとすぐさま戦車部隊などを急派して、ドイツ軍の大突破を許さなかった。

　これに対してド

クルスク戦で撃破されたソ連軍のT-34中戦車。円形のハッチが2枚で「ミッキーマウス砲塔」と呼ばれる1942年型である

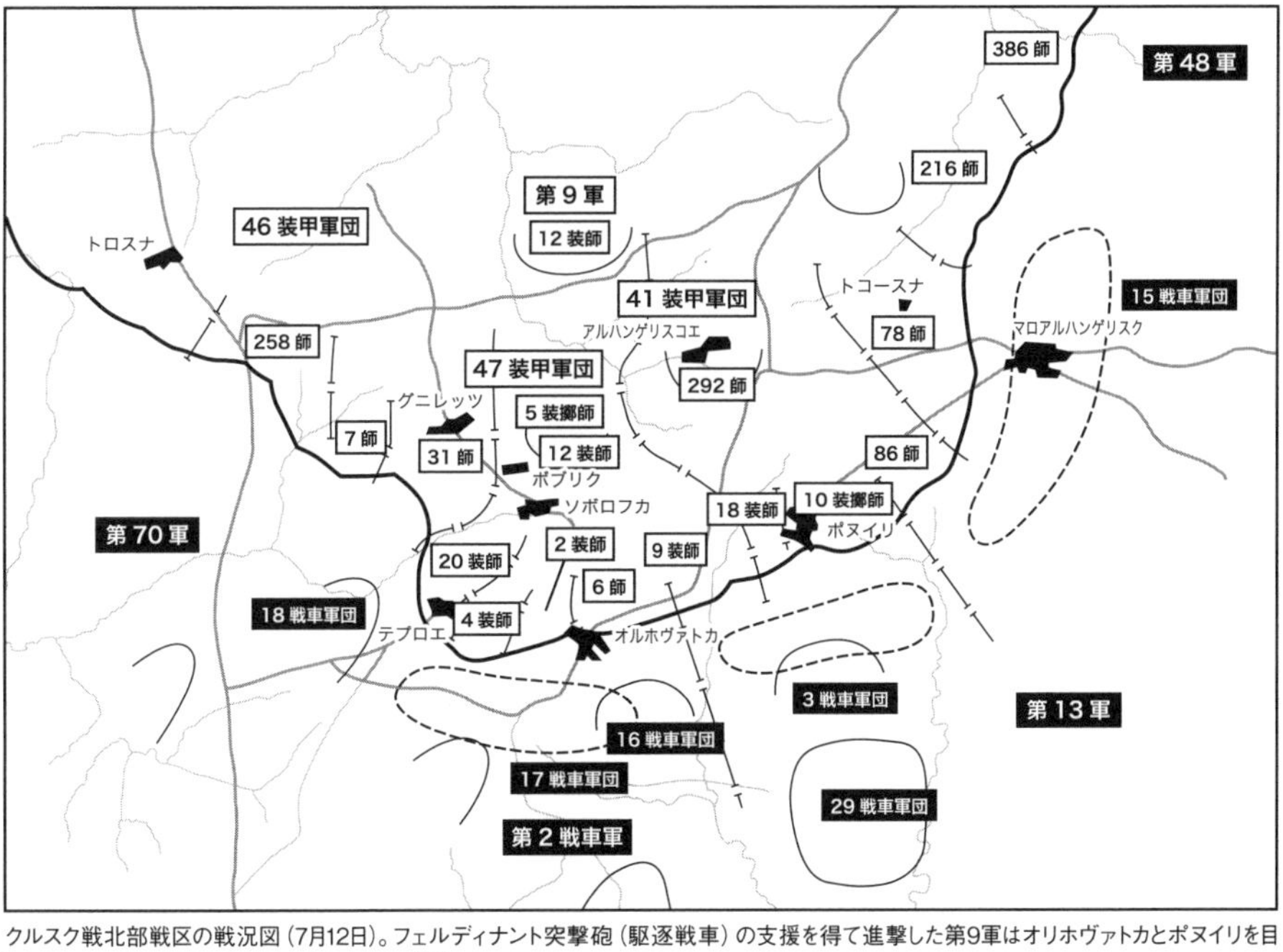

クルスク戦北部戦区の戦況図（7月12日）。フェルディナント突撃砲（駆逐戦車）の支援を得て進撃した第9軍はオリホヴァトカとポヌイリを目指したが、ソ連軍の猛烈な反撃の前に早々に頓挫した

クルスク北部戦区に向かうフェルディナント突撃砲（駆逐戦車）。主砲は71口径8.8cm砲、最大装甲厚200mmという当時世界最強の戦闘車輌で、駆動にはガス・エレクトリック方式を採用していた。クルスク戦では第656重戦車駆逐連隊麾下の第653／第654重戦車駆逐大隊に配備され、攻勢の先鋒を担った。対戦車戦闘では無類の威力を発揮したが、ソ連軍が仕掛けた地雷原や重砲弾などに苦戦した

「ツィタデレ作戦」では15cm突撃榴弾砲を持つⅣ号突撃戦車（俗に「ブルムベア」と呼ばれる）も第656重戦車駆逐連隊麾下の第216突撃戦車大隊に配備されて初陣を飾った。歩兵支援やフェルディナントの火力支援に大きな活躍を見せている

イツ軍はティーガーI戦車を楔の先頭としてなんとか戦線に穴を開けようと試みた。オルホヴァトカを目標として装甲部隊が前進するが、ソ連軍はT-34を戦車壕に入れて直射を避け、巧みに配置された対戦車砲を駆使してドイツ軍の戦車を狩っていった。

また、戦車と歩兵の連携を切断するために迫撃砲によって歩兵を集中攻撃し、このためにドイツ軍の戦車はしばしば後退を余儀なくされた。

こうして第9軍は前進を阻まれたまま損害が増すばかりであった。モーデルは部隊の再編成を急がせるとともに、10日より重点をポヌイリに移して攻撃を再開したが結

果は変わらなかった。そしてモーデルはポヌイリ方面の攻勢を除き、他の戦線では攻撃を停止させ、現在地での防衛を命じた。

独ソの一大決戦となった「ツィタデレ」作戦では、大搭載力を持つFw190戦闘機が、制空戦闘のみならず対地攻撃にも投入され、空からドイツ軍を支援した。写真は戦闘爆撃機型のFw190F

結局第9軍が前進できたのは最大でも25キロ程度に過ぎなかった。

この後も第9軍は一部で攻撃を続行したものの成果は上がらなかった。それどころか中央軍集団の北部、第2装甲軍の担当地区でソ連軍が攻勢に出たため、もはやクルスクへの攻撃どころではなくなってしまった。クルーゲは城塞作戦のために予備部隊の多くを投入しており、北部を安定させるためには第9軍の戦力を引き抜くほかなかったのだ。

こうして城塞作戦の北部方面は何ら得ることなく終焉を迎えることになった。

一方、マンシュタインが指揮する南方軍集団の戦区でも、激戦が繰り広げられていた。そして大規模な戦車戦が始まろうとしていたのである。

クルスク戦において、飛来したドイツ機に対し小銃を一斉射撃して迎撃するソ連兵たち

4-4 クルスク南部戦区

◆クルスク南部戦区の激闘

クルスク突出部のソ連軍を南北から挟撃すべく、ドイツ軍は「城塞（ツィタデレ）作戦」を発動。そのドイツ軍南方戦線に展開していたのがマンシュタイン元帥が指揮する南方軍集団である。その基幹部隊はヘルマン・ホート上級大将が指揮する第４装甲軍とヴェルナー・ケンプフ大将のケンプフ軍支隊で、総兵力は約21万名、保有戦車は１３００輛あまりだった。

第４装甲軍は主攻を担当し、その隷下には第48装甲軍団（第３・第11装甲師団、ＧＤ(※1)師団・第１６７歩兵師団）・第２ＳＳ装甲軍団（３個ＳＳ装甲擲弾兵師団）・第52軍団（３個歩兵師団）があった。

最終的な目的は南北からクルスクに到達してソ連軍を分断することだが、第４装甲軍の当面の目標はオボヤンの占領で、その後、鉄道沿いにクルスクを目指す。

そして第４装甲軍の右翼に位置するケンプフ軍支隊は、側面防護を担当しつつ、第４装甲軍めがけて反撃に出るであろうソ連軍機械化部隊に対する側撃も考慮す

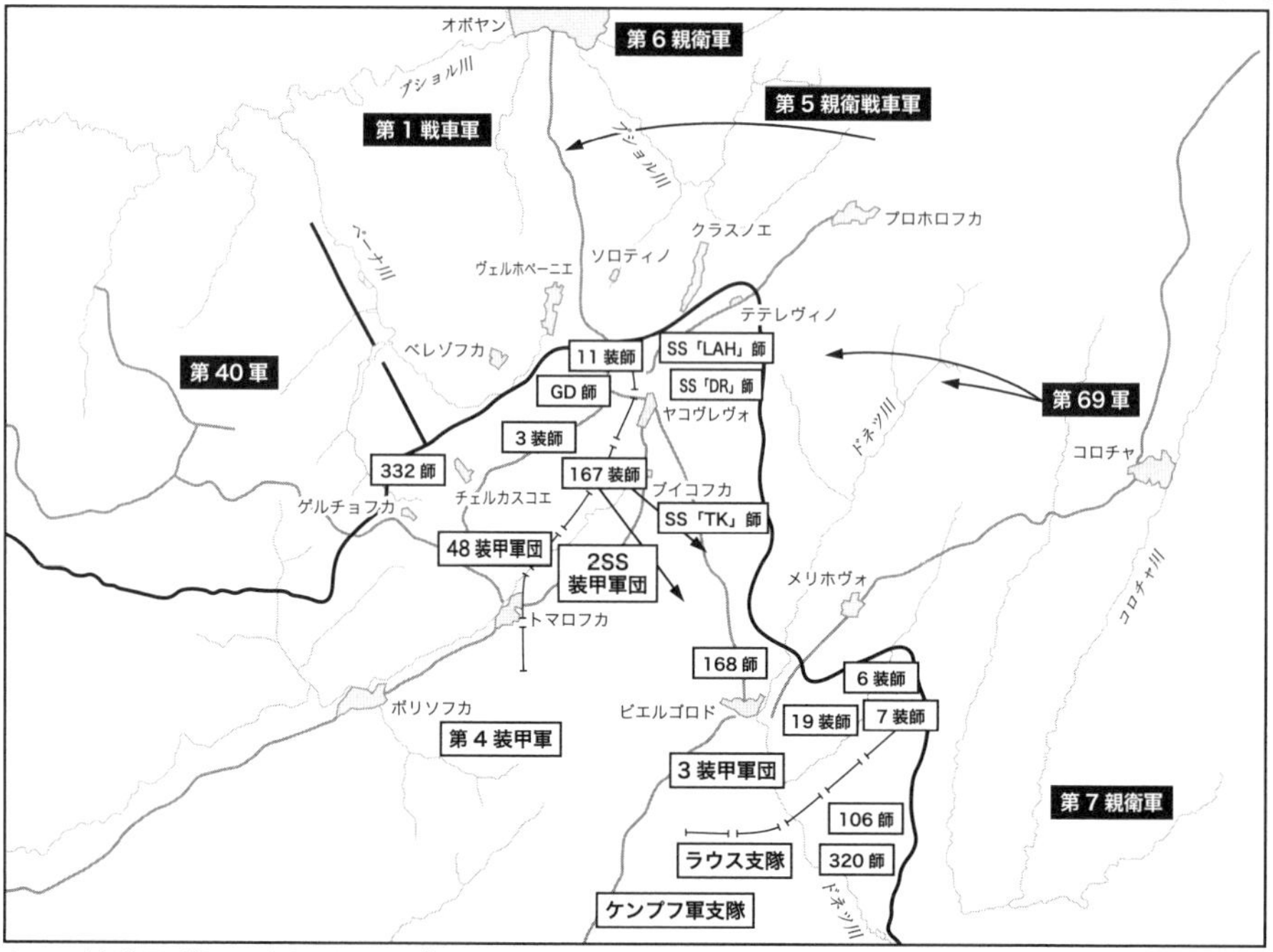

クルスク南部戦区の戦況図。南方軍集団はまずオボヤンを目指し、7月12日、プロホロフカでドイツ第2SS装甲軍団とソ連第5親衛戦車軍が激突、合計数百輛の戦車が参加する大規模な戦車戦が生起した

(※1) GD師団…グロースドイッチュラント（大ドイツ）師団

るものとされた。

これに対してソ連軍の布陣は、クルスク突出部の南側でニコライ・ヴァトゥーチン上級大将のヴォロネジ方面軍がドイツ軍と対峙し、さらに後方にはイワン・コーニェフ大将のステップ方面軍が控えていた。

ヴォロネジ方面軍は第6親衛軍・第7親衛軍・第1親衛戦車軍・第40軍・第69軍を基幹として総兵力は約46万名におよび、保有戦車は約1700輌だった。

南方戦線に限らず、クルスク戦においてソ連軍は対戦車砲やトーチカ、地雷や鉄条網など、ありとあらゆる防御施設が何重にも張り巡らされた縦深陣地を構築していた。ドイツ軍が攻勢開始時期を遅らせれば遅らせるほど、その陣地はより強固に、より深くなっていった。そしてソ連軍は守るだけでなく、この時点で恐るべき未来図を描いていた。

すなわちドイツ軍の攻勢を受け止めきった後、絶妙のタイミングで攻勢に転じ、ハリコフの奪還、そしてドニエプル河まで一気に突進することを目論んでいた。つまりマンシュタインがヒトラーに提言して却下された作戦を、まさにソ連軍がおこなおうとしていたのである。

クルスク戦がデビュー戦となった新鋭戦車・パンターD型。パンターは超長砲身70口径7.5cm砲を搭載、避弾経始に優れた80mm厚の傾斜装甲、最大55km/hという高速力を備えた高性能の中戦車だったが、初陣では初期故障が目立った

1943年7月5日深夜、北部戦線同様にドイツ軍の攻撃開始に先立ち、ソ連軍は攻撃準備破砕射撃を開始。しかしドイツ軍の砲兵隊も即座に対応したため、攻撃開始は予定通りに進められた。さらに、ソ連空軍は航空優勢を獲得しようと撃滅戦を展開するが、これもドイツ空軍の防戦により潰えた。そのためクルスク戦はドイツが航空優勢を保ったまま進められることになった。

ドイツ軍の攻撃の穂先は第48装甲軍団および第2SS装甲軍団である。新型のパンター中戦車を投入し、ティーガー重戦車とともにソ連軍の陣地帯を次々に蹂躙《じゅうりん》していく。初日は10㎞ほど前進してペーナ川まで到達した。

そして翌日も、さらにその翌日も第4装甲軍は固い蓋をこじ開けるように着実に前進した。ただ、北進するはずの第48装甲軍団の前進は芳しくなく、北東方向に進んだ第2SS装甲軍団の進撃のほうが比較的順調であった。そのためプロホロフカ方面に突出した格好となる。

一方、右翼を進むケンプフ軍支隊はソ連第7親衛軍の強烈な抵抗と地勢の悪さから前進を阻まれていた。本来であればケンプフ軍支隊はコロチャを早期に占領し、その後に装甲部隊をプロホロフカ方面に転進させてソ連軍を側撃するはずだったが、達成は困難になりつつあった。

クルスクの草原を走るSS装甲擲弾兵師団「ダス・ライヒ」のティーガーI。プロホロフカ戦車戦では、後の戦車撃破王ヴィットマンSS少尉（最終階級は大尉）もティーガーIに乗ってSS装甲擲弾兵師団「LAH」第1SS戦車連隊第13中隊の小隊長として参加、大戦果を挙げている

とはいえ、ソ連軍も予想を上回るドイツ軍の攻撃に、連日対応に追われていた。各地で戦車部隊による反撃を試みるも、強力なパンターやティーガーには歯が立たなかった。開戦時にドイツ軍を恐怖に陥れたT‐34も正面からでは勝負にならず、撃破されないためにダッグインして半トーチカ状態でどうにか対抗していたのである。

事態はソ連軍にとって楽観視できる状況ではなく、スターリンは第27軍をヴォロネジ方面軍に編入させる命令を下した。またドイツ第2SS装甲軍団の進撃を止めるため、ステップ方面軍の第5親衛戦車軍を予備から解除して、プロホロフカ方面に急行させたのである。

◆決戦！プロホロフカ戦車戦

7月8日、9日とソ連軍の苦闘は続いた。GD師団はソ連軍の分厚い防御陣地を踏み潰すように前進を続け、シルツェヴォを占領。一方反撃を準備していた第2親衛戦車軍団は、ドイツ軍の対戦車攻撃機Hs129の空からの襲撃によってなんと50輌あまりを撃破されてしまった。

この時期、ソ連軍は本気でオボヤンが陥落するかもしれないと考え始めていた。ただ、この頃からドイツ軍は攻勢軸を巧みに東へとスライドし始める。オボヤンに進むと

クルスク戦において、撃破されたT-34の横を通過するⅢ号突撃砲G型。48口径7.5cm砲のⅢ突G型は、攻撃力で42.5口径76.2mm砲装備のT-34を圧倒していた

見せかけて、プロホロフカに主軸を移したのだ。

これに対してヴァトゥーチンもドイツ軍の狙いを正確に見抜いていた。そしてこれに対抗するため、第2戦車軍団と第2親衛戦車軍団を第5親衛戦車軍に送り込み、ドイツ軍を迎え撃つ態勢を整えつつあった。

1943年7月のクルスク戦で撮影されたと思われる、15cm自走榴弾砲フンメル。フンメルはⅢ号戦車とⅣ号戦車の部品を使用したⅢ/Ⅳ号自走砲車台に、オープントップ式に15cm重榴弾砲を搭載した自走砲で、パンターやフェルディナントと同じく「ツィタデレ作戦」で初陣を飾った新鋭車輌の一つだった

ドイツ空軍の対戦車攻撃機Hs129は、第1/第2地上襲撃航空団に配備され、クルスク戦車戦でソ連軍の1個戦車旅団（戦車約50輌）を壊滅させるなど大きな活躍を見せている。写真の機体はHs129B-1/R2で、胴体横の20mm機関銃2挺、7.92mm機関銃2挺に加え、胴体下に30mm機関砲を搭載したタイプ

戦況図だけを見ると、突出する第2SS装甲軍団を取り囲むように、じつに6個軍が包囲しつつあった。しかしそれでも、第2SS装甲軍団は怯むどころかプロホロフカ目指してさらに前進を続けたのである。

こうして7月12日、世に言うプロホロフカ戦車戦が開始された。

ドイツ軍の第2SS装甲軍団はSS装甲擲弾兵師団「トーテンコップフ（髑髏《どくろ》）」「LAH（※2）」「ダス・ライヒ（帝国）」の3個師団を基幹としている。装甲擲弾兵師団（自動車化歩兵師団）とはいえ、国防軍の装甲師団並みか、それ以上の装甲車輌を有する最優秀師団である。

なお、プロホロフカを巡る戦闘が行われた当時、第2SS装甲軍団全体で保有していたAFV（装甲戦闘車輌）は

（※2）LAH師団…SS装甲擲弾兵師団 ライプシュタンダルテ・SS・アドルフ・ヒトラー

約250輌程度で、うち約100輌がⅢ号突撃砲や対戦車自走砲マルダーなど戦車以外だった。

LAH師団を中央として、その左翼にトーテンコップフ師団、右翼にダス・ライヒ師団を配してプロホロフカに対して真正面から挑む。

これに対してソ連軍はプロホロフカ周辺に機甲部隊だけで5個戦車軍団を投入していた。トーテンコップフ師団の左翼方向には第31戦車軍団と第28戦車軍団、プロホロフカ前面に第29戦車軍団と第2戦車軍団、そしてダス・ライヒの右翼方向には第31親衛戦車軍団である。

ちなみにこの時点において第5親衛戦車軍は約850輌の戦車を保有しており、そのうちプロホロフカに投入できたのは500輌程度とされる。つまりAFVの比率だけでいえばドイツ軍とソ連軍では1：2ということになるが、戦車だけで考えるとその差はさらに開くことになる。

それでは、その結果は如何なるものだったか。

ドイツ軍は8時頃より行動を開始し、ソ連軍は8時30分

ドイツ軍に鹵獲されたソ連軍のSU-152重自走砲（左）とドイツ軍のⅢ号突撃砲長砲身型。SU-152はKV-1Sの車台に固定戦闘室を設け、152mm榴弾砲を搭載した自走砲で、巨大な砲弾を直撃させれば重装甲のティーガーⅠやパンターも倒せたという

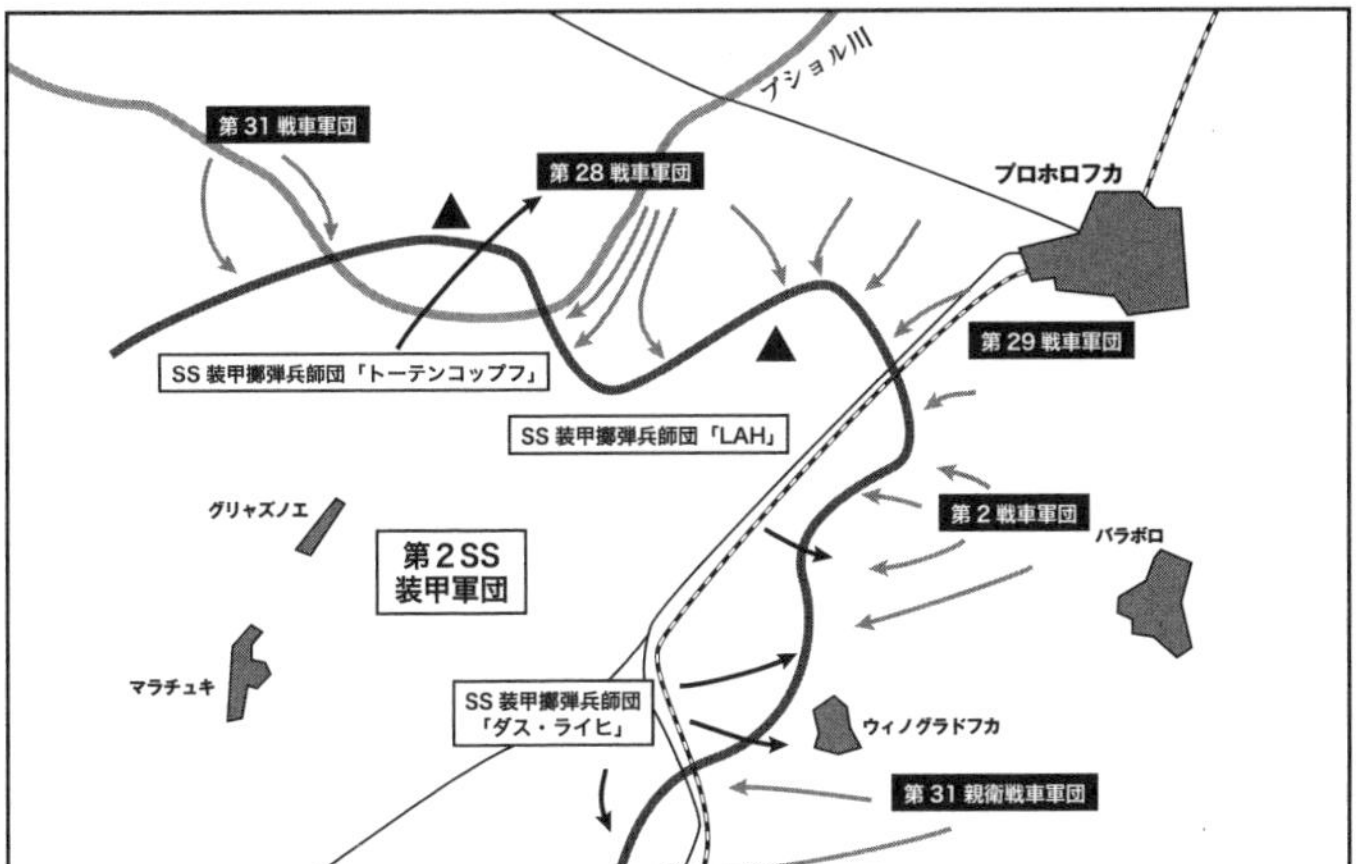

プロホロフカ戦車戦の概況図。殺到するソ連戦車軍団を撃破し続けた第2SS装甲軍団だったが、激しい戦車戦で消耗しつくして衝撃力を失い、前進は停止した

頃より砲兵による破砕射撃を開始。そして9時過ぎには両軍の大半の戦車部隊が戦闘状態に突入していた。

狭い地域に大量の戦車部隊が密集していたこともあり、あちこちで戦車同士の近接戦闘が発生し、両軍とも次々と戦車が火を噴いた。だが、損害の多くはソ連軍のほうだった。

それでもソ連軍はここが正念場とばかりに一歩も引かない。ドイツ軍の攻撃も息切れを始めた。

そのタイミングで、ソ連軍はダス・ライヒ師団の右翼側面に予備兵力を投入。第31親衛戦車軍団と第33親衛狙撃兵軍団による攻撃に、ついにドイツ軍の動きが止まった。

本来であれば、ケンプフ軍支隊の第3装甲軍団が南方から増援に駆けつけ、ダス・ライヒ師団右翼の敵を蹴散らすはずであった。しかし、ついに増援は間に合わなかったのである。

戦いはその後も続いたが、もはやドイツ軍が大突破を図る好機は失われていた。すでにソ連軍はその後方に増援を配置し終えていたのである。

そして、ツィタデレ作戦は思わぬ終結を迎えることになる。ヒトラーが作戦中止を命じたのだ。

これより先の7月10日、連合軍はイタリア半島先端のシシリー（シチリア）島に上陸を開始し、ドイツ軍はその対応に追われていた。「ハスキー作戦」である。

もはや大規模な突破を見込めなくなった作戦に、これ以上かかわっている余裕はドイツ本国にはなくなっていた。

マンシュタインは作戦中止に反対したが、中央軍集団を率いるクルーゲ元帥はむしろ作戦中止を積極的に受け入れた。すでに中央軍集団の前面が危機的状況にあることを把握していたためである。

こうして、クルスク突出部を巡る戦いは終わった。作戦目的を達成できなかったドイツ軍の敗北ではあったが、そのためにソ連軍が払った犠牲は膨大であった。

プロホロフカ戦における戦車の損害だけを見ると、ドイツ軍の損害は全損は僅か3輌に過ぎず、南方軍集団全体で見ても戦車31輌、突撃砲3輌が失われただけである。

対してソ連軍は、12、13日の二日間だけで約３５０輌を撃破されている。つまり、こと戦車戦だけであれば明らかにドイツ軍の圧勝であった。

それでも、ドイツ軍による攻勢を真正面から受け止めて防ぎきったという事実は、ソ連全軍を勇気づけた。そしてソ連軍はさほどの時間も経ずに反転攻勢を開始することになるのである。

1943年7月、クルスク戦線でソ連歩兵と共に反撃を敢行するT-34中戦車。ソ連軍主力戦車のT-34はほとんどのドイツ戦車・突撃砲に攻撃力で劣ったが、ソ連軍は防御陣地や砲兵戦力も含めた総合力でドイツ軍を撃退することに成功したのであった

ソ連軍のT-34中戦車の進撃を支援するZiS-3 76.2mm野砲。野砲ながら初速が高く、対戦車砲としても優秀な砲で、ドイツ軍から「ラッチェ・バム」とあだ名された。ソ連軍はこのZiS-3や対戦車ライフル、そしてT-34などの戦車を組み合わせた濃密な「パック・フロント（対戦車陣地）」を構築し、ドイツ軍を待ち受けていたのである

4-5 シシリー島の戦い

◆シシリー島上陸「ハスキー作戦」

1943年夏、第二次世界大戦は大きく変容しつつあった。

太平洋方面では前年におけるガダルカナル島での戦いに続き、中部ソロモンおよび東部ニューギニアにおいて連合軍が反攻作戦を開始。

ヨーロッパ方面では東部戦線においてクルスクでの激戦をソ連軍が制し、その勢いのまま反攻に移ろうとしていた。

また同年5月、北アフリカのドイツ軍およびイタリア軍の降伏によってアフリカでの戦いは終結。地中海戦域において連合軍は次なる作戦を開始しようとしていた。

それがシシリー（シチリア）島上陸作戦である。

シシリー島はイタリア半島南端に隣接した島で、連合軍は同島を占領することで地中海の制海権を確実にし、将来イタリアへ上陸する際の重要な足がかりとすることができる。

もっとも、連合軍にとってシシリー島の攻略は当初から予定されていたものではなかった。すでに前年より、ソ連のスターリンは西側陣営に対して早急に第二戦線の構築を要望していた。スターリンにしてみれば、現在までのところドイツ軍の猛攻をソ連が一手に引き受けている格好であり、これは戦後のパワーバランスを見据えると甚だ面白くない。一日でも早くドイツ軍の戦力を西側に吸引してもらい、自軍の負担を減らしたいと考えていた。

一方、英米としても第二戦線の構築を急ぐべきとは考えていたが、問題はそれをどこにするかということであった。これについて、アメリカは準備に時間をかけてでも北フランスへの上陸を優先すべきだと考え、対してイギリスはシシリー島を経てイタリアへの上陸を考えていた。そして、結果的にイギリスの案が採用されることになるのである。

シシリー島への上陸作戦は当初米軍によって策定が進められていたが、この時の作戦計画では英軍が島南東部へ上陸し、その後東海岸を北上してメッシナを目指す。そして米軍は島の北西部にあるパレルモ付近に上陸し、北海岸を西進してメッシナを目指すというものであった。

しかしこの作戦案に対して、英軍の実施部隊指揮官であるモントゴメリー中将が異を唱え、米軍の上陸は英軍の西隣り、つまり島の南西部に行うべきとし、最終的にこの案が採用された。
作戦の最高司令官は地中海戦域の総司令官である米軍

1943年7月、シシリー島に展開したドイツ空軍ヘルマン・ゲーリング師団のⅢ号突撃砲と工兵たち

1943年7月、シシリー攻略作戦開始の2日前、チュニジアのフランス海軍の基地、ペシュリでLST（戦車揚陸艦）に積み込まれる米軍のM4シャーマン戦車。連合軍の圧倒的物量を思い知らされる光景だ

のアイゼンハワー大将が務め、作戦を担当する第15軍集団司令官は英軍のアレキサンダー大将が据えられた。そして実際に作戦を実施するのはモントゴメリー中将率いる英第8軍と、パットン中将が指揮する米第7軍であった。

つまり、英米による混成軍だったわけだが、このことが後々齟齬を生むことにもなった。

これに対して、シシリー島の防衛はイタリア軍第6軍が担当していたが、その兵力は連合軍に比べて遥かに劣っていた。実戦力として期待できるのは、イタリア軍の4個師団とドイツ軍の2個装甲擲弾兵師団にすぎなかった。これに加えて沿岸防御師団5個とその他の沿岸貼り付け部隊もあったが、これらは現地徴集兵主体で心許ない存在だった。そして実際、上陸作戦が始まると早々に降伏してしまうのである。

こうしたこともあり、第6軍司令官のアルフレド・グッツォーニ将軍はシシリー島の死守ではなく、当初から時間稼ぎのための遅滞防御を考えていた。この考えにはイタリア本土の防衛を任されていたドイツ南方軍総司令官のケッセルリンク空軍元帥も賛同していた。

ただし、具体的な防衛計画については両者間で隔たりがあり、グッツォーニはメッシナの防衛を第一に考え、反撃戦力を島の東部に集中配備すべきと考えていた。これに対してケッセルリンクは連合軍の上陸地点が不明な以上、機動兵力は島の東部と西部に分散して配備すべきだと考えていた。

そして最終的には分散配備することとなり、西部にはドイツ軍の第15装甲擲弾兵師団とイタリア軍のアオスタ、アシエッタ両師団が、東部にはドイツ軍のヘルマン・ゲーリング（HG）装甲擲弾兵師団とイタリア軍のリヴォルノ、ナポリ両師団が配置につき、上陸後の水際撃滅に当たることとなった。

シシリー島に対する上陸は7月9日の夜半、空挺降下から開始された。

英第1空挺師団の第1グライダー旅団がシラクサの南方に降下。上陸部隊に先だって要地を確保するのが目的であった。しかし慣れない夜間作戦に加えて当日夜は強風だったこともあり、この空挺作戦は成功とは言い難かった。

もっとも上陸作戦そのものはイタリア軍の沿岸防御部隊の士気が低かったこともあって大きな損害もなく成功し、イギリス軍は上陸初日にシラクサの占領を果たした。

一方、南西部に上陸した米第7軍だが、この方面でも上陸に先だって米第82空挺師団の2個連隊が落下傘降下を実施した。だがこちらも不手際や強風の影響で部隊は散り散りになり、集合にかなり手間取ってしまった。

1943年7月11日、アメリカのリバティ船「ロバート・ローワン（K-40）」はシシリー島のジェラ沖でドイツ空軍のJu88爆撃機に攻撃された後、搭載した弾薬が誘爆して大爆発を起こした

1943年7月10日、シシリー島に上陸し戦車揚陸艇から物資を卸す、イギリス陸軍第51ハイランド師団の将兵たち

もっとも、結果的にはこのことが効を奏し、反撃のために前進してきた第15装甲擲弾兵師団の遅滞に成功する。

また米軍は3箇所に分かれて上陸したが、いずれの地点でも大きな抵抗はなく、橋頭堡の拡大に成功した。

その後、枢軸軍は水際撃滅を企図して前進するも、連合軍の支援艦艇による艦砲射撃によって上陸海岸まで到達できず、反撃を断念したのだった。

◆戦術的勝利と戦略的勝利

しかし北上を目

指す英軍は、すぐに行き詰まってしまった。グッツォーニが先手を打って素早く各部隊の移動を指示していたからである。グッツォーニは反撃が不発に終わると見るや、独第15装甲擲弾兵師団など島の西部にあった部隊を米軍の前面に展開させて遅滞を試みさせる一方、HG装甲擲弾兵師団を基幹とした部隊にはプリモソーレ橋の確保を命じた。この橋は東海岸沿いに進撃する英軍にとって、必ず奪取しなければならない重要な橋梁だった。

ところが枢軸軍がこれを先に押さえたため、英軍の前進は急停止してしまう。

このため、業を煮やしたモントゴメリーは再び空挺作戦を実施させるも不発に終わる。そしてアレキサンダーに直訴して軍境界線を動かし、米第45歩兵師団の進撃路を自軍が使用できるようにした。これにより、側方を迂回してユトナ山方面に圧力を加える腹づもりだったのである。

一方、これに対してパットンは立腹するでもなく素直にこの裁定を認めた。パットンの性格を知る者からすれば奇異に映るが、じつのところパットンはパットンで密かに思うところがあった。

すなわち、麾下部隊を北上させてパレルモを占領し、そのまま北岸を東進して一気にメッシナを目指すことを考えていたのである。

もともと連合軍の当初の作戦計画では、主攻はあくまで英軍であり、米軍は側面援護の役割であった。しかし攻めあぐねているモントゴメリーを出し抜くつもりだったのだ。

もっとも連合軍のこの二つの作戦は、一枚上手のドイツ軍指揮官、すなわちフーベ大将によって挫かれることになった。

フーベはスターリングラード帰りの老練な将軍で、7月14日にヒトラーがシシリー島の放棄を認めると、イタリアにあった第14装甲軍団とともにシシリー島に移動。そしてフーベは同島にある全ドイツ軍の指揮を執ることになったのである。

スターリングラード戦の経験から、フーベはイタリア軍が当てにならないことを知悉《ちしつ》していた。そこで7月16日にシシリー島に到着するとすぐさま部隊の配置転換に着手した。すなわちドイツ軍部隊を基幹とし、その間隙にイタリア軍部隊を配置したのである。また、これ以前からの素早い移動により、西部にあった部隊は沿岸防御部隊を除いてあらかた東部への移動を済ませていた。

このためパットンは労せずしてパレルモを占領するこ

とに成功したが、ただそれだけであった。

また、英軍の前面にはＨＧ師団を中核とした部隊が頑強に抵抗を続けていたが、迂回を察知するとプリモソーレ橋も放棄して素早く撤収、エトナ山の北麓に新たな防衛戦を敷いた。

こうして8月上旬までに枢軸軍はシシリー島北東部に押し込まれる格好となっていたが、むしろそれは思惑通りであった。

「ハスキー作戦」中にジョージ・パットン中将(左)と作戦について話し合う、コロラド第30歩兵連隊のライル・バーナード中佐

そしてケッセルリンクはメッシナの対岸に大量の対空砲部隊を展開させ、海峡の両端に機雷を敷設する。やがて

1943年7月10日、シシリー島に上陸後に整備を行うM4中戦車のクルーたち。車体が丸みを帯びている鋳造装甲のM4A1である

連合軍が最後の攻勢を開始した頃、枢軸軍も最初の部隊がイタリア本土への撤退を開始した。

最初に撤退したのは度重なる戦闘でかなり消耗していたナポリ師団である。8月3日夜、最初の輸送作戦が行われ、以後16日まで続いた。この一連の撤退作戦を「レーアガンク作戦」という。連合軍側も当然、この枢軸軍の動向は掴んでいて連日のように空襲を行ったが、ケッセルリンクが予め配備していた対空砲部隊のために大した戦果を挙げることはできなかった。

シシリー島防衛戦に投入されたイタリア軍のセモベンテM41 90/53。本車はM14/41中戦車の車台をベースに、90mm高射砲を搭載した対戦車自走砲で、ジェラ海岸付近で3輌の損害と引き換えにM4中戦車9輌を戦闘不能とするなど高い戦闘力の片鱗を見せた。だが数が少なすぎ、戦局を覆すほどの戦力にはならなかった

1943年8月、シシリー島カタニア近くのベルパッソで、イギリス第3カウンティ・オブ・ロンドン・ヨーマンリー連隊のシャーマン戦車に乗る地元の子供たち。同連隊はベルパッソを占領した際、市民に大きな歓待をもって迎えられた

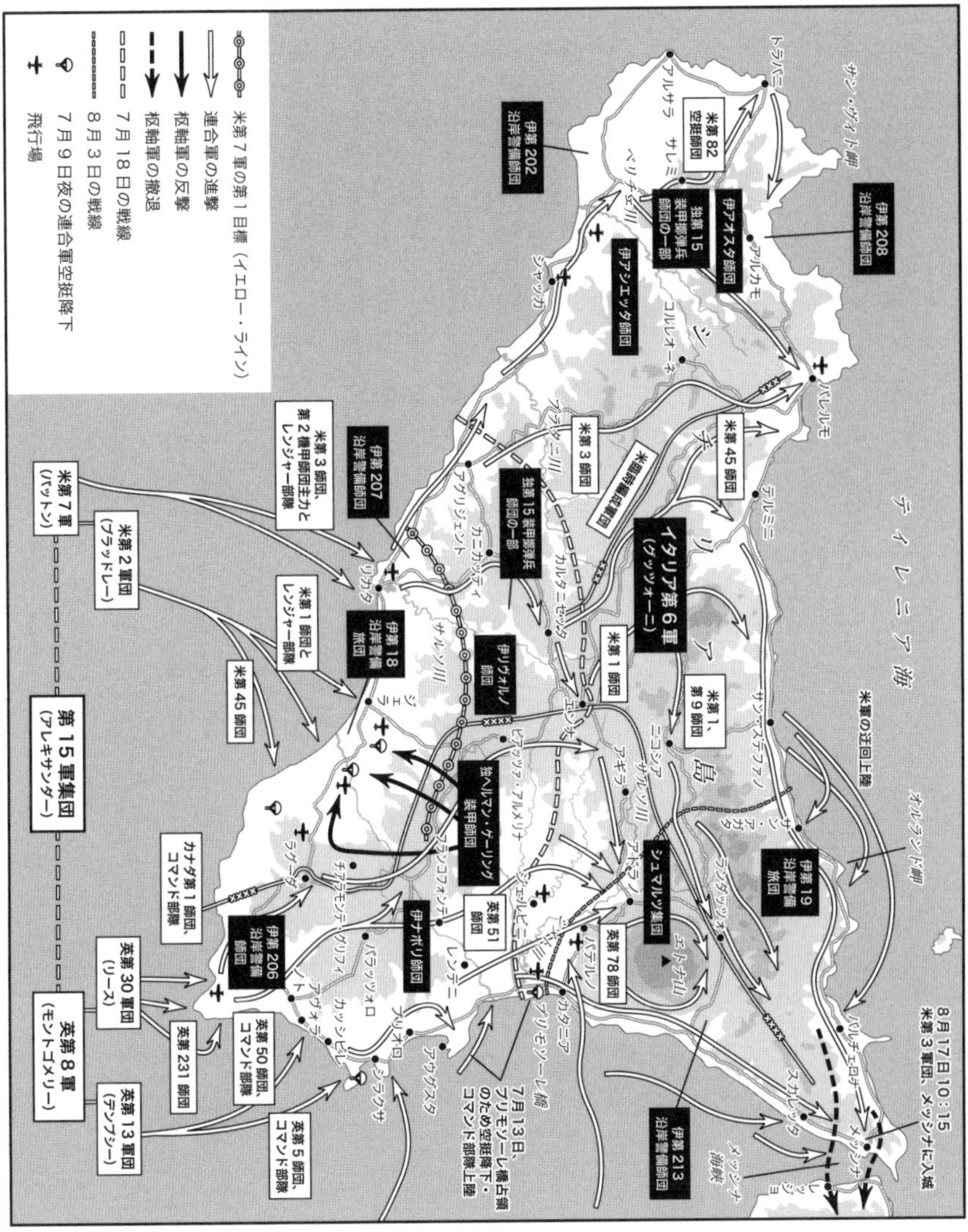

シシリー島の戦いの戦況図。イギリス軍が東側を、アメリカ軍が中部〜西部の攻略を担当した。対して枢軸軍では現地徴集兵主体のイタリア沿岸警備師団/旅団は早々に降伏してしまい、内陸に配置されたドイツ・イタリアの現役師団が主力となった

こうしてシシリー島にあった枢軸軍のうち、イタリア軍6万名とドイツ軍4万名が大量の軍需物資と共に撤退に成功したのである。8月17日、パットンとモントゴメリーはメッシナに入城したが、それは苦い勝利であった。

一方、枢軸軍が戦術的に勝利を収めはしたが、戦略的見地から見れば明らかに連合軍の勝利である。そしてこの後イタリアは枢軸同盟から脱落し、ドイツ軍は昨日の友と戦い続けることになるのである。

4-6 イタリア降伏

◆枢軸国の一角、イタリアの脱落

北アフリカの失陥以降、イタリア国内は大いに揺れていた。すぐにでも連合軍がイタリアに襲いかかってくるのではないかと一部の民衆は騒ぎ出した。無論、その背景には連合軍による工作もあっただろうが、それがなくてもすでにイタリア国民は戦争に飽いていたのだ。

そして1943年7月9日に連合軍がシシリー島に対して攻撃を開始すると、この動きは一気に加速した。イタリア全土でストライキが横行し、これに適切に対処できなかったムッソリーニに対して身内のファシスト党からも不満が噴出した。

そして陸軍参謀総長のアンブロシオ大将は国王エマヌエレ3世に対してムッソリーニを罷免させるべく働きかけ、国王もこれを承認。7月25日、国王への謁見直後、国王に忠誠を誓う憲兵隊はムッソリーニを拘束すると、車に押し込んでどこかに連れ去ってしまったのだ。

これに対して、かねてよりイタリア国内の動向に目を光らせていたドイツ軍は、ムッソリーニの救出を画策する一方で、将来イタリアが寝返った場合に備えて武装解除を円滑に行うための作戦を策定した。これを「アクゼ作戦」という。

一方シシリー島を攻略中だった連合軍では、次の作戦を

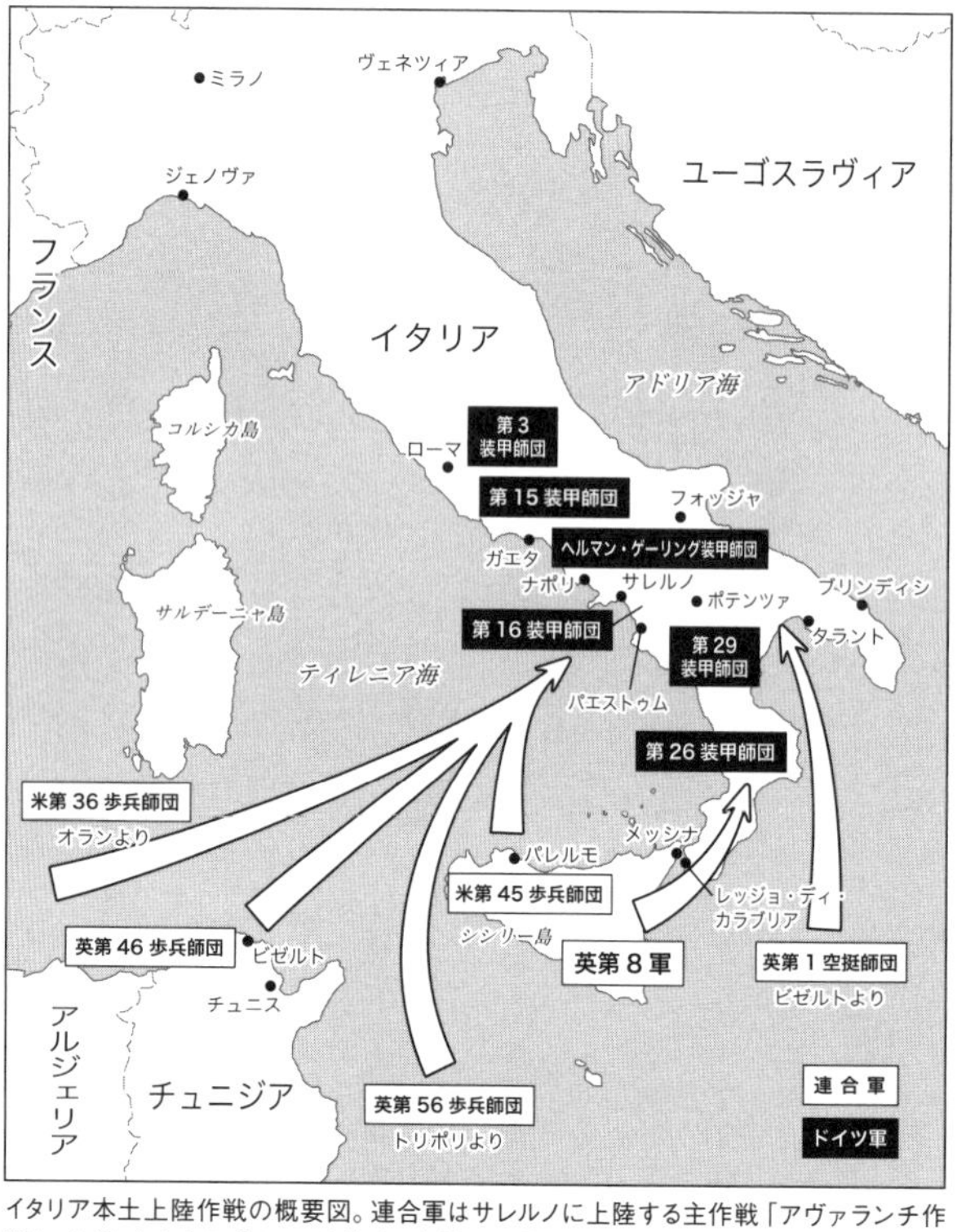

イタリア本土上陸作戦の概要図。連合軍はサレルノに上陸する主作戦「アヴァランチ作戦」、タラントやカラブリアに上陸する支援作戦「スラップスティック作戦」を発動し、シシリー島のみならず、チュニジアのビゼルト、アルジェリアのオラン、リビアのトリポリから連合軍部隊が出発した

どうするかについて英米で議論が交わされていた。すなわち、英軍はこのままイタリア半島南端から上陸して北上することを主張したが、米軍はこの際イタリアを無視して一気にフランス上陸を推進する考えであった。

しかしムッソリーニの失脚が事態を一変させる。ムッソリーニの跡を襲ったピエトロ・バドリオ元帥率いる新政府が水面下で和平交渉を求めてきたからだ。

これを受けて、連合軍はイタリア半島の南部で3つの作戦を遂行することにした。

すなわち、占領したばかりのシシリー島北東端にあるメッシナから、海峡を渡って対岸のレッジオに上陸を行う「ベイタウン作戦」を9月初頭に行う。そして間髪を入れずにイタリア半島南部にあるタラントに対して英第1空挺師団が「スラップスティック（ドタバタ劇）作戦」を行い、同時に英米の主力軍がサレルノに対して上陸作戦を決行するというものであった。

9月3日、「ベイタウン作戦」が発動し、英第8軍がついにイタリア半島に上陸を開始した。しかし予想に反して英軍は無血上陸を果たす。というのも、イタリア南部の防衛を担当していたドイツ南方軍総司令官のアルベルト・ケッセルリンク空軍元帥は損害の大きい水際での抵抗を避け、徹底した遅退戦術を採用したからだ。そしてこの方針はこの先もずっと変わらず、そのために連合軍は苦しめられることになる。

それはさておき、カナダ第1歩兵師団が右翼、英第5歩兵師団が左翼という布陣で北上を開始。対するドイツ軍は第29装甲擲弾兵師団が守り、地勢を利用しつつ後退戦闘を展開した。

ところでこの後に予定されていた2つの作戦、すなわち「スラップスティック作戦」と、サレルノに上陸する「アヴァランチ（雪崩）作戦」のD-Dayは9月9日であっ

1943年9月、イタリアの降伏後すぐにミラノを占領したSS装甲擲弾兵師団「LSSAH（ライプシュタンダルテ・SS・アドルフ・ヒトラー）」。Ⅳ号戦車長砲身型はシュルツェン（薄い装甲板）を装着している

た。しかし和平交渉を持ちかけた当のバドリオ政権がいつまでたっても煮え切らず、作戦開始を前日に控えた8日夕、しびれを切らしたアイゼンハワーはアルジェ放送を通じてイタリアの無条件降伏を「一方的に」発表した。

　バドリオ政権は驚いたものの、これでついに観念して停戦を表明した。

　寝耳に水、でもなかったドイツ軍は、これを受けてすぐさま「アクゼ作戦」を発動してイタリア全土で武装解除を進めた。その手腕は鮮やかという他なく、多少のいざこざはあったがイタリア軍は事実上崩壊した。今やイタリア本土はドイツ軍と連合軍が戦う戦場と化したのだった。

ドイツ空軍の将官ながら、イタリア戦線で粘り強い防御戦闘を展開したアルベルト・ケッセルリンク元帥

　そして9月9日、チュニジアから出発した英第1空挺師団がタラントに強襲上陸作戦を決行した。もっとも、この作戦においても抵抗は軽微で、上陸部隊の損害は無きに等しかった。
　だが、連合軍の幸運はここまでだった。

◆サレルノ上陸

　サレルノはイタリア半島西岸、ナポリのやや南に位置する。イタリア半島は中央部に山脈が連なり、その両側の海岸沿いに平地が広がる典型的な半島地形である。したがって、半島における主要都市も海岸沿いに位置しており、攻略もまた東西両海岸沿いにならざるを得ない。

　先にレッジオに上陸した英第8軍は北進を続けているが、ドイツ軍の巧みな遅退戦術によって早急な進撃は見込めない。

　したがってサレルノに上陸する連合軍は自ら橋頭堡を拡大し、海岸沿いに走る国道18号線を速やかに確保して北上し、ナポリへ、そして可能ならローマへ進軍することが望まれた。

　サレルノ上陸作戦、すなわち「アヴァランチ作戦」を担当するのは米第5軍で、マーク・クラーク中将が率いる。

その隷下にはアーネスト・ドーレイ少将が指揮する米第6軍団と、リチャード・マクレリィ中将が指揮する英第10軍団があった。

　これに対してサレルノ周辺に配置されていたドイツ軍は第16装甲師団のみであったが、スターリングラードで壊滅して再編されたこともあり、装備は比較的優良で、人員もほぼ定数を満たしていた。そしてなにより、海岸からすぐにそびえる周囲の山々がドイツ軍の味方であり、防御陣地としても砲兵観測所としても非常に有益であった。

　もともと持久戦を想定していたドイツ軍としては、第16装甲師団が遅滞を試みている間に、カラブリア地方に展開していた部隊を順次後退させつつ戦闘に参加させ、折を見て戦線を一気に下げる腹づもりであった。

　一方、上陸を行う米第5軍の布陣は上陸海岸を二分するセレ川を挟み、右翼に米第6軍団の第36師団、左翼に英第10軍団の第56師団と第46師団が上陸予定であった。またこれとは別に、英第10軍団のさらに北側にイギリスのコマンド隊と米軍のレンジャー部隊が上陸し、国道沿いの重要な峠を先行して確保する任務を帯びていた。

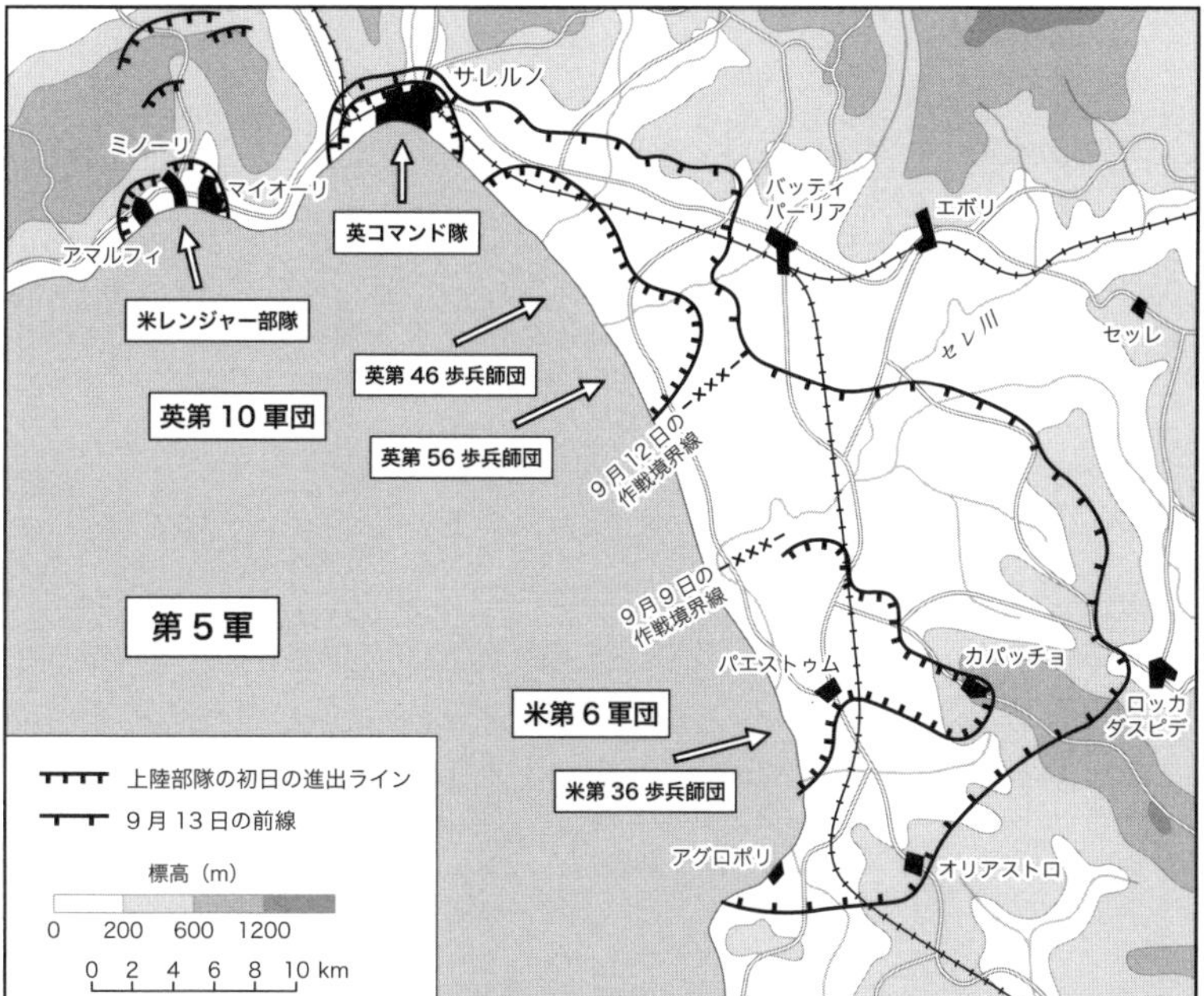

サレルノ上陸作戦「アヴァランチ」の概況図。3個師団で上陸した連合軍であったが、山に囲まれた防御に適した地形や、装備優秀なドイツ第16装甲師団の巧妙な遅滞戦闘に大苦戦し、ドイツ軍の3倍近い死傷者を出してしまった

　9日0330時、上陸作戦は開始された。しかし、上陸作戦に付きものの事前砲爆撃は、イギリス軍担当地域にしか実施されなかった。これは米軍指揮官自らが望んでそ

うしたことだったが、そのために（当然ながら）米軍はたちまち苦戦に陥ることになる。

米英両軍は上陸そのものには確かに成功した。というのも、ドイツ軍は犠牲を厭い、海岸部には最小限の部隊しか配置していなかったためだ。

ところが、その代わりというわけではないが、非常に正確な砲撃が上陸部隊に降り注いだ。その砲撃量はそれほど多くはなかったものの、まるで狙撃の如き砲撃によって、上陸部隊の前進はまったく捗らなかった。

そして夜が明けるとともにドイツ軍の戦車部隊が各地で逆襲に転じ、連合軍はその対応に追われた。だがドイツ軍は深追いすることなく、一撃を与えるとさっと引く機動防御に徹したのだった。

その一方で、南部カラブリア地方の防衛を担当していた独第10軍司令官のハインリヒ・フォン・ヴィーティングホ

1943年9月、サレルノの海岸に上陸するアメリカ軍の将兵。手前の憲兵は、近くでドイツ軍の砲弾が着弾したため反射的にかがんでいる。左奥のLCVP（車両人員揚陸艇）は、攻撃輸送艦「ジェームズ・オハラ（APA-90）」より発進したもの

1943年9月9日、LSTから発進し、ポンツーン（浮橋）を経由してサレルノの海岸に上陸する、アメリカ陸軍第191戦車大隊C中隊のM4A1中戦車

フ上級大将は、第26装甲師団と第29装甲擲弾兵師団に対してサレルノに向かうように命令を下した。そしてさらにナポリ北部に展開していた第15装甲擲弾兵師団とヘルマン・ゲーリング装甲師団も海岸沿いに南下して圧力をかけはじめた。

1943年9月11日、サレルノ上陸作戦を支援中に、ドイツ空軍のDo217爆撃機が投下した誘導爆弾フリッツXの直撃を受けた、アメリカ海軍のブルックリン級軽巡「サバンナ」。手前をPTボート（魚雷艇）が通り過ぎている。フリッツXは「サバンナ」の3番主砲塔（15.2cm三連装砲）に命中。船体の奥深くまで貫通した後爆発し、「サバンナ」を大破せしめた

今やサレルノに上陸した連合軍は袋のネズミにも等しかった。もしもこの時、ヒトラーがケッセルリンクの要請に従って北部イタリアの2個装甲師団を南下させていたら、あるいは本当に連合軍は海に追い落とされていたかもしれない。

しかしこの案はヒトラーの拒絶によって実現せず、上陸部隊は少しずつ、確実に占領地を拡大していった。

これに対してドイツ軍は遅退戦術と機動防御を執拗に繰り返していたが、18日ごろより徐々に後退を開始した。それはまさに戦略的後退というべきものであり、この先も続く持久戦を見越しての行動であった。

そしてそれは、両軍の損害にも如実に表れていた。「アヴァランチ作戦」における連合軍の死傷者数約９０００名に対し、ドイツ軍の死傷者数は約３５００名に過ぎなかった。

その後、10月1日にイギリス軍がついにナポリに入城し、作戦はひとまず終結した。しかしドイツ軍は後退にあたって主要な橋梁を悉く《ことごと》爆破し、ナポリ港の港湾施設も徹底的に破壊していった。さらに残された建物や施設には巧妙なブービートラップを土産に置いていくという徹底ぶりであった。

こうしてドイツ軍はナポリを後にしたが、そのすぐ北にはすでに強固な防御陣地線が築かれており、イタリア半島の連合軍にはさらなる苦難が待ち受けているのだった——。

あとがき

このたびは本書を最後までお読みいただき、ありがとうございました。

あるいは、まずはこの「あとがき」から読み始めた貴方、私と同じです。この「あとがき」を読んだ後、ぜひ最初からお読みいただければ幸いです。

本書は季刊『ミリタリー・クラシックス』（イカロス出版）で現在も連載中の「第二次大戦全戦史」の第36回までに加筆・修正を加えてまとめたものです。

思い起こせば本連載第1回目の原稿を書いたのは２０１２年なので、もう10年以上前のことです。歳をとるにつれて時間の経過を早く感じますが、振り返ってみるとそんなに経っていたのかと思います。

さて、少しばかりおじさんの昔話にお付き合いください。

私がミリタリーの世界に入っていくきっかけになったのは、山岡荘八先生が書かれた『少年版・太平洋戦争（全5巻）』という本でした。小学生だった私は夢中になってこれを読み、読み終わっても繰り返し繰り返し読みました。太平洋戦争の基本的な流れや知識はこの本で学んだといっても過言ではありません。

そして片端から戦争関連の本を読み漁りました。それからほどなくして『第二次世界大戦通史―全作戦図と戦況』（ピーター・ヤング著／戦史刊行会編訳）という本の存在を知ります。この本、各見開きに必ず戦況図が載っているという、少年だった当時の私には夢のような本でした。

しかしこれがかなりの高額で、小学生の小遣いで買えるような本ではありませんでした（1万円以上したと記憶しています）。そこで誕生日プレゼントだったか何かで親にねだり、どうにかこうにか書店への注文にこぎ着けます（当時は店頭にない書籍はこうして入手するしかなかったのです）。

ところが待てども待てども連絡が来ない。痺れを切らして何度も書店に確認に行っても要領を得ない。

挙げ句の果てに「在庫切れ・絶版」という報せ……。

堀場少年は打ちのめされ、落胆し、途方に暮れました。

そして仕方がない、と諦めました（そういう時代だったのです）。

しかしそれから数年して、復刊か重版か判りませんが、箱入りとなって再び出版されたのです。飛びつくように買い求めたのは言うまでもありません。

思えば、この時すでに軍事関連の原稿を書く未来が決まっていたのかもしれません。

そういう意味で本書は、落胆していた少年時代の自分へのメッセージのようにも思えます。随分と長い時間がかかりましたが、その時手に入らなかった本を、いずれ自分が書くことになるぞ、という……。

それはさておき、考えてみると現在わが国で第二次世界大戦を通史で読める書籍というと、じつはそれほど多くはないことに気がつきます。それも政治・外交ではなく、作戦面を中心とした本となるとさらに減ります。

そんなわけで、本書が末永く入手可能な状態で、第二次世界大戦に興味を持った人が手に取れることを願います。

とはいえ連載はまだ半ばで、1945年9月に至るまでにはなお数年の歳月が必要です。自分の命の火が消えるまでには、どうにか完結させたいと思います。

50も半ばを過ぎ、老いとの戦いもすでに始まっています。気力体力は衰え、新しい知識では若い人には敵うべくもない。それでもなお他人にも、ましてやAIにもできない「オンリーワン」を模索して、これからも執筆活動を続けていくつもりです。

最後に、遅筆な私に根気強く付き合ってくださる編集部の方々、疲れたときに癒やしてくれる我が家の猫たち（時々邪魔しに来ますが）、そしていつも一緒にいてくれる妻に最大限の感謝を込めて、筆を置きたいと思います。

2023年5月19日　堀場 亘《わたる》

強力な3.7cm機関砲を2門装備し、1943年4月から東部戦線で実戦テストを行っていたドイツ空軍の対戦車攻撃機Ju87G-1。機首横にはソ連軍のT-34のマークが描かれている

1942年6月4日(日本時間5日)、ミッドウェー海戦において日本海軍の九七艦攻の魚雷2本を被雷、爆発する米海軍の空母「ヨークタウン」

図解 第二次世界大戦 1939.9〜1943.9

2023年6月25日発行

文……堀場 亙
図版作成……おぐし篤、田村紀雄
装丁&本文DTP……くまくま団
編集……浅井太輔
発行人……山手章弘

発行所……イカロス出版株式会社
〒101-0051 東京都千代田区神田神保町1-105
編集部 mc@ikaros.co.jp
出版営業部 sales@ikaros.co.jp
印刷所……図書印刷

Printed in Japan